仰緝緯象

馬王堆帛書《五星占》研究

任達——著

中西書局

本書得到空軍航空大學引進優質人才

“雙重”項目專項課題計劃資助

目　録

凡　例

一、本書引用馬王堆帛書《五星占》釋文時，以阿拉伯數字表示帛書行數，以“上下”表示帛書的上半部分與下半部分。釋文盡量采用嚴格隸定。保留重文符號，後括注重文讀法，如“□=（□，□）”。異體字、通假字和讀爲字隨文注出，用（　）注明。根據殘畫和文意可擬補文字，用【　】表示。訛字隨文標出正確字形，用〈　〉表示。衍文用｛　｝表示。脱文用〖　〗表示。筆畫不清無法釋讀的文字，用□表示。因帛書殘損、文字殘泐等，無法估算缺文數量，則用⧄表示。

二、本書按照《開元占經》等傳世星占類文獻的一般原則，對《五星占》各段占辭進行命名。占辭類别包括“名主”（五行配屬及所主）、“行度”（運行周期及以常行爲占）、“失行占”（以失行爲占）、“變色芒角占”（以變色、芒角爲占）、“相犯占”（以相合、相犯爲占）等。爲便於論述、稱引，本書還對諸段占辭進行編號，如“1.1”是指“木星”章的第一條占辭“木星名主一”。

三、爲節省篇幅，本書引用傳世文獻，除需特殊説明出處之外，一般不詳注版本信息。

四、木書引用其他學者説法時，若未作取捨，一般表示尚無定論，聊備一説。

緒　　論

1973年12月至1974年初，湖南長沙馬王堆3號漢墓出土了一批具有重要歷史價值的古代竹簡和帛書。其中，帛書出土於東邊厢的57號長方形漆奩的下層。帛書形制約有兩種，一種抄寫在通高48釐米的寬幅帛上，摺叠成長方形，放在漆盒下層的一個格子裏，摺叠的邊緣已有斷損。另一種帛書是抄寫在通高爲24釐米的帛上，捲在長條形木片上，出土時壓在兩卷竹簡之下。帛書因年久而黏連，破損比較嚴重。[1]

帛書總計12萬餘字，内容主要涉及《漢書·藝文志》的六藝、諸子、數術和方技四略。其中《五星占》《天文氣象雜占》《日月風雨雲氣占》三種文獻，主要是講古代占星候氣之術，按照《藝文志》分類，當屬數術略中的天文類。

本書即以上述三種天文文獻中的《五星占》作爲研究對象。

一、著録情況説明

據《長沙馬王堆漢墓簡帛集成》介紹，《五星占》抄寫在一幅高約48釐米的帛塊上，後半帛塊留有大量已劃好界欄卻没有書寫文字的空帛。出土時抄有文字的帛塊及空帛塊都已經斷裂爲多塊。經過帛書整理小組拼綴後，已大致復原。現存文字145行，計8 000餘字。帛書内容大致可以分爲兩部分：現存的前75行爲第一部分，主要描述木星、火星、土星、水星、金星的運行與占測。後70行爲第二部分，是記録木、金、土三星行度的表格和文字。本篇帛書原無

---

① 湖南省博物館、中國科學院考古研究所：《長沙馬王堆二、三號漢墓發掘簡報》，《文物》1974年第7期，第39—48轉63頁。

篇題，《五星占》爲馬王堆漢墓帛書整理小組所加。[①]

《五星占》的圖版主要見於以下論著：

（一）中國社會科學院考古研究所：《中國古代天文文物圖集》，文物出版社，1980年，第24—25頁圖版二二和圖版二三。此書圖版是《五星占》後半部分（行星行度表）的黑白照片，雖不完整，但相對清晰，有一定的參考價值。[②]

（二）陳松長：《馬王堆帛書藝術》，上海書店出版社，1996年，彩色圖版第8—9頁。此爲首次公布的全副彩色圖版，反映了經過文物保護專家裝裱後的帛書《五星占》全貌，是《集成》出版以前研究《五星占》最爲全面也最爲重要的原始資料。可惜照片縮印過小，有些地方字迹不夠清晰。此外，本書13頁的彩色圖版及正文176—188頁的黑白圖版爲一些比例較大的局部照片，可部分彌補全幅照片的不足。[③]

（三）裘錫圭主編：《長沙馬王堆漢墓簡帛集成（壹）》，中華書局，2014年，第171—185頁。《長沙馬王堆漢墓簡帛集成》（以下簡稱《集成》）是馬王堆帛書研究史上最重要的著作，是帛書出土後全部資料的首次完整公布，并全面總結了以往的研究成果。此書采納了劉樂賢先生提出的新拼綴方案，[④]將《五星占》前半部分的帛片順序進行調整。同時對帛書再次整理，更改了舊拼中八塊小殘片的位置，并新拼綴了七塊殘片。[⑤] 此書另外提供了《五星占》反印文圖版（第186—202頁），這爲今後疑難字考釋及文本研究提供便利。此外，《集成（柒）》還附有《五星占》原圖版[⑥]，方便與整理圖版進行比對。

目前已經發表的《五星占》釋文及注釋主要有：

（一）馬王堆漢墓帛書整理小組：《〈五星占〉附表釋文》，《文物》1974年第

---

① 裘錫圭主編：《長沙馬王堆漢墓簡帛集成（肆）》，北京：中華書局，2014年，第223頁。

② 此圖版經縮小後還見於中國社會科學院考古研究所著《中國古代天文文物論集》，北京：文物出版社，1989年，第483—484頁圖版四至圖版五。

③ 參看劉樂賢《馬王堆天文書考釋》，廣州：中山大學出版社，2004年，第8—9頁。此外，個別書籍或雜誌也刊登過《五星占》的某些局部照片，如《文物》1974年第11期圖版肆，《中國天文學史文集》第1集（北京：科學出版社，1978年）圖版一，《馬王堆漢墓文物》（長沙：湖南出版社，1992年）第161頁，《馬王堆天文書考釋》（廣州：中山大學出版社，2004年）圖版一。

④ 劉樂賢：《馬王堆天文書考釋》，“補記”，第242—243頁。

⑤ 裘錫圭主編：《長沙馬王堆漢墓簡帛集成（肆）》，第223頁。

⑥ 裘錫圭主編：《長沙馬王堆漢墓簡帛集成（柒）》，北京：中華書局，2014年，第85—100頁。

11 期,第 37—39 頁;《馬王堆漢墓帛書〈五星占〉釋文》,《中國天文學史文集》(第 1 集),科學出版社,1978 年,第 1—13 頁。以上兩種釋文,皆爲帛書整理小組的整理成果,前者僅包括後半部分表格釋文,後者爲完整釋文。劉樂賢指出:"該釋文用的簡體字,對字的釋寫標準不甚一致(有的在原字後面括注通假字,有的則略去原字而直接按通假字寫出),并偶有脱字或衍字的情況,顯得不夠精細,大概只是帛書整理小組的初步整理成果。"①帛書整理小組釋文的實際作者席澤宗先生後又將釋文發表於著作《古新星新表與科學史探索》一書中,②該釋文和此前發表的釋文基本一致。

(二) 川原秀成、宮島一彦:《五星占》,山田慶兒編《新發現中國科學史資料の研究・譯注篇》,京都大學人文科學研究所,1986 年,第 1—44 頁。

(三) 鄭慧生:《古代天文曆法研究》,河南大學出版社,1995 年,第 181—287 頁。

(四) 陳久金:《帛書及古典天文史料注析與研究》,萬卷樓圖書股份有限公司,2001 年,第 102—147 頁。

以上三種著作在爲《五星占》作釋文的同時,相繼對帛書進行注釋和翻譯工作。陳久金先生還從天文學的角度對帛書某些段落的位置作了調整,故其釋文與馬王堆帛書整理小組的釋文不盡一致。③

(五) 劉樂賢:《〈五星占〉考釋》,收入氏著《馬王堆天文書考釋》,中山大學出版社,2004 年,第 29—99 頁。《馬王堆天文書考釋》是一部以馬王堆三篇天文類帛書爲研究對象的集大成之作,對帛書文本作了系統全面的考釋。其中《〈五星占〉考釋》一章對《五星占》拼綴作了較大調整,在帛書釋讀方面取得重大突破。

(六) 裘錫圭主編:《長沙馬王堆漢墓簡帛集成(肆)》,中華書局,2014 年,第 223—244 頁。其中《五星占》的整理工作是由劉建民先生負責。整理者廣泛吸收學界已有意見,新釋及改釋的字總共約有四十個。④

---

① 劉樂賢:《馬王堆天文書考釋》,第 9 頁。

② 席澤宗:《〈五星占〉釋文和注釋》,收入氏著《古新星新表與科學史探索》,西安:陝西師範大學出版社,2002 年,第 177—196 頁。

③ 劉樂賢:《馬王堆天文書考釋》,第 10 頁。

④ 裘錫圭主編:《長沙馬王堆漢墓簡帛集成(肆)》,第 223 頁。

二、相關研究回顧

《五星占》作爲研究天文學史與文獻學的重要資料，自 1974 年釋文公布以來就一直受到文獻學和天文學專家的關注。在四十多年的研究歷程中，學界從不同角度和不同方面對該資料進行研究。對於這些意見，劉樂賢先生《馬王堆天文書考釋》[①]和王樹金先生《馬王堆漢墓帛書〈五星占〉研究評述》[②]已經做過相對全面的總結。隨著《集成》整理圖版的公布，研究得以繼續深入，學界對《五星占》的研究又有了新的成果。在前人研究的基礎上，試對前賢《五星占》的研究情况進行回顧。

（一）拼綴

《五星占》在出土時多有殘損。經整理小組拼綴，後 70 行關於木、金、土三星行度的部分基本得以復原。而前 75 行關於五星運行與占測部分殘損較多，尤其是各行中間偏下部位的文字幾乎都有不同程度的缺失。所幸各行上半截文字基本完好，且各行底端文字也大多尚存，因此其内容仍然可以大致復原。上半截主要包括四塊帛片，整理小組是按照“木—金—火—土—水—五星總論”的順序對此四塊帛片進行排列。[③]

但這一整理方案也帶來一些難以理解之處，如在“金星章”中，有一段介紹木星、太陰對應關係的文字；在“水星章”中，有一段以金、木二星相犯爲占的文字。由於帛書的高清圖版遲遲没有公布，這一問題長期未能得以解决。

最早嘗試解决此問題的是陳久金先生。陳先生認爲這是由於在抄上帛書時原文之竹簡已經散亂。[④] 基於這樣的認識，陳先生不再顧及帛書的抄寫順序，按照文義來調整各章内容，有時甚至將抄寫在同一行的文字也分别劃入到

① 劉樂賢：《馬王堆天文書考釋》，第 7—28 頁。

② 王樹金：《馬王堆漢墓帛書〈五星占〉研究評述》，《湖南省博物館館刊》第 7 輯，長沙：嶽麓書社，2011 年，第 16—34 頁。

③ 馬王堆漢墓帛書整理小組：《馬王堆漢墓帛書〈五星占〉釋文》，《中國天文學史文集》第 1 集，北京：科學出版社，1978 年，第 1—13 頁。

④ 陳久金：《帛書及古典天文史料注析與研究》，臺北：萬卷樓圖書股份有限公司，2001 年，第 8 頁。

兩章之中。[1] 陳先生這一方案尚不足以令學界信服，但對相關的研究具有一定的啓示作用。

對此問題提出合理解决方案的是劉樂賢先生。劉先生將整理小組方案中第二、三塊帛片互换了位置，從而將《五星占》的結構調整爲“木—火—土—水—金”，而“五星總論”的内容被認爲是混雜在專論金星的章節中。[2] 這一拼綴方案後得到了證實，當時在湖南省博物館工作的陳松長先生對帛書原件進行核實，發現整理小組方案中第二、四塊帛片確實可以拼合。[3]

劉先生的拼綴方案後被《長沙馬王堆漢墓簡帛集成》采納。《集成》一書在公布《五星占》高清照片的同時，也在帛書的拼綴方面多有建樹。據整理者劉建民先生介紹，這次整理更改了舊拼中八塊小殘片的位置，并新拼綴了七塊殘片。[4] 其中部分意見此前已由劉先生集中發表在一些單篇論文中。[5]

《集成》出版之後，在《五星占》拼綴方面貢獻最多的學者是陳劍先生。陳先生在《馬王堆帛書“印文”、空白頁和襯頁及摺疊情況綜述》一文中對《五星占》正文和空白頁印文的複雜關係加以清理，并對《五星占》摺疊情況提出復原方案。[6] 此外，鄭健飛先生亦在他的碩士論文中提出兩則改綴意見，皆很有道理。[7]

（二）文本釋讀

《五星占》的文本釋讀研究可大致以《集成》一書的出版爲界分爲兩個階段。

第一階段從 1974 年整理小組釋文公布開始，其間文字校釋、文義解讀等

---

① 陳久金：《帛書及古典天文史料注析與研究》，第 103　132 頁。

② 劉樂賢：《〈五星占〉的拼綴及相關問題》，收入氏著《馬王堆天文書考釋》，廣州：中山大學出版社，2004 年，第 205—210 頁。

③ 劉樂賢：《馬王堆天文書考釋》，第 242—244 頁。

④ 裘錫圭主編：《長沙馬王堆漢墓簡帛集成（肆）》，第 223 頁。

⑤ 劉建民：《帛書〈五星占〉校讀札記》，《中國典籍與文化》2011 年第 3 期，第 134—138 頁；劉釗、劉建民：《馬王堆帛書〈五星占〉釋文校讀札記（七則）》，《古籍整理研究學刊》2011 年第 4 期，第 32—34 頁；劉建民：《馬王堆漢墓帛書〈五星占〉整理劄記》，《文史》2012 年第 2 輯，第 103—119 頁。

⑥ 陳劍：《馬王堆帛書“印文”、空白頁和襯頁及摺疊情況綜述》，《紀念馬王堆漢墓發掘四十周年國際學術研討會會議論文集》，長沙：嶽麓書社，2016 年，第 290—295 頁。

⑦ 鄭健飛：《馬王堆帛書殘字釋讀及殘片綴合研究》，復旦大學 2015 年碩士學位論文。

研究主要是在整理小組釋文的基礎上進行。何幼琦先生最先對整理小組釋文提出商榷，改正了整理小組釋文的一些問題。[①] 此後，日本學者川原秀成、宫島一彦[②]，中國學者鄭慧生[③]、陳久金[④]、席澤宗[⑤]相繼對帛書作了注釋和翻譯，對於文義的理解提出了很多合理意見。陳先生還從天文學的角度對帛書某些段落的位置作了調整，故其釋文與整理小組的釋文不盡一致。席先生是《五星占》整理小組釋文的實際負責人，因此他的注釋意見頗具參考價值。

這一階段最重要的研究著作是劉樂賢先生的《馬王堆天文書考釋》（以下簡稱《考釋》）。該書對《五星占》等三篇天文類文獻進行了全面的研究，不僅對釋文作了細緻的校釋，還對占文内容進行了深入的疏證。[⑥] 實際上，劉先生對《五星占》的研究早在此之前就已經開始，他的《馬王堆帛書〈五星占〉札記》就《五星占》釋讀中一些存在争議的問題作了討論[⑦]，這些意見基本收入到《考釋》一書中。劉釗先生在《馬王堆漢墓簡帛文字考釋》、[⑧]《〈馬王堆天文書考釋〉注釋商兑》[⑨]二文中就《考釋》一處語詞注釋提出商榷，認爲"水星占"章中舊釋爲"盼"的 應爲"脈"字的訛誤，"地脈"即大地的肌理、脈絡，"地脈動"是指地震。

第二階段是從 2014 年《集成》一書出版至 2020 年本論文撰成，其間文本釋讀主要是在新整理圖版的基礎上進行。《集成》廣泛吸收學界已有意見，新釋及改釋的字總共約有四十個，[⑩]還對整理小組的部分補文進行重新討論。

---

① 何幼琦：《試論〈五星占〉的時代和内容》，《學術研究》1979 年第 1 期，第 79—87 頁。

② 川原秀成、宫島一彦：《五星占》，山田慶兒編《新發現中國科學史資料の研究・譯注篇》，京都：京都大學人文科學研究所，1986 年，第 1—44 頁。

③ 鄭慧生：《古代天文曆法研究》，鄭州：河南大學出版社，1995 年，第 181—287 頁。

④ 陳久金：《帛書及古典天文史料注析與研究》，第 102—147 頁。

⑤ 席澤宗：《〈五星占〉釋文和注解》，收入氏著《古新星新表與科學史探索》，西安：陝西師範大學出版社，2002 年，第 177—196 頁。

⑥ 劉樂賢：《馬王堆天文書考釋》，第 29—99 頁。

⑦ 劉樂賢：《馬王堆帛書〈五星占〉札記》，收入氏著《簡帛數術文獻探論》，武漢：湖北教育出版社，2003 年，第 178—189 頁。

⑧ 劉釗：《馬王堆漢墓簡帛文字考釋》，《語言學論叢》第 28 輯，北京：商務印書館，2003 年，第 84—92 頁；後收入氏著《古文字考釋叢稿》，長沙：嶽麓書社，2005 年，第 331—345 頁。

⑨ 劉釗：《〈馬王堆天文書考釋〉注釋商兑》，《簡帛》第 2 輯，上海：上海古籍出版社，2007 年，第 501—508 頁；後收入氏著《書馨集——出土文獻與古文字論叢》，上海：上海古籍出版社，2013 年，第 128—137 頁。

⑩ 裘錫圭主編：《長沙馬王堆漢墓簡帛集成（肆）》，第 223 頁。

其中部分意見，此前已由整理者劉建民先生集中發表在一些單篇論文中。[①]

在此階段的研究中，陳劍、王挺斌、鄭健飛、程少軒等學者先後撰文討論《五星占》的釋讀問題。陳劍先生有多條釋讀意見被《集成》采納，此外在《馬王堆帛書"印文"、空白頁和襯頁及摺叠情況綜述》一文，據反印文釋出 88 行"凡"字，并指出見於另一處的"凡見"之"見"應爲衍文。[②] 王挺斌先生指出，"水星占"章中的[illegible]，亦即上文所述劉釗先生改釋之字，仍應釋爲"盼"，"盼動"當讀爲"變動"，"地盼動"就是大地變動，亦即地震。[③] 鄭健飛先生據反印文修訂釋文及釋出文字多處。[④] 程少軒先生解讀了以金星運行爲占的兩段文字，提出很多富有啓發性的意見。[⑤]

（三）分章與分段

關於《五星占》中五星占測部分的分章，我們已在前文的拼綴綜述中有所討論。整理小組最初將《五星占》劃分爲"木—金—火—土—水"及"五星總論"六章。[⑥] 劉樂賢先生調整了部分帛片的順序，從而將五星占測部分調整爲五章，而認爲"五星總論"的内容混雜在專論金星的章節中。[⑦]

《五星占》各章節則是由不同原理進行占測的占辭組成。以往多數釋文較好地保留了帛書的原始形態，但未對不同的占辭予以區分。唯有劉樂賢先生《馬王堆天文書考釋》一書按照内容的不同將各章細分爲若干段，以對這些占辭進行深入研究。[⑧] 按照劉先生的意見，《五星占》中五星占測部分共由 101

---

① 劉建民：《帛書〈五星占〉校讀札記》，《中國典籍與文化》2011 年第 3 期，第 134—138 頁；劉釗、劉建民：《馬王堆帛書〈五星占〉釋文校讀札記（七則）》，《古籍整理研究學刊》2011 年第 4 期，第 32—34 頁；劉建民：《馬王堆漢墓帛書〈五星占〉整理劄記》，《文史》2012 年第 2 輯，第 103—119 頁。

② 陳劍：《馬王堆帛書"印文"、空白頁和襯頁及摺疊情況綜述》，《紀念馬王堆漢墓發掘四十周年國際學術研討會會議論文集》，第 295 頁。

③ 王挺斌：《説馬王堆帛書〈五星占〉的"地盼動"》，《簡帛》第 11 輯，上海：上海古籍出版社，2015 年，第 185—190 頁。

④ 鄭健飛：《馬王堆帛書殘字釋讀及殘片綴合研究》，復旦大學 2015 年碩士學位論文。

⑤ 程少軒：《馬王堆〈五星占〉"金星黄緯占"解析》，古代文明與學術的關係研討會，2019 年 9 月；《利用圖文轉换思維解析出土數術文獻》，第一届"出土文獻與中國古代史"學術論壇暨青年學者工作坊，2019 年 11 月。

⑥ 馬王堆漢墓帛書整理小組：《馬王堆漢墓帛書〈五星占〉釋文》，《中國天文學史文集》第 1 集，北京：科學出版社，1978 年，第 1—13 頁。

⑦ 劉樂賢：《〈五星占〉的拼綴及相關問題》，收入氏著《馬王堆天文書考釋》，廣州：中山大學出版社，2004 年，第 205—210 頁。

⑧ 劉樂賢：《馬王堆天文書考釋》，第 29—99 頁。

個自然段組成，其中"木星章"包括 14 段，"火星章"包括 12 段，"土星章"包括 6 段，"水星章"包括 11 段，"金星章"包括 58 段。

（四）與傳世文獻的互證

現存記載五星占文的傳世文獻，既包括《淮南子・天文》《史記・天官書》《漢書・天文志》等較爲常見的文獻，又包括《開元占經》《乙巳占》等以天文占測内容爲主的星占類文獻。上述文獻可以與帛書《五星占》進行互證。

川原秀成和宫島一彦是最早致力於《五星占》文獻互證研究的學者，他們在對帛書作注釋和翻譯的同時，還廣泛徵引了相關傳世文獻資料。① 劉樂賢先生《馬王堆天文書考釋》一書特别注重徵引傳世文獻與帛書對讀，是目前在《五星占》文獻互證方面最爲重要的研究著作。② 此外，劉先生撰文討論了緯書《河圖帝覽嬉》的内容、性質和時代，在論證過程中還將《河圖帝覽嬉》與《五星占》等出土天文文獻進行詳細比較。③ 劉嬌先生《言公與剿説——從出土簡帛古籍看西漢以前古籍中相同或類似内容重複出現現象》一書在討論數術方技之書中相同或類似内容重複出現的情況時，亦對《五星占》可與傳世星占文獻對讀的内容進行了總結，可以參看。④

（五）性質

在帛書出土之初，限於當時的學術環境，學者們更加强調《五星占》的"天文學"價值。如整理小組認爲它是我國現存最早的一部天文書，但也有許多唯心主義的星占學内容。⑤

何幼琦先生撰文强調《五星占》是以星占術爲主的星占類文獻，并最早指

---

① 川原秀成、宫島一彦：《五星占》，山田慶兒編《新發現中國科學史資料の研究・譯注篇》，京都：京都大學人文科學研究所，1986 年，第 1—44 頁。

② 劉樂賢：《馬王堆天文書考釋》，第 29—99 頁。

③ 劉樂賢：《從馬王堆星占文獻看〈河圖帝覽嬉〉》，《華學》第 5 輯，第 162—167 頁；又收入氏著《簡帛數術文獻探論》，武漢：湖北教育出版社，2003 年，第 243—250 頁；《緯書中的天文資料——以〈河圖帝覽嬉〉爲例》，《中國史研究》2007 年第 2 期，第 71—82 頁。

④ 劉嬌：《言公與剿説——從出土簡帛古籍看西漢以前古籍中相同或類似内容重複出現現象》，北京：綫裝書局，2012 年，第 321—340 頁。

⑤ 馬王堆漢墓帛書整理小組：《馬王堆漢墓帛書〈五星占〉釋文》，《中國天文學史文集》第 1 集，北京：科學出版社，1978 年，第 1 頁。

出了《五星占》的"雜抄"性質：

《五星占》是戰國中期的作品，其性質是星占術應用的"海底"和範本，雖然摻進些天文曆法的常識卻并不因此就成了科學的天文著作。占辭的重點是占驗戰争，所以關於兵革的辭語，累累皆是。……書中講到天文曆法的地方，也是服務於星占，同授時無關。至於涉及到二十八星，則是"舍""宿"兼用，講到紀年法又是兩種雜出，證明編者是搜集來的，抄撮成的；并且又妄自增加了一個第十三年的歲星晨出，暴露出編者的身份，他是個星占術士——古天文學向迷信發展的流派，而不是堅持科學的天文學者。①

劉樂賢先生贊同《五星占》等出土天文文獻的"星占學"性質，指出書中雖然記載了一些觀測數據，但其目的并非探索自然規律，而是借天象以測人事，與今人所説的"星占學"較爲接近。此外，劉先生重點討論了兵陰陽文獻的特點，從而明確指出《五星占》等出土天文文獻不屬於《漢書・藝文志》所説的兵陰陽類，而應歸入數術略中的天文類。②

劉嬌先生贊同《五星占》等出土天文文獻的"雜抄"性質，指出：

數術方技之書實用性和時效性很强，在傳承過程中往往隨時增删；其文字表述作爲紀録實用性内容的工具，本身不甚講究形式，經常變化。③

程少軒先生亦贊同《五星占》等數術文獻的"雜抄"性質，認爲這些文獻具有技術性、不穩定性、轉换性三大特點。程先生對《五星占》中"金星占"第69—72行的一段占辭進行考證，認爲其中的一些細節只有在圖文轉换的情况下才可能發生。以此爲案例之一，程先生指出《五星占》等數術文獻存在很多的圖文轉换現象。④

---

① 何幼琦：《試論〈五星占〉的時代和内容》，《學術研究》1979年第1期，第79—87頁。
② 劉樂賢：《馬王堆天文書考釋》，第18—20頁。
③ 劉嬌：《言公與剿説——從出土簡帛古籍看西漢以前古籍中相同或類似内容重複出現現象》，第320頁。
④ 程少軒：《利用圖文轉换思維解析出土數術文獻》，第一届"出土文獻與中國古代史"學術論壇暨青年學者工作坊，2019年11月。

(六) 成書年代與抄寫年代

1. 成書年代

從内容分析,《五星占》前 75 行關於五星運行與占測的部分與後 70 行關於木、金、土三星行度的部分没有必然聯繫,因此二者的成書年代也應分開來看。

關於五星運行與占測部分的抄寫年代,何幼琦、劉樂賢兩位先生指出,從占文提到越、齊、秦、韓、趙、魏等國名,好從陰陽、五行角度進行占測,有些地方講到"伐國取王""其國分""革王""諸侯從(縱)""諸侯衡(横)""西伐"等,以及不少文句與後世文獻所引甘、石占文相合等方面看,這一部分有可能在戰國末期已經形成。[①]

關於木、金、土三星行度表的成書年代(或者説對此三星的觀測年代),則衆説紛紜。這是由於諸家對一些基本問題如古曆的推定、二十八宿的古度等存在明顯分歧,且對相關材料的理解也不盡一致。席澤宗先生認爲此三星的行度表是根據秦始皇元年的實測記録,利用秦漢之際的已知周期排列出來的,可能就是顓頊曆的行星資料。[②] 何幼琦先生認爲關於土星的行度表符合秦王政元年的實際,應源自秦初的觀測,而木、金二星的行度表本來源於戰國中期的觀測,但被後學篡改。[③] 王勝利先生認爲木星行度表很可能是以漢初的實際天象爲基礎編排出來的。[④] 劉彬徽、王樹金兩位先生認爲此三星行度表的觀測時間應從秦始皇元年持續到漢文帝三年。[⑤] 白光琦先生認爲此三星的行度表的觀測年代應在秦始皇晚期。[⑥] 莫紹揆先生認爲木、土二星的行度表所載是吕后元年前後的天文現象,而不是顓頊曆的星歲對照表。[⑦] 劉樂賢先生

---

① 何幼琦:《試論〈五星占〉的時代和内容》,《學術研究》1979 年第 1 期,第 79—87 頁;劉樂賢:《馬王堆天文書考釋》,廣州:中山大學出版社,2004 年,第 21 頁。

② 席澤宗:《中國天文學史的一個重要發現——馬王堆漢墓帛書中的〈五星占〉》,《中國天文學史文集》第 1 集,北京:科學出版社,1978 年,第 14—33 頁。

③ 何幼琦:《試論〈五星占〉的時代和内容》,《學術研究》1979 年第 1 期,第 79—87 頁。

④ 王勝利:《星歲紀年管見》,《中國天文學史文集》第 5 集,北京:科學出版社,1989 年,第 73—103 頁。

⑤ 劉彬徽:《馬王堆漢墓帛書〈五星占〉研究》,《馬王堆漢墓研究文集》,長沙:湖南出版社,1994 年,第 69—79 頁;王樹金:《馬王堆漢墓帛書〈五星占〉研究評述》,《湖南省博物館館刊》第 7 輯,長沙:嶽麓書社,2011 年,第 16—34 頁。

⑥ 白光琦:《帛書〈五星占〉的價值及編制時代》,《殷都學刊》1997 年第 3 期,第 45—46 頁。

⑦ 莫紹揆:《從〈五星占〉看我國的干支紀年的演變》,《自然科學史研究》1998 年第 1 期,第 31—37 頁。

認爲此三星行度表的編制最早不會超過漢文帝三年,其成書年代應與抄寫年代較爲接近,甚至可以説没有區别。① 黄盛璋先生認爲此三星行度表觀測年代之上限應如席澤宗先生所説爲秦始皇元年,其下限應在吕后年間。②

2. 抄寫年代

席澤宗先生指出,從馬王堆三號墓的安葬日期爲漢文帝"十二年二月乙巳朔戊辰",即公元前168年顓頊曆二月二十四日,和其中的天象記録到漢文帝三年爲止,可以斷定帛書的寫成年代約在公元前170年左右。③ 劉樂賢先生指出,三星行度表也記載了一些年號,其中時間最晚的一個是文帝三年。這説明,《五星占》的抄寫年代最早不能超過文帝三年。因此,《五星占》抄寫於漢文帝前元三年至十二年之間。④

(七) 天文史、數術史及其他方面的研究

天文史方面的研究,以席澤宗先生《中國天文學史的一個重要發現——馬王堆漢墓帛書中的〈五星占〉》一文爲開端。席文全面討論了《五星占》的科學成就。⑤

"木星"章第1—5行的文字和後三章中的"木星行度表"皆與"十二歲"有關,這引發了研究者極大的興趣。席澤宗⑥、陳久金⑦、何幼琦⑧、藪内

① 劉樂賢:《馬王堆天文書考釋》,第21頁。
② 黄盛璋:《馬王堆漢墓天文學著作新考》,《湖南省博物館館刊》第4輯,長沙:嶽麓書社,2007年,第16—23頁。
③ 席澤宗:《中國天文學史的一個重要發現——馬王堆漢墓帛書中的〈五星占〉》,《中國天文學史文集》第1集,北京:科學出版社,1978年,第14—33頁。
④ 劉樂賢:《馬王堆天文書考釋》,第20—21頁。
⑤ 席澤宗:《中國天文學史的一個重要發現——馬王堆漢墓帛書中的〈五星占〉》,《中國天文學史文集》第1集,北京:科學出版社,1978年,第14—33頁。
⑥ 席澤宗:《中國天文學史的一個重要發現——馬王堆漢墓帛書中的〈五星占〉》,《中國天文學史文集》第1集,北京:科學出版社,1978年,第14—33頁。
⑦ 陳久金:《從馬王堆帛書〈五星占〉的出土試探我國古代的歲星紀年問題》,《中國天文學史文集》第1集,北京:科學出版社,1978年,第48—65頁;陳久金、陳美東:《從元光曆譜及馬王堆帛書〈五星占〉的出土再談顓頊曆問題》,《中國天文學史文集》第1集,北京:科學出版社,1978年,第95—117頁;該文經修訂後,又以《從元光曆譜及馬王堆天文資料試探顓頊曆問題》爲題,刊載於《中國古代天文文物論集》,北京:文物出版社,1989年,第83—103頁;《關於歲星紀年若干問題》,《學術研究》1980年第6期,第82—87頁。
⑧ 何幼琦:《試論〈五星占〉的時代和内容》,《學術研究》1979年第1期,第79—87頁;《關於〈五星占〉問題答客難》,《學術研究》1981年第3期,第97—103頁。

清①、王勝利②、劉彬徽③、莫紹揆④、墨子涵⑤等學者撰文對這些材料進行研究，對木星行度表所載天象的實際情况進行了考察，并對《五星占》與古代歲星紀年和太陰、太歲紀年以及干支紀年的關係作了較多的討論。馬克⑥、陶磊⑦、劉樂賢⑧等學者則持反對意見，認爲這些材料與太歲紀年等問題無關，因此在研究這些問題時，不必考慮這些材料。以上這些研究意見，我們在下文的討論中會詳細介紹，這裏就不多作介紹了。

除木星外，席澤宗⑨、墨子涵⑩、温濤⑪等學者還對土、金二星的行度表所載天象的實際情况進行了細緻的考察。

此外，徐振韜先生根據《五星占》的材料討論了"先秦渾儀"的創制。⑫

數術史方面的研究，以劉樂賢先生用力最多。劉樂賢先生在《馬王堆天文書考釋》一書中對《五星占》大部分占辭的數術内涵進行疏解。⑬ 劉先生還在《陰國、陽國考》一文中對《五星占》中常出現的"陰國""陽國"之含義進行了討論⑭；在《〈五星占〉所見歲星異名考》一文中，對"天維""相星"這兩個木星異名

① ［日］藪内清：《關於馬王堆三號墓出土的五星占》，《科學史譯叢》1984年第1期，第54—55頁。

② 王勝利：《星歲紀年管見》，《中國天文學史文集》第5集，北京：科學出版社，1989年，第73—103頁。

③ 劉彬徽：《馬王堆漢墓帛書〈五星占〉研究》，《馬王堆漢墓研究文集》，長沙：湖南出版社，1994年，第69—79頁。

④ 莫紹揆：《從〈五星占〉看我國干支紀年的演變》，《自然科學史研究》1998年第1期，第31—37頁。

⑤ ［美］墨子涵：《從周家臺〈日書〉與馬王堆〈五星占〉談日書與秦漢天文學的互相影響》，《簡帛》第6輯，上海：上海古籍出版社，2011年，第113—138頁。

⑥ M. 馬林諾斯基(馬克)：《馬王堆帛書〈刑德〉試探》(方玲譯)，《華學》第1輯，廣州：中山大學出版社，1995年，第82—110頁。

⑦ 陶磊：《〈淮南子・天文〉研究——從數術史的角度》，濟南：齊魯書社，2003年，第73—97頁。

⑧ 劉樂賢：《從馬王堆帛書看太陰紀年》，收入氏著《馬王堆天文書考釋》，廣州：中山大學出版社，2004年，第219—229頁。

⑨ 席澤宗：《中國天文學史的一個重要發現——馬王堆漢墓帛書中的〈五星占〉》，《中國天文學史文集》第1集，北京：科學出版社，1978年，第14—33頁。

⑩ ［美］墨子涵：《從周家臺〈日書〉與馬王堆〈五星占〉談日書與秦漢天文學的互相影響》，《簡帛》第6輯，上海：上海古籍出版社，2011年，第113—138頁。

⑪ 温濤、鄧可卉：《〈五星占〉"相與營室晨出東方"再考釋——以金星爲例》，《廣西民族大學學報(自然科學版)》2018年第1期，第20—22頁。

⑫ 徐振韜：《從帛書〈五星占〉看"先秦渾儀"的創制》，《考古》1976年第2期，第89—94轉84頁。

⑬ 劉樂賢：《馬王堆天文書考釋》，第29—99頁。

⑭ 劉樂賢：《陰國、陽國考》，收入氏著《簡帛數術文獻探論》，武漢：湖北教育出版社，2003年，第314—321頁。

進行了考辨。[①] 程少軒先生亦撰文詳細解讀了以金星運行爲占的兩段占辭的占測原理，指出其中一段是以金星的黄緯變化爲占，另一段是以金星的黄緯與黄經變化爲占的複合占辭。[②]

"土星行度表"中寫有"張楚"一詞，學界曾對該詞有不同的理解。劉乃和[③]、張政烺[④]、王健[⑤]等先生指出，"張楚"正是陳勝、吴廣領導的農民起義所建立政權的國號，現已成爲定論。

三、研究目標和方法

（一）目標和方法

本書計劃在以下方面推進《五星占》的文本研究：第一，以語言文字和天文曆算知識爲基礎，結合已有研究成果，力求在帛書拼綴、字詞釋讀方面取得更多的進展；第二，在充分研究文本細節、正確把握文義的基礎上，嘗試對《五星占》的内容進行分段，以對《五星占》的篇章結構有更爲深入的理解；第三，在全面梳理文義的基礎上，更加全面地列舉傳世文獻中與《五星占》各段占辭類似的文句，并將《五星占》與傳世文獻進行互證研究；第四，對於復原情況較好的占辭，對其數術含義進行闡釋，以對占辭内容進行更深入的研究。

在充分理解各段占辭文義的基礎上，嘗試按照《開元占經》等傳世星占類文獻的原則對《五星占》的各段占辭進行分類，并對《五星占》和傳世文獻中的同類占辭進行比較，以期能對早期五星占測類文獻有更加深入的了解。

（二）參考資料

在整理《五星占》的過程中，主要利用了如下一些參考資料：

---

① 劉樂賢：《〈五星占〉所見歲星異名考》，收入氏著《馬王堆天文書考釋》，第197—204頁。

② 程少軒：《馬王堆〈五星占〉"金星黄緯占"解析》，古代文明與學術的關係研討會，2019年9月；《利用圖文轉换思維解析出土數術文獻》，第一届"出土文獻與中國古代史"學術論壇暨青年學者工作坊，2019年11月。

③ 劉乃和：《帛書所記"張楚"國號與西漢法家政治》，《文物》1975年第5期，第35—37頁。

④ 張政烺：《關於"張楚"問題的一封信》，《文史哲》1979年第6期，第76頁。

⑤ 王健：《秦末農民起義政權的國號問題》，《徐州師範學院學報(哲學社會科學版)》1989年第4期，第7—8頁。

1. 出土文獻資料。主要指出土天文文獻，如馬王堆帛書《天文氣象雜占》，《日月風雨運氣占》甲、乙篇，銀雀山漢簡《占書》，敦煌占卜文書等。

2. 傳世文獻資料。大體分爲如下幾類：(1) 史部書籍，如《史記・天官書》《漢書・天文志》《隋書・天文志》等；(2) 古代數術文獻，如《開元占經》《乙巳占》《天文要録》《靈臺秘苑》《觀象玩占》《天元玉曆祥異賦》《武備志》等；(3) 諸子文獻，如《吕氏春秋》《淮南子》等；(4) 讖緯書，如《河圖帝覽嬉》等。

3. 實物資料。如式盤、日晷等。

第一章　馬王堆帛書《五星占》分段研究

爲便於理解，本章按照《開元占經》等傳世星占類文獻的一般原則對《五星占》進行分段，并爲各段占辭命名。這些類别包括“名主”（五行配屬及所主）、“行度”（運行周期及以常行爲占）、“失行占”（以失行爲占）、“變色芒角占”（以變色、芒角爲占）、“相犯占”（以相合、相犯爲占）等。

按照我們的理解，《五星占》結構如下表所示：

表1-1　馬王堆帛書《五星占》結構

分　章	名主	行度	失行占	變色芒角占	相犯占	占例	待考
木星占	1.1 1.2 1.17 1.18	1.2 1.3 1.4 1.6 1.8 1.16	1.9 1.10 1.11 1.12	1.15	1.13 1.14		1.5 1.7
火星占	2.1 2.2 2.9 2.10	2.2	2.3 2.4 2.5	2.5 2.7	2.6		2.8
土星占	3.1 3.2 3.5 3.6	3.2	3.3 3.4				

续　表

分　章	名主	行度	失行占	變色芒角占	相犯占	占例	待考
水星占	4.1 4.2 4.9 4.10	4.2 4.6 4.7	4.2 4.3 4.4 4.5 4.6 4.7		4.8		
金星占	5.1 5.2 5.49 5.50	5.3 5.6 5.9 5.10 5.11 5.25 5.46 5.48	5.4 5.5 5.7 5.21 5.22 5.42 5.43 5.44 5.45	5.12 5.14 5.17 5.18 5.19 5.24 5.41	5.8 5.13 5.15 5.16 5.26 5.27 5.28 5.29 5.30 5.31 5.33 5.34 5.36 5.37 5.38 5.39 5.40	5.47	5.20 5.23 5.32 5.35
木星行度表		6.1 6.2					
土星行度表		7.1 7.2					
金星行度表		8.1 8.2					

第一節　木　星　占

本節是《五星占》的第一部分，主要以木星爲占測對象，共由18小節組成。

1.1　木星名主一

本小節所討論的文字位於《集成》圖版第1行，記載的是木星的“五行屬性”，分列與木星相應的“方位”和“帝”“丞”之名。按照傳世星占類文獻的分類原則，應屬“名主”類。

【釋文】

東方木[1]，其帝大浩（皞）[2]，其丞句巟（芒）[3]，其神上爲歲星[4]。1上

【校注】

［1］“東方木”，陳久金（2001：105—106）指出，東方即方位名詞，木爲五行之一。《鶡冠子·環流》曰：“斗柄東指，天下皆春；斗柄南指，天下皆夏；斗柄西指，天下皆秋；斗柄北指，天下皆冬。”在季節的概念上，將春、夏、秋、冬四季與東、南、西、北四個方位對應起來。《管子·五行》載生數序五行木火土金水的順序爲自冬至開始，每72日爲一行，所對應木爲春，火爲夏，土爲季夏，金爲秋，水爲冬。據此，古人便將春季與東方相對應，夏季與南方相對應，季夏與西南相對應，秋季與西方相對應，冬季與北方相對應。故有春爲東方木，夏爲南方火，秋爲西方金，而冬爲北方水之説。劉樂賢（2004：29—30）指出，按照五行學説，東方屬木，故與木星（歲星）相配。

［2］“大浩”，原讀爲“大昊”，從劉樂賢校改，讀爲“大皞”。浩、皞二字古音皆幽部匣紐，故可通假。大皞，或作“太皞”，古代五方帝之東方帝名。《淮南子·天文》：“東方木也，其帝太皞。”高誘注：“太皞，伏犧氏有天下號也，死托祀於東方之帝也。”陳久金認爲太皞是東夷民族的遠古首領，故與東方相配。

［3］“丞”，陳久金釋爲“副手或佐官”。劉樂賢亦指出，丞是“佐”的意思，這裏指帝的助手或佐官。

“句巟”，從整理小組（1978：1）釋，讀爲“句芒”。劉樂賢指出，巟、芒二字皆从

“亡”得聲，故可通假。陳久金認爲句芒指少浩氏之子，曰重。《左傳》昭二十九年引蔡墨云“重爲句芒”，又《楚語》曰“重爲木正司天”，故句芒得配爲東方之神，是出於其爲木正所立功勳。劉樂賢認爲句芒是古代五方神之東方神名。《禮記·月令》：“其日甲乙，其帝大皞，其神句芒。”鄭玄注：“句芒，少皞氏之子，曰重，爲木官。”

［4］“神”，鄭慧生（1995：183）釋爲“氣”，并將此句釋作“東方木之氣上升化作歲星”。謹按，鄭釋或可從，“神”當解釋爲精、氣一類的含義。《禮記·樂記》：“幽則有鬼神。”鄭玄注：“聖人之精氣謂之神，賢知之精氣謂之鬼。”據《開元占經》卷二十三“歲星名主一”引《春秋緯》“春精靈威仰神爲歲星體”可知，“神”在後世文獻中被賦予更爲豐富的含義，特指“靈威仰”。“靈威仰”爲東方之神、春神。《禮記·大傳》：“禮，不王不禘。王者禘其祖之所自出。以其祖配之。”鄭玄注：“王者之先祖皆感大微五帝之精以生。蒼則靈威仰，赤則赤熛怒，黄則含樞紐，白則白招拒，黑則汁光紀。”

“歲星”，劉樂賢認爲即木星，太陽系九大行星之一。古人較早認識到木星大約十二年運行一周，可以用來紀年，故稱爲“歲星”。

謹按，此處將木星與“神”搭配。《淮南子·天文》謂“其神爲歲星”，較《五星占》少一“上”字。細審文義，《五星占》認爲五星是由神上升變化而成，視五星與神爲不同的概念；《淮南子》將五星與神視爲同一概念。除“神”以外，傳世文獻中亦見將木星與“使”“精”“子”搭配的説法。如《史記正義》引《天官占》：“東方木之精，蒼帝之象。”《乙巳占》卷四“歲星占第二十四”謂木星爲“靈威仰之使”“蒼龍之精”，《開元占經》卷二十三“歲星名主一”引石氏謂木星爲“木之精”“青帝之子”，又引《天鏡》謂木星爲“蒼帝之子”。此外，將木星與“神”“使”“精”“子”等搭配者亦見於與其他四星或包括木星在内五星有關的文獻，如《開元占經》卷十八“五星所主一”引《春秋緯》：“天有五帝，五星爲之使。”同卷引《荆州占》：“五星者，五行之精也；五帝之子，天之使者，行於列舍，以司無道之國。”

【疏證】

1.1“木星名主一”記載的類似説法，見於以下傳世文獻：

- 《開元占經》卷二十三“歲星名主一”引《春秋緯》：春精靈威仰神爲歲星，體東方青龍之宿。

- 又引石氏：歲星，木之精也，位在東方，青帝之子，歲行一次，十二年一周天，與太歲相應，故名歲星。人主之象，主仁，主義，主德，主大司農，主次相，其國吴、齊，主春日甲乙，其辰寅卯，所在之邦有福。①
- 又引《淮南子》：東方木也。其神太皞，其佐勾芒，執規而治春，其神爲歲星，其獸爲青龍，其音角，其日甲乙。
- 又引《荆州占》：歲星主春，農官也，其神上爲歲星，主東維。②
- 又引《天鏡》：歲星主春，蒼帝之子，爲天布德。

關於五星的"五行配屬"，傳世文獻亦有較爲系統的記載。相關討論，詳見第二章《五星名主》。

以下 1.2—1.8 小節所討論的文字，劉樂賢(2004：30—34)曾分爲四段，我們在此基礎上進一步分爲七小節。其中前兩小節 1.2、1.3 與最後一小節 1.8 相呼應，重點介紹了木星"十二歲而周"的運行周期及它所衍生的"十二歲"；中間含義較爲明確的兩小節 1.3、1.5，也均與木星運行規律有關。因此，將這七小節視爲一個整體，主要是對木星運行規律進行説明。

1.2　木星名主二(木星行度一)

本小節所討論的文字位於《集成》圖版第 1 行，是説木星因"歲處一國"，故可"司歲"。"歲處一國"是對木星運行規律的説明，應屬"行度"類；"司歲"是木星所主的事項，應屬"名主"類。

【釋文】

歲處一國[1]，是司歲【十】二[2]。1上

【校注】

[1]"歲"，從劉樂賢(2004：30)釋爲"年"。

陳久金(2001：106)指出，木星又稱歲星、紀星，十二年爲一紀。木星十二年繞天運行一周，每十二月行三十度。木星沿黄道二十八宿運行，古有天文地

---

① 劉樂賢：《馬王堆天文書考釋》，第 30 頁。
② 同上。

理分野之説。十二諸侯與二十八宿一一對應，各有所屬。當歲星運行到任何一宿時，必有一個諸侯國與其相對應，故曰“歲處一國”。劉樂賢認爲“歲處一國”是“歲星歲處一國”之省。

［2］“司”，劉樂賢釋爲“掌管、主持”。《廣雅·釋詁》：“司，主也。”結合下文，此處“司歲”是司攝提格等十二歲名的意思。①

“十”字原缺，《集成》(2014：224)據甘氏“歲星歲處一國，是司歲十二”補。帛書7行有“歲十二者”，可相對照。“二”字原缺，《集成》(2014：224)據圖版釋。

【疏證】

1.2“木星名主二”記載的内容，傳世文獻中亦有類似説法：

- 《開元占經》卷二十三“歲星行度二”引甘氏：歲星處一國，是司歲十二。②

“十二歲”及“歲處一國”的天文學基礎是木星公轉周期，即在星宿背景上運行一周所需要的時間，約爲十二年。按現代天文學常識，木星公轉周期約爲11.86年，但古人最初尚未有如此精確的認識。“歲處一國”是指木星一歲行一次。爲便於觀測日、月、五星的運行，古人將周天劃分爲十二等分，稱爲“十二次”。《史記·天官書》曰：“歲星一曰攝提，曰重華，曰應星，曰紀星。”木星又名歲星、紀星，即源於以上這兩條規律。

---

① 陳久金先生亦指出，歲星司歲的方法，正是出於木星一紀行一周的認識，即木星十二年行十二辰，一歲行一辰。用木星所在辰紀年，故曰歲星。《國語》魯僖公五年載“歲在大火”，《左傳》襄公二十八年載“歲在星紀”等。大火、星紀爲十二星次之名。從這些記載可知，春秋之時會直接以歲星所在星次紀年。十二星次與二十八宿及十二辰方位的相互關係是固定的：“子，玄枵，女虚危；丑，星紀，斗牛；寅，析木，尾箕；卯，大火，氐房心；辰，壽星，角亢；巳，鶉尾，翼軫；午，鶉火，柳星張；未，鶉首，井鬼；申，實沈，觜参；酉，麗梁，胃昴畢；戌，降婁，奎婁；亥，娵觜，室壁。”那知道某年歲星所在星次，也就知道了其所對應的十二辰方位，也就可以轉换成以十二辰紀年。參看陳久金《帛書及古典天文史料注析與研究》，臺北：萬卷樓圖書股份有限公司，2001年，第106—107頁。席澤宗先生指出，古時將黄、赤道附近天區分爲十二次，如星紀、玄枵等。根據星占術的需要，又將十二次分屬列國，即所謂“分野”。歲星平均每年在天空運行一次，故古代也有用歲星所在的位置來紀年的，如《國語·晋語》云：“晋之始封，歲在大火。”所以帛書中説水星“歲處一國，是司歲”。又，《説文解字》：“歲，木星也。越歷二十八宿，宣遍陰陽，十二月一次。从步，戌聲。”參看席澤宗《〈五星占〉釋文和注釋》，收入氏著《古新星新表與科學史探索》，西安：陝西師範大學出版社，2002年，第178頁。

② ［日］川原秀成、宫島一彦：《五星占》，山田慶兒編《新發現中國科學史資料の研究·譯注篇》，京都：京都大學人文科學研究所，1986年，第4頁。

"歲處一國"又與星占學説中的十三國分野體系相關。中國古代占星術將不同的天區與地上的區域對應起來，即所謂"分野"。目前所見戰國時期較爲系統的二十八宿分野見於馬王堆帛書《日月風雨雲氣占》，①劉樂賢(2004：193)認爲這應是"比較原始或未經整齊劃一過的早期分野學説"。漢代以後，分野學説逐漸完善，先後形成"十三國"與"十二州"兩個截然不同的分野系統。其中，十三國分野系統以《淮南子·天文》②和《漢書·地理志》③所載最具代表性，十二次分野系統則以《史記·天官書》④等文獻所載爲代表。邱靖嘉先生指出，十三國系統是在春秋戰國以來"天下大國十二"之説的基礎上，再加上周王室拼凑出來的，大致反映了戰國秦漢時代的文化地理觀念；十二州系統則源於武帝元封年間所建立的十二州制，主要體現的是漢武帝以後"大一統"的政治地理格局。⑤ 此處謂木星"歲處一國"，亦反映出"天下大國十二"這一文化地理觀念。

本小節不僅與木星運行規律有關，屬"行度"類；還介紹了木星所主司的事項，應屬"名主"類。木星由於十二歲而周天的運行規律，故可"司歲"。按照《五星占》的説法，其他行星所主司的内容亦多與其運行周期密切相關，如火星

---

① "房左驂，汝上也；其左服，鄭地也；房右服，粱(梁)地也；右驂，衞(衛)。婺女，齊南地也。[55]虛，齊北地也。危，齊西地也。營₌(營室)，魯。東壁(壁)，衞(衛)。縷(婁)，燕。胴(胃)，甃(魏)氏東陽也。參前，甃(魏)[5]氏朱縣也；其陽，甃(魏)氏南陽；其陰，韓(韓)氏南陽。箪(畢)，韓(韓)氏晋國。觿₌(此觿—觜觿)，趙氏[57]西地。罰，趙氏東地。東井，秦上郡。輿鬼，秦南地。柳，西周。七星，東周。[58]張，荆北地。[59]"參看裘錫圭主編《長沙馬王堆漢墓簡帛集成(伍)》，北京：中華書局，2014年，第6頁。

② 《淮南子·天文》："星部地名：角、亢鄭，氐、房、心宋，尾、箕燕，斗、牽牛越，須女吴，虛、危齊，營室、東壁衛，奎、婁魯，胃、昴、畢魏，觜巂、參趙，東井、輿鬼秦，柳、七星、張周，翼、軫楚。"

③ 《漢書·地理志》："秦地於天官，東井、輿鬼之分野。……自井十度至柳三度，謂之鶉首之次，秦之分也。魏地，觜觿、參之分野也。……周地，柳、七星、張之分野也。……自柳三度至張十二度，謂之鶉火之次，周之分也。韓地，角、亢、氐之分野也。……及《詩·風》陳、鄭之國，與韓同星分焉。鄭國，今河南之新鄭，本高辛氏火正祝融之虛也。……自東井六度至亢六度，謂之壽星之次，鄭之分野，與韓同分。趙地，昴、畢之分野。……燕地，尾、箕之分野也。……自危四度至斗六度，謂之析木之次，燕之分也。齊地，虛、危之野也。……魯地，奎、婁之分野也。……宋地，房、心之分野也。衛地，營室、東壁之分野也。……楚地，翼、軫之分野也……吴地，斗分野也。粤地，牽牛、婺女之分野也。"

④ 《史記·天官書》："角、亢、氐，兖州。房、心，豫州。尾、箕，幽州。斗，江、湖。牽牛，婺女，楊州。虛、危，青州。營室至東壁，并州。奎、婁、胃，徐州。昴、畢，冀州。觜觿、參，益州。東井、輿鬼，雍州。柳、七星、張，三河。翼、軫，荆州。"《周禮·春官·保章氏》鄭玄注："九州州中諸國中之封城，於星亦有分焉；今其存可言者，十二次之分也。星紀，吴越也：玄枵，齊也；娵訾，衛也；降婁，魯也；大梁，趙也；實沈，晋也；鶉首，秦也；鶉火，周也；鶉尾，楚也；壽星，鄭也；大火，宋也；析木，燕也。"

⑤ 邱靖嘉：《"十三國"與"十二州"——釋傳統天文分野説之地理系統》，《文史》2014年第1輯，第5—24頁。

“進退无恒，不可爲□”（23行），土星“實填州星，歲□□□”（29行），水星“主正四時”（32行），此處亦不例外。

1.3 木星行度二

本小節所討論的文字位於《集成》圖版第1—5行，主要介紹木星的“運行周期”，同時還對第一部分提到的“十二歲”展開説明。按照傳世星占類文獻的分類原則，應屬“行度”類。

【釋文】

【·歲】星以正月與營＝（營室）晨1上【出東方[1]，其】名爲【攝提格[2]。·其明歲以二月與東壁晨出東方[3]，其】名爲單闕（閼）[4]。【·】其明（明）歲以1下三月與胃晨出東方[5]，其名爲執徐。·其明（明）歲以四月與畢晨【出】東方[6]，其名爲大巟（荒）洛（落）[7]。2上【·其明歲以五】月與【東井晨出東方[8]，其名爲敦牂[9]。·其明歲以六】月與柳晨出東方[10]，其名2下爲汁（協）給（洽）[11]。·其明（明）歲以七月與張晨出東方，其名爲芮（涒）漢（灘）[12]。·其明（明）歲【以】八月與軫晨出東方[13]，其3上【名爲作噩[14]。·其明歲以九月與亢】晨出【東方[15]，其名爲】淹（閹）茅（茂）[16]。·其明（明）歲以十月與心晨出3下東方[17]，其名爲大淵獻（獻）[18]。·其明（明）歲以十一月與斗晨出東方，其名爲困〈困〉敦[19]。·其明（明）歲以十二月與虛4上【晨出東方[20]，其名爲赤奮若[21]。】·其【明歲以正月與】營＝（營室）【晨】出東方[22]，復爲聶（攝）提挌（格）[23]。【十】4下【二】歲而周[24]。5上

【校注】

[1] “·”符原缺，今據下文補。

“歲”字原缺，整理小組（1978：2）據文義補。

“營＝”，從《集成》（2014：223—225）釋，讀爲“營室”。劉樂賢（2004：30—31）、《集成》指出，“營＝”在本篇帛書多次出現，又見於睡虎地秦簡《日書》（甲種80正A、3背B，乙種80A）、周家臺秦簡（1431、176—177、211）、馬王堆帛書《刑德》（甲篇56行，乙篇95、96行）、阜陽雙古堆一號漢墓二十八宿距度盤等

出土文獻。《九店楚簡》整理者認爲"營="爲"營宫"合文,是"營室"的異名。[①]陳偉亦認爲應讀爲"營宫",可同義换讀爲"營室"。[②] 劉樂賢將本篇帛書中所有的"營="都釋爲"營宫",并認爲"營宫"是"營室"的異名。《集成》認爲"營宫"爲"營室"異名實則不妥。傳世文獻中不見"營室"明確有"營宫"之類的異名;本篇帛書亦未出現不作合文,直接寫作"營宫"的情況;帛書第47行既寫作"營=",又寫作"營室",同一行出現同一星宿的不同異名,似乎更不大可能。"營="即專有名詞"營室"的特殊合文形式,不必釋作"營宫"。"營室",星名,最早包括"室""壁"二宿,古亦稱"定",後來才專指室宿。《詩・鄘風・定之方中》鄭箋云:"定星昏中而正,於是可以營制宫室,故謂之營室。"關於營室星,亦可參看《開元占經》卷六十一"營室占六"。[③]

"與某宿",謹按,指太陽所在位置,參看下文"疏證"部分。

"出東方"三字原缺,整理小組據文義補。

"晨出東方",謹按,行星的視運行狀態,特指行星首日晨出,是用來區分行星會合周期内不同階段的天文術語之一,參看下文"疏證"部分。

[2] "其"字原缺,整理小組據文義補。

"名爲"二字原缺,《集成》據圖版釋。

---

① 湖北省文物考古研究所、北京大學中文系編:《九店楚簡》,北京:中華書局,2000年,第128頁注釋"二八二"。

② 陳偉:《讀沙市周家臺秦簡札記》,《楚文化研究論集》第5集,合肥:黄山書社,2003年6月,第340頁。

③ 此説最早見於劉建民《馬王堆漢墓帛書〈五星占〉整理劄記》,《文史》2012年第2輯,第103—105頁。劉先生指出,若僅從外形上看,將"營="釋作"營宫"的合文是没有問題的。釋爲"營宫"之後,認爲"營宫"可同義换讀爲"營室"也能講通。但認爲"營宫"爲"營室"異名則不妥。《九店楚簡》注釋二八二説:"《國語・周語中》'營室之中,土功其始',郝懿行《爾雅義疏》卷中四和朱起鳳《辭通》卷二一質韻引此,'營室'皆作'營宫',與雲夢秦墓竹簡和馬王堆漢墓帛書相合。"這兩處書證似乎可以看作"營宫"是"營室"異名的證據。但《九店楚簡》注釋二八二同時也指出,不知道郝、朱二氏所據版本,待考。所以上面所説的兩處異文,不能看作直接的證據。在傳世文獻中,其實并没有發現"營室"明確的有"營宫"這樣的異名。"營室"詞,《五星占》中共有三種表述方式:1. 直接寫作"營室",凡五見;2. 寫作"㝃",即"營室"的合文,凡五見;3. 寫作"營=",凡二見。另外還有一些"營室"已經殘去。根據常理推測,如果"營="是"營宫"合文,是"營室"的異名,《五星占》中也應出現直接寫作"營宫",不寫作合文的情況。就像"營室"既有不作合文的形式,又有寫作"㝃"的情況。但實際上,這種寫法一例也没有。帛書第1/1行有"營=",而第7/7行作"營室",帛書第40/18行更有同一行中既寫作"營=",又寫作"營室"的情況。同一行出現同一星宿的不同異名,可能性似乎更小。所以從目前的資料來看,"營室"并不存在"營宫"這樣的異名,認爲應將"營="看作專有名詞"營室"的一種特殊表示方式。

"攝提格"三字原缺，整理小組據文義補。

［3］此句原缺，整理小組據文義及後文的木星行度表補。

［4］"其"字原缺，整理小組據文義補。

"名"字尚存殘筆，從《集成》釋。

"闟"，原釋"閼"，從《集成》校改。此字實寫作从門、从旅。"於"字古音屬影母魚部，"旅"字屬來母魚部，二者讀音、形體都很接近。帛書中的"闟"字，既可看作是"閼"字使用不同聲符的異體，也可看作因"於""旅"形近易混，"閼"字寫成了"闟"。似乎後者可能性更大。

［5］"·"符原缺，《集成》據上下文補。

"明"，原釋"明"，從《集成》校改。

［6］"出"字原缺，整理小組據文義補。

［7］"洛"，原釋"落"，從《集成》校改。此字上部并無"艸"，是"洛"字。"大巟洛"從整理小組讀爲"大荒落"。

［8］"·"符原缺，《集成》據文義補。

"其明歲以五"五字原缺，整理小組據文義補。

"月與"二字原缺，《集成》據圖版釋。

"東井晨出東方"六字原缺，整理小組據文義及後文的木星行度表補。

［9］"其名爲敦牂"五字原缺，整理小組據文義補。

［10］"·"符原缺，《集成》據文義補。

"其明歲以六"五字原缺，整理小組據文義補。

"月與柳"三字原缺，《集成》據圖版釋。

［11］"汁給"，從整理小組釋，讀爲"協洽"。

［12］"芮"，劉樂賢指出此字从"内"得聲，而从"内"得聲的"衲"字（《説文解字》以爲"退"字或體）古音與"涒"相近，故"芮"可讀爲"涒"。《史記·曆書》："横艾涒灘始元元年。"《集解》："涒灘，一作芮漢。""漢"，原釋"莫"，從《集成》校改。"芮漢"，從整理小組釋，讀爲"涒灘"。

［13］"以"字原缺，整理小組據文義補。

［14］"名爲作噩"四字原缺，整理小組據文義補。

［15］"·"符原缺，《集成》據文義補。

“其明歲以九月與亢”八字原缺，整理小組據文義及後文的木星行度表補。“晨出”二字原缺，《集成》據圖版釋。“東方”二字原缺，整理小組據文義補。

［16］“其名爲”三字原缺，整理小組據文義補。

“淹茅”原缺釋，整理小組補作“閹茂”，從鄭健飛（2015：94—96）校改。鄭先生指出，此二字反印文圖版作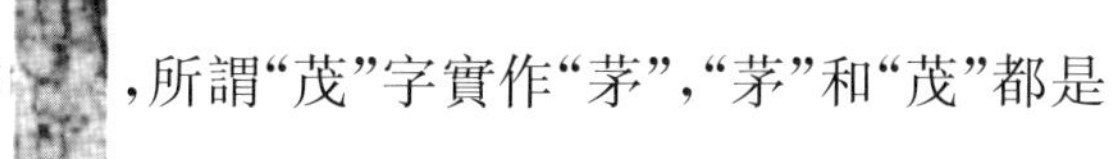，所謂“茂”字實作“茅”，“茅”和“茂”都是明母幽部字，二字音近相通。首字左側爲“水”旁，疑是“淹”字。秦漢文字中“奄”字常作一直豎筆，如、等，似與此字不類。但是秦漢時代不少文字中的豎筆常常可以向左或向右曳出，如和、和、和等。《房內記》38 行“取其□家而”中的所謂“家”字作，陳劍先生指出此字應改釋爲“宰（滓）”。[①] 此形和一般形相比，也是豎筆向左曳出。所以“奄”字出現豎筆向左拖曳的寫法是不足爲怪的。認出了“茅”字後，《周易》與《二三子問》卷中的 6 號殘片無疑應綴入《五星占》第 3 行下，作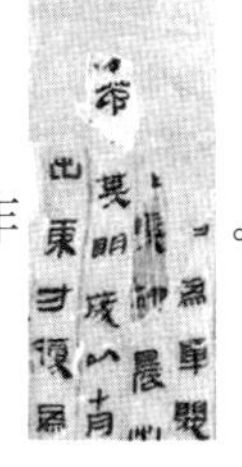。此殘片中“茅”上一字的殘筆即“淹”字向左斜出的豎筆，“茅”下殘存的一小點即上引反印文圖版中的墨點。

［17］“·”符原缺，據文義補。

“東方”二字原缺，《集成》據圖版反印文釋。

［18］“獻”，原釋“獻”，從《集成》校改。“大淵獻”，讀爲“大淵獻”。

［19］“困”，原釋“困”，從劉樂賢校改。“困”是“困”字之訛。

［20］“晨出東方”四字原缺，整理小組據文義補。

［21］此句原缺，整理小組據文義補。

---

① 陳劍：《馬王堆帛書“印文”、空白頁和襯頁及摺疊情況綜述》，《紀念馬王堆漢墓發掘四十周年國際學術研討會會議論文集》，長沙：嶽麓書社，2016 年，第 290—295 頁。

［22］“其”字原缺，《集成》據圖版釋。

“明歲以正月與”六字原缺，整理小組據文義補。

“熒”原缺釋，鄭健飛據反印文[图]釋出，讀爲“營室”。

“晨”字原缺，整理小組據文義補。

［23］“挌”字尚存殘筆，從《集成》釋。“聶提挌”，從整理小組釋，讀爲“攝提格”。

［24］“十二”二字原缺，整理小組據文義補。《集成》指出，“十”字諸家釋文均補在第5行，從圖版位置來看，帛書第4行最末“提”下應有兩個字的位置，故釋“挌(格)十”二字。“歲”在《集成》圖版反印文處尚存殘筆，從《集成》釋。

【疏證】

1.3“木星行度二”主要由格式爲“以某月與某宿晨出東方”的十二句構成，內容包括兩方面：一是通過記録木星每一年晨出東方的所在星宿，介紹木星的“運行周期”，古書稱之爲“行度”；①二是介紹“十二歲”與木星晨出東方之宿的搭配關係。相關討論，詳見第三章《試析馬王堆帛書〈五星占〉中的木星運行周期》。

1.4 木星行度三

本小節所討論的文字位於《集成》圖版第5行，介紹了木星的“會合周期”，按照傳世星占類文獻的分類原則，應屬“行度”類。

【釋文】

皆出三百六十五日而夕入西方，伏卅(三十)日而晨出東方，凡三百九十五日百五分5上【日[1]，而復出東方[2]。】5下

【校注】

［1］“日”字原缺，整理小組(1978：2)據文義及後文的木星行度表補。

---

① 席澤宗先生指出，因木星的會合周期(從與太陽相合到下一次相合)爲一年零三十四天(398.88日)，故木星的同一現象每年較前一年約推遲一個月，如木星和太陽相“衝”(即相差180°，相當於月亮的“望”)的日期1951年爲10月3日，1952年爲11月8日。因此，古人觀測歲星，恒以今年正月，明年二月，後年三月，順次而至某年十二月，如是必歷十三個月而復返原來的位置。參看席澤宗：《〈五星占〉釋文和注釋》，收入氏著《古新星新表與科學史探索》，西安：陝西師範大學出版社，2002年，第179頁。

席澤宗(2002：179)指出，這裏用的二百四十進位制，即分一日爲240分，這是商鞅變法的遺迹。秦孝公十二年(前349)曾廢除百步爲畝的制度，改用二百四十步爲一畝。《集成》(2014：225)指出，帛書後文有大致相同的句式，如"伏十六日九十六分日"(行40下)，在"分"後有"日"字；而"【伏十】六日九十六分"(行141上)，在"分"後無"日"字，所以此處"分"字後，也可能没有"日"字。

[2] "而復出東方"五字原缺，整理小組據文義及後文的木星行度表補。

【疏證】

1.4"木星行度三"的相關討論，詳見第二章《五星運行周期》。

1.5　木星待考一

本小節的文字位於《集成》圖版第5—6行，因帛書此處殘損嚴重，致文義不明，暫存疑待考。

【釋文】

【□□□□□□□□□□□□□□□】視下民公【□】□【□】5下羊(祥)[1]，廿(二十)五年報昌[2]。6上

【校注】

[1] 帛書此處殘損嚴重，致文義不明，故僅將釋文列出而不作句讀。

"【□□□□□□□□□□□□□□□】"之缺文字數暫從整理小組(1978：2)，共計十五字。

"視"，暫從整理小組釋。《集成》(2014：225)指出，"視"字僅殘存"見"旁一部分，也可能不是"視"字。

"【□】□【□】"之缺文字數暫從整理小組，其中第二字尚存殘筆。

"羊"，暫從川原秀成、宮島一彦(1986：6)釋，讀爲"祥"。

[2] "報"，劉樂賢(2004：33)解釋爲"復"。

1.6　木星行度四

本小節所討論的文字位於《集成》圖版第6行，介紹了木星公轉周期的運

行速度。按照傳世星占類文獻的分類原則，應屬“行度”類。

【釋文】

進退左右之經度└[1]，日行廿(二十)分，十二日而行一度└[2]。6上

【校注】

[1]“經度”，從劉樂賢(2004：33)釋爲“常度、恒度”。

[2] 陳久金(2001：108)指出，“日行二十分，十二日而行一度”，可以推得《五星占》所用曆法之一度爲二百四十分。席澤宗(2002：179)認爲，從這句話可以看出度以下也分爲二百四十分，12×20＝240＝1(度)。

【疏證】

1.6“木星行度四”介紹了從地球上觀察木星在星宿背景上的運行速度。相關討論，詳見第二章《五星運行周期》。

1.7 木星待考二

本小節的文字位於《集成》圖版第6行，因帛書此處殘損嚴重，致文義不明。劉樂賢(2004：33)據“歲視其色”句懷疑此小節與木星的顏色變化有關。今暫存疑。

【釋文】

歲視其色[1]，以致其6上【□□□□□□□□□□□□□□□□□□□□□】□爲相星辱礽[2]。6下

【校注】

[1]“色”，陳久金(2001：108)、劉樂賢認爲似指歲星的顏色。

[2] 帛書此處殘損嚴重，致文義不明，故僅將釋文列出而不作句讀。

“【□□□□□□□□□□□□□□□□□□□□□】”之缺文字數暫從整理小組(1978：2)，共計二十一字。

“爲”上一字尚存殘筆。

“相星”，劉樂賢認爲是木星的異名。

“辱”字原缺釋,從《集成》(2014：224)校改。

“彳□”尚存殘筆,從《集成》釋。

1.8　木星名主三

本小節所討論的文字位於《集成》圖版第7行,其中“歲十二者”句之“十二歲”,與占辭1.2“是司歲十二”句、占辭1.3的十二歲名相呼應。據此認爲,本小節是對占辭1.2—1.7所介紹的木星運行規律的總結。今暫依上文對占辭1.2的分類,將本小節歸爲“名主”類。

【釋文】

死〈列〉星監正[1],九州以次[2],歲十二者[3],天幹也[4]。7上

【校注】

[1]“死”,原釋“列”,從《集成》(2014：225)校改。“死”是“列”字之訛。秦漢文字中“死”“列”形近,“列”寫作“死”較爲常見。帛書下文第9行“天列”之“列”,亦作“死”。

[2]“九州以次”,劉樂賢(2004：34)認爲是九州有序。關於九州的具體所指,古書説法不一,這裏可能只是泛指。

[3]“歲十二者”,劉樂賢認爲似指上文所提攝提格、單閼等十二種歲名。

[4]“幹”,從劉樂賢釋爲“主幹”。

“天幹”,鄭慧生(1995：184)釋爲“天體的基本部分”,劉樂賢釋爲“天之主幹”,疑即古書所謂“天柱”。

【疏證】

1.8“木星名主三”中“列星監正,九州以次”句較難理解,鄭慧生釋爲“用二十八宿來對照歲星運行的行程規律,把地上的九州依次區分爲各自的星野”,陳久金(2001：108)釋爲“將黄道带星宿分配於十二次,并與九州相配”,似可從。

木星或與木星有關的“十二歲”爲“天幹”的説法,亦可從以下關於木星異名的文獻中得到印證：

- 《史記・天官書》：歲星一曰攝提，曰重華，曰應星，曰紀星。
- 《開元占經》卷二十三"歲星行度二"引石氏：歲星，他名曰攝提，一名重華，一名應星，一名經星。

據文獻可知，木星的異名或爲"紀星"，或爲"經星"，可能即源於木星或"十二歲"爲"天幹"的説法。

1.9 木星失行占一

本小節所討論的文字位於《集成》圖版第7—8行，由於中間一部分缺字較多，不易確定首末兩句的邏輯關係。兩句或存在關聯，所占測之事皆爲木星所處之國的吉凶：首句是以木星久處爲占，末句分别占測木星所處之國"有德"與"無德"這兩種情况的吉凶。按照傳世文獻的分類原則，暫將這段文字歸爲"失行占"類。

【釋文】

營室聶(攝)提挌(格)始昌[1]，歲星所久處者有卿(慶)[2]。【□】7上【□□□□□□□□□□□□□□□□□□□□□□□□[3]。其國有】德[4]，黍稷〈稷〉之匿[5]；7下其國失德[6]，兵甲嗇₌(嗇嗇①)[7]。8上

【校注】

[1] "營室"，劉樂賢(2004：34—35)指出，《五星占》多作合文，但也偶有不作合文者，如第50行②及第18行③即爲其例。此處字迹不甚清晰，但從前後文的距離看，"營室"占兩字的位置，應不是合文。

"聶提挌"，從整理小組(1978：2)釋，讀爲"攝提格"。

[2] "卿"，從整理小組釋，讀爲"慶"。劉樂賢認爲"卿"讀爲"慶"。卿、慶二字古音皆在陽部溪紐，故可通假。慶，釋爲"福"。

[3] 帛書此處殘損嚴重，致文義不明，故僅將釋文列出而不作句讀。

---

① "嗇嗇"，讀爲"側側"。

② 所指之句爲"【□□】營(熒)或(惑)，於營室、角、畢、箕ᴸ"，實爲原圖版第49行，今據《集成》圖版調整至27行。

③ 所指之句爲"五出，爲日八歲，而復與營室晨出東方"，今據《集成》圖版調整至40—41行。

“【□□□□□□□□□□□□□□□□□□□□】”之缺文字數暫從《集成》(2014：224)，共計二十字。整理小組曾補作“以正月與營室晨出東方，名曰益隱。其狀蒼蒼若有光”，共計二十一字；劉樂賢補作“以正月與營室晨出東方，名曰監德，其狀蒼蒼若有光”，共計二十一字。《集成》指出，帛書此處缺損二十字左右，而帛書所述與諸家補文所依據的傳世文獻均有較大差別，不易據以擬補，故缺。①

［4］“其國有”三字原缺，整理小組據傳世文獻補。謹按，“有”字反印文尚存殘筆，作 。

［5］“稷”，原釋“稯”，從劉樂賢校改。“稯”是“稷”字之訛。稯、稷二字寫法接近，容易相混。睡虎地秦簡《日書》甲種“稯（叢）辰”訛作“稷辰”，②與此處“黍稷”訛作“黍稯”類似。在其他材料中，還有一些“稷”與“稯”或“畟”與“夋”因形近而致訛的例子可參看。③

“匿”，暫從劉樂賢釋爲“藏”。《廣雅・釋詁》：“匿，藏也。”

“黍稷之匿”，劉樂賢指出可能是“黍稷有藏”的意思。劉樂賢還在注釋中進一步指出，古代訓“藏”的“匿”字的確切含義是“隱藏”。用作“收藏”義的“匿”字，在古書中尚未發現有其他文例。因此，帛書“匿”字的訓釋尚可斟酌。但從傳世文獻的對應文句看，帛書“黍稷之匿”應是指黍稷等穀物將成熟。

［6］“失”，暫從整理小組釋。劉樂賢指出馬王堆帛書中“无”“失”二字的寫法十分接近，有時甚至没有區别。從圖版看，帛書此處“國”後一字與《五星占》後文幾個“失”字的寫法基本一致，帛書整理小組將其釋爲“失”是有道理的。但考慮到馬王堆帛書也有一些“无”字的形狀與此一致，故亦可參照文例將其直接釋爲“无”。謹按，此字以釋“失”爲宜。《五星占》中“失”字捺筆較短，如帛書第8行 、帛書第75行  等；而“无”字捺筆較長，如帛書第17行

① 此説最早見於劉建民《帛書〈五星占〉校讀札記》，《中國典籍與文化》2011年第3期，第134—135頁。劉先生指出，帛書此處缺損22字左右，與傳世文獻又不完全一致，不好據傳世文獻加以擬補。尤其是《史記・天官書》説“正月與斗、牽牛晨出東方”，《唐開元占經》説“以正月與建、斗、牽牛、婺女晨出於東方”，而帛書釋文補作“以正月與營室晨出東方”，則更是不正確的。

② 李學勤：《睡虎地秦簡〈日書〉與秦、漢社會》，《江漢考古》1985年第4期，第60—64頁。

③ 劉樂賢：《睡虎地秦簡日書研究》，臺北：台灣文津出版社，1994年，第58頁；李家浩：《睡虎地秦簡〈日書〉“楚除”的性質及其他》，《“中研院”歷史語言研究所集刊》第七十本第四分，1999年，第883—903頁。

、帛書第23行。此字作，故應釋爲“失”。

［7］“兵甲”，劉樂賢指出或作“甲兵”，指武器裝備。

“嗇嗇”，從劉樂賢釋，讀爲“側側”。“嗇”字古音在職部生紐，“側”字古音在職部莊紐，二字讀音接近，故可通假。《逸周書·大聚》：“天民側側，余知其極有宜。”孔晁注：“側側，喻多。”

“兵甲側側”，劉樂賢認爲是説武器甚多，蓋即戰事仍頻的意思。

【疏證】

1.9“木星失行占一”主要占測了木星所處之國的吉凶。首句“營室攝提格始昌，歲星所久處者有慶”意爲木星久處之處，其國有福。類似説法，亦見於以下傳世文獻：

- 《淮南子·天文》：歲星之所居，五穀豐昌。
- 《漢書·天文志》：所之，國昌。
- 《晋書·天文志》：其所居久，其國有德厚，五穀豐昌，不可伐。其對爲衝，歲乃有殃。
- 《乙巳占》卷四“歲星占第二十四”：其常體大而清明潤澤，所在之宿，國分大吉。
- 《開元占經》卷二十三“歲星名主一”引甘氏：邦將有福，歲星留居之。
- 又引《荆州占》：歲星所居之宿，其國樂；所去宿，其國飢。
- 又引《荆州占》：所從野有慶，所去起兵。
- 又引《荆州占》：歲星所留之舍，其國五穀成熟。
- “歲星行度二”引甘氏：歲星所居處，安静中度，吉。
- 又引《荆州占》：歲星居舍，進退如度，其國有福；王者吉，姦邪息。
- “歲星盈縮失行五”引《文曜鈎》：歲星所居久，其國有德厚，人主有福，不可加以兵。[1]

末句“其國有德，黍稷之匿；其國失德，兵甲嗇嗇”是對木星久處之國“有德”與“無德”這兩種情況進行占測。傳世文獻亦有類似説法：

① 陳久金：《帛書及古典天文史料注析與研究》，臺北：萬卷樓圖書股份有限公司，2001年，第108頁。

• 《開元占經》卷二十三"歲星行度二"引甘氏：名攝提格之歲。攝提格在寅，歲星在丑，以正月與建斗、牽牛、婺女晨出於東方，爲日十二月，夕入於西方，其名曰監德，其狀蒼蒼，若有光。其國有德，乃熱黍稷；其國無德，甲兵惻惻。其失次，將有天應見於輿鬼。其歲早水而晚旱。①

劉樂賢指出，甘氏占文中"德""稷""側"等皆職部字，可押韻。帛書占文中"德""匿""嗇"等皆職部字，亦押韻。

首句謂"營室攝提格始昌"，加之與末句説法類似的甘氏謂"名攝提格之歲"，可以證明將首末二句視爲一段是合理的。

1.10　木星失行占二

本小節所討論的文字位於《集成》圖版第8—9行，是以木星贏、縮變化爲占。按照傳世星占類文獻的分類原則，應屬"失行占"類。

【釋文】

其失次以下一若二若三舍[1]，是胃(謂)天維紐(縮)[2]，其下之【□】憂【□】[3]；其失8上【次以上一若二若三舍，是謂天維贏[4]，□□□□□□】□贏[5]，於是歲天8下下大水[6]，不乃天死〈列(裂)〉[7]，不乃地動(動)[8]，紐(縮)亦同占[9]。視其左右，以占其夭(妖)孽[10]。9上

【校注】

[1]"若"，從劉樂賢(2004：35—36)釋爲"或"。整理小組(1978：2)以爲是"舍"之訛。川原秀成、宫島一彦(1986：7)則認爲"若"是"舍"的通假字。劉樂賢指出，若、舍二字古代寫法并不接近，致訛或相混的可能性不大。這兩字的古音也不接近，似不可通假。"若"，可訓爲"或"。"其失次以下一若二若三舍"，是"其失次以下一或二或三舍"的意思，與傳世文獻的説法一致，故不煩改字或改讀。②

---

① ［日］川原秀成、宫島一彦：《五星占》，山田慶兒編《新發現中國科學史資料の研究・譯注篇》，京都：京都大學人文科學研究所，1986年，第7頁。

② 此説最早見於劉樂賢：《簡帛數術文獻探論》，武漢：湖北教育出版社，2003年，第179—180頁。

"舍"，謹按，即二十八宿之"宿"，一宿爲一舍也。《淮南子·覽冥》曰："日爲之反三舍。"

［2］"是胃"，從整理小組釋，讀爲"是謂"。

"天維"，劉樂賢(2004：198—201)據《淮南子·天文》"天維建元常以寅始起，右徙一歲而移，十二歲而大周天，終而復始"指出，似應特指歲星，或是歲星的異名。"維"字的本義是指用以系物的大繩，引申而有"綱紀"或"綱要"之義。《五星占》和《天文》將歲星叫作"天維"，無非是説歲星乃是天之綱紀。

"紐"，從劉樂賢釋，讀爲"朒""衄"或"縮"。"紐"字古音在幽部泥紐，"朒"和"衄"古音皆在覺部泥紐，故"紐"可以讀爲"朒"或"衄"。"朒"和"衄"，古代都有"縮"的意思。《説文解字》(從段玉裁注本)："朒，朔而月見東方謂之縮朒。"縮和朒意思相同。《廣雅·釋言》："衄，縮也。"又，"紐"字古音在幽部泥紐，"縮"字古音在覺部生紐，二字讀音也較爲接近，故"紐"亦可直接讀爲"縮"。"縮"，是古書描述五星失行時的一個常用術語。《開元占經》卷六十四"順逆略例五"引石氏："退舍而復爲縮。"又引《七曜》："退舍以下一舍二舍三舍謂之縮。"

"天維紐"，從劉樂賢釋爲"歲星失行而縮"。

［3］"【□】夒【□】"，從《集成》(2014：224—225)釋。"夒"上一字，《集成》疑是"野"。

［4］"次以上一若二若三舍是謂天維羸"十四字原缺，《集成》據文義及傳世文獻補。帛書此處并未完全缺失，圖版上仍有"其失"二字，故將這一句補於此處。劉樂賢曾將這一句補在此行下半的"羸"字上。《集成》認爲不妥，"羸"上之字尚有殘筆，與"維"字不類，故不可能是"天維羸"。①

［5］帛書此處殘損嚴重，致文義不明，故僅將釋文列出而不作句讀。

"【□□□□□□】"之缺文字數暫從《集成》，共計六字。

"羸"上一字尚存殘筆作 。

［6］"是歲"，劉樂賢釋爲"此歲"，指"天維羸"之年。

---

① 此説最早見於劉建民《帛書〈五星占〉校讀札記》，《中國典籍與文化》2011年第3期，第135頁。劉先生指出，核對《馬王堆帛書藝術》中《五星占》的彩色照片可以發現，"其下之"後有一殘字，雖不可識，但并不是"國"字。此字之後有一"夒"字清晰可見。後是一殘字，次後是"其失"二字。"其失"之後可據帛書上文補"次以上一若二若三舍，是謂天維羸"。

[7]“不乃”,劉樂賢釋爲“否則”。

“死”,原釋“列”,從《集成》校改。“死”是“列”字之訛,參看1.8“木星名主三”的“校注”部分。

“天列”,從整理小組釋,讀爲“天裂”。

[8]“動”,原釋“動”,從《集成》校改。

[9]“紐亦同占”,劉樂賢認爲,指“天維縮”之年和“天維羸”之年的占測結果相同。據傳世文獻記載,歲星“縮”時,其國將山崩地動,確與歲星“羸”時的結果相類。

[10]“夭”,從《集成》釋,讀爲“妖”。

“夭”下字字迹模糊,原釋“壽”,暫從《集成》所引陳劍先生説法釋爲“孽”。

【疏證】

1.10“木星失行占二”中,“羸縮”是用來描述行星失行的術語。以木星的正常運行位置爲參照,超前三宿以内,即“失次以上一若二若三舍”,爲羸;退後三宿以内,即“失次以下一若二若三舍”,爲縮。傳世文獻亦不乏此類占辭,其中“羸”或作“盈”“羸”。詳參第二章《以五星運行爲占》。

“盈縮”是對木星在其運行軌道上相對位置變化的描述。這裏所説的相對位置變化并非單純的位置變化,而是指與常規運行位置相比,木星的實際運行位置有時會出現超前或退後的變化。五星皆在黄道運行,它們在運行軌道上的相對位置變化也就是其黄經的變化,所以本小節所説的木星失行實際與其黄經有關。

“視其左右,以占其妖孽”,其後的文句缺字較多致含義不明。劉樂賢將此句視爲下一段占辭的首句。此句應爲占辭1.10的末句,理由如下:第一,左右實與羸縮義同,也是對木星在其運行軌道上相對位置變化的描述,與黄經有關;第二,按照《集成》復原意見,其後文句與其他内容有關,應視爲另一段獨立占辭,即1.11“木星失行占三”。與此句類似的説法,亦見於傳世文獻:

- 《開元占經》卷二十三“歲星行度二”引甘氏:歲星凡十二歲而周,皆三百七十日而夕入於西方,三十日復晨出於東方,視其進退左右,以占其妖祥。①

① 劉樂賢:《馬王堆天文書考釋》,第37頁。

1.11 木星失行占三

本小節所討論的文字位於《集成》圖版第9—10行，是以木星“當處而不處”與“既已處之，又東西去之”這兩種情況爲占，占測“當處之國”及“所往之野”的吉凶。按照傳世星占類文獻的分類原則，應屬“失行占”類。

【釋文】

其所當處而9上【不處[1]，其國乃亡；既已處之，又東西去之，其國凶[2]，不可舉】事用兵└[3]。所往之9下野有卿(慶)[4]，受歲之國[5]，不可起兵[6]，是胃(謂)伐皇[7]，天光其不從[8]，其【□】大兇(凶)央(殃)[9]。10上

【校注】

[1] “其所當處而”五字原缺釋，從《集成》(2014：224)校改。

“不處”二字原缺，今據傳世文獻補(參看校注[2])。

[2] 帛書此處殘損嚴重。“其國乃亡；既已處之，又東西去之，其國凶”原缺釋，今據《開元占經》卷二十三“歲星盈縮失行五”引甘氏“歲星所處而不處，其國乃亡；既已處之，又東西去之，其國凶，不可舉事用兵”補。① 補文字數暫從《集成》，共計十六字。

[3] “不可舉”三字原缺，今據傳世文獻補(參看校注[2])。

“事”字原缺，《集成》據新綴殘片釋出。②

[4] “往”，劉樂賢(2004：36—37)釋爲“之”或“至”。

“野”，劉樂賢釋爲“分野”。

“卿”，劉樂賢讀爲“慶”，是“福”的意思。

---

① 《集成》已指出，此處説法與《開元占經》卷二十三“歲星盈縮失行五”引甘氏“歲星所處而不處，其國乃亡；既已處之，又東西去之，其國凶，不可舉事用兵。歲星出入不當其次，有天妖見其衝。所去國凶，所之國昌”接近。參看裘錫圭主編：《長沙馬王堆漢墓簡帛集成(肆)》，北京：中華書局，2014年，第225頁。

② 以上諸條説法最早見於劉建民。劉先生指出，帛書的“其所當處而……”，應該就相當於《唐開元占經》中的“歲星所處而不處”“歲星當居而不居”，殘去的文字應該就是説歲星當處而不處的後果。帛書“……用兵”，應該就相當於甘氏説的“不可舉事用兵”。綜上，帛書所記與上引甘氏説比較接近，帛書此處的缺文似可據甘氏説擬補。劉建民：《帛書〈五星占〉校讀札記》，《中國典籍與文化》2011年第3期，第136頁。

劉樂賢指出，此句是説歲星所至之處，其分野所在之國有福。

［5］“受”，劉樂賢釋爲“得”。

“受歲之國”，劉樂賢認爲得到歲星之國，蓋即歲星所居或所在之國。

［6］“起兵”，劉樂賢釋爲“興兵”。

［7］“皇”，劉樂賢釋爲“天”。《廣韻·唐韻》：“皇，天也。”《楚辭·離騷》：“陟升皇之赫戲兮，忽臨睨乎舊鄉。”王逸注：“皇，皇天也。”

“伐皇”，據“是謂……”句式可知，是用兵於歲星所在之國的星占術語。劉樂賢認爲似是敗壞上天或與上天作對的意思。

［8］“天光”，含義不明，劉樂賢認爲蓋指日光，鄭慧生（1995：185）釋爲“天上的星光”。

“其”，劉樂賢釋爲“若”。

［9］“其”下一字尚存殘筆，原釋爲“陰”的説法缺乏證據，今暫缺釋。

“兇”，原釋“凶”，從《集成》校改，從整理小組（1978：2）釋，讀爲“凶”。

“央”原缺釋，從《集成》校改，讀爲“殃”。

【疏證】

1.11“木星失行占三”是以木星的兩種情况相對爲占。前者是指木星應在常行位置而不在，後者是指木星已在常行位置而又離開，兩者含義接近，只是程度有所不同。類似表述，還見於3.3“土星失行占一”，可相參看。

類似説法，亦見於傳世文獻：

- 《淮南子·天文》：當居而不居，越而之他處，主死國亡。
- 《史記·天官書》：當居不居，居之又左右摇，未當去去之，與他星會，其國凶。
- 《漢書·天文志》：一曰，當居不居，國亡；所之，國昌；已居之，又東西去之，國凶，不可舉事用兵。安静中度，吉。
- 《乙巳占》卷四“歲星占第二十四”：應留不留，其國亡；應去不去，其國昌。
- 《開元占經》卷二十三“歲星盈縮失行五”引《雒書·雒罪級》：歲星當居不居、未當去而去，不言，主酷暴。

• 又引石氏：歲星當居而不居、未當去而去，若居之又南北東西翔之，搖動不留，名曰六排，皆陰驚其陽，臣下勝其主，人主有大憂，三公之禍，相以所之宿名其官，不舍者懦，强邦去之者，嬖妃；雄動搖者，勢不亡，期在衡。

• 又引石氏：歲星去其舍、之他舍，所去失地，所之得地。

• 又引石氏：歲星所居，而徙搖前後左右，人主不安。

• 又引石氏：歲星不得其宿，其國必亡君。

• 又引甘氏：歲星所處而不處，其國乃亡。既已處之，又東西去之，其國凶，不可舉事用兵。

• 又引《荆州占》：歲星當出不出，而去，其次凶。

• 又引《淮南子》：歲星當居而不居，越而之他處，主死，國亡。

• 又引郗萌：歲星當移而不移，民有憂，諸侯四流；行不用其道，則凶。

• 又引《荆州占》：歲星當居而不居，其國失地；未當居而居，其國得地，期九十日。

• 又引《荆州占》：歲星當居其國之宿，而終宿不居其野，亡。

• 又引《荆州占》：歲星未當居而居之，當去而不去，既已去、復還居之，皆爲有福。

• 又引《荆州占》：歲星行不至所當舍之宿，其國凶。

• 又引《荆州占》：不行其宿，其國必亡君。

據《史記》、《雒書》、石氏、郗萌、《荆州占》等文獻可知，這一類型的占辭在文獻中還有另一種形式，即以木星"當處而不處""不當去而去"與"不當處而處""當去而不去"等情況相對爲占，二者含義相反，可構成對比關係。

以上這兩種形式的占測，皆以木星在其運行軌道上的位置變化爲占，反映出其黄經變化。相關討論，詳參第二章《以五星運行爲占》。

末句以木星"所往之野"爲吉，在用兵方面爲"不可伐，可以伐人"，傳世文獻亦見類似説法：

• 《春秋左傳・昭公三十二年》：夏，吴伐越，始用師於越也。史墨曰：不及四十年，越其有吴乎！越得歲而吴伐之，必受其凶。①

① 劉樂賢：《馬王堆天文書考釋》，第37頁。

• 《淮南子·天文》：歲星之所居，五穀豐昌。其對爲衝，歲乃有殃。

• 《史記·天官書》：所在國不可伐，可以罰人。

• 《晋書·天文志》：其所居久，其國有德厚，五穀豐昌，不可伐。其對爲衝，歲乃有殃。

• 《開元占經》卷二十三"歲星名主一"引石氏：歲星所在之國不可伐，可以伐人。①

• 又引《淮南子》：歲星之所居，五穀豐昌；其對爲衝，歲乃有殃。

• 又引《荊州占》：歲星所居之宿，其國樂；所去宿，其國飢。②

• 又引《荊州占》：所從野有慶，所去起兵。③

• 又引《荊州占》：歲星居次順常，其國不可以加兵，可以伐無道之國，伐之必剋。④

• "歲星行度二"引甘氏：凡歲星所在，不可伐。假令歲星在寅，則其歲不可東北征，利西南；西南無年有亂民，是爲歲星之衝，常受其凶也。十二歲皆放此。

1.12　木星失行占四

本小節所討論的文字位於《集成》圖版第 10—16 行，前面是以木星"進而東北""進而東南""退而西北"及"退而西南"這四種運行情況爲占，按照傳世星占類文獻的分類原則，應屬"失行占"類。後面則介紹木星運行失次時出現的幾種妖星，按照傳世星占類文獻的分類原則，應屬"妖星占"類。

【釋文】

歲星出入不10上【當其次[1]，必有天妖見其所當之野[2]。進而東北乃生彗星[3]，進而】東南乃生天10下部(棓)[4]，退而西北乃生天鋻(槍)[5]，退而西南乃生天【欃】[6]。皆不出三月見其所當之野，其11上【□□□□□□□□□□

---

① 劉樂賢：《馬王堆天文書考釋》，第 37 頁。
② 同上。
③ 同上。
④ 同上。

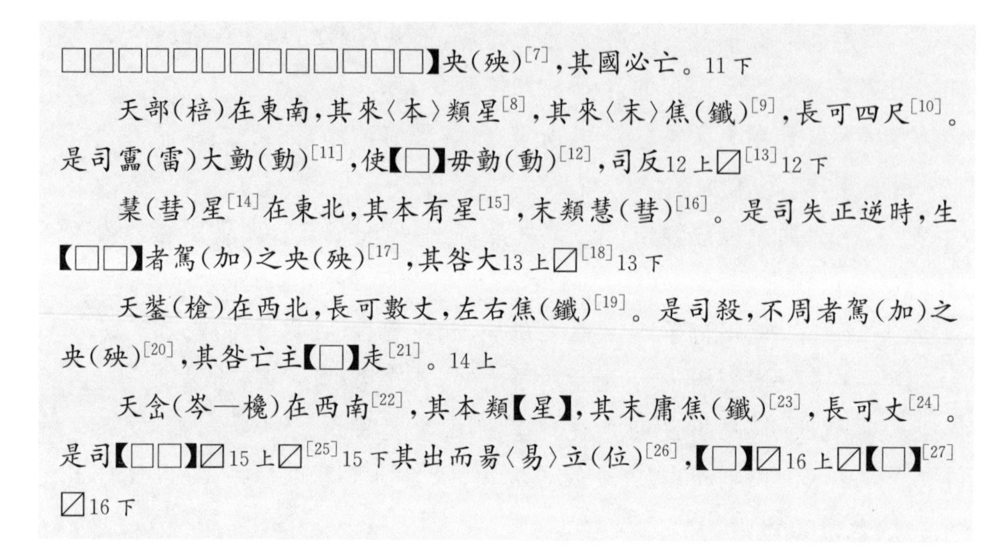
□□□□□□□□□□□□□】央(殃)[7],其國必亡。11下

天部(棓)在東南,其來〈本〉類星[8],其來〈末〉焦(鐵)[9],長可四尺[10]。是司靁(雷)大勭(動)[11],使【□】毋勭(動)[12],司反12上⧄[13]12下

槥(彗)星[14]在東北,其本有星[15],末類慧(彗)[16]。是司失正逆時,生【□□】者駕(加)之央(殃)[17],其咎大13上⧄[18]13下

天鏊(槍)在西北,長可數丈,左右焦(鐵)[19]。是司殺,不周者駕(加)之央(殃)[20],其咎亡主【□】走[21]。14上

天龠(岑—欃)在西南[22],其本類【星】,其末庸焦(鐵)[23],長可丈[24]。是司【□□】⧄15上⧄[25]15下其出而昜〈易〉立(位)[26],【□】⧄16上⧄【□】[27]⧄16下

【校注】

[1] "入不"二字原缺釋,《集成》(2014：224—227)據殘筆直接釋出。

"當其次"三字原缺,整理小組(1978：2—3)據傳世文獻及帛書用字習慣補。

[2] "必有天妖見其所當之野"十字原缺,整理小組據傳世文獻及帛書用字習慣補。川原秀成、宮島一彦(1986：7)曾據《開元占經》卷二十三"歲星盈縮失行五"引甘氏"歲星出入不當其次,有天妖見其衝",將帛書此句補爲"必有天妖見其衝",這與帛書下文"皆不出三月見其所當之野"相矛盾。

"天妖",劉樂賢(2004：37—39)釋爲"天上的妖星"。從帛書上下文看,"天祅"或"天妖"是指包括彗星在内的各種妖星,具體指由於歲星失行而出現的彗星、天部(棓)、天鏊(槍)、天岑(欃)等四種妖星。

"見",劉樂賢認爲同"現",指出現。《五星占》凡言某星"見",都是"出現"的意思。

"所當之野",劉樂賢認爲指歲星所對應的分野。

[3] "進而東北乃生彗星"八字原缺,整理小組據後文及傳世文獻補。

"彗星""天棓""天槍""天欃",鄭慧生(1995：185—186)認爲都是彗星,俗稱流星、賊星。

［4］“進而”二字原缺，整理小組據文義補。

“天部”，從整理小組釋，讀爲“天棓”。劉樂賢認爲“部”“棓”二字皆从“咅”得聲，故可通假。

［5］“天𧂐”，從整理小組釋，讀爲“天槍”。劉樂賢指出，𧂐从“壯”得聲，與“槍”都是陽部字，音近可通。

［6］“欃”字原缺，劉樂賢據下文及傳世文獻補。

［7］帛書此處殘損嚴重，致文義不明，故僅將釋文列出而不作句讀。

“【□□□□□□□□□□□□□□□□□□□□□□】”之缺文字數暫從《集成》，共計二十二字。整理小組曾據《漢書・天文志》補作“其【國凶不可舉事用兵，出而易所，當之國受】殃，其國必亡”，共計十六字；川原秀成、宫島一彦、陳久金（2001：105）從之，但在“易”下斷讀，將“所”字屬下讀。《集成》指出，《漢書・天文志》曰：“出入不當其次，必有天祅見其舍也。歲星贏而東南，石氏‘見彗星’，甘氏‘不出三月，乃生彗，本類星，末類彗，長二丈’。贏東北，石氏‘見覺星’，甘氏‘不出三月，乃生天棓，本類星，末鋭，長四尺’。縮西南，石氏‘見欃雲，如牛’，甘氏‘不出三月，乃生天槍，左右鋭，長數丈’。縮西北，石氏‘見槍雲，如馬’，甘氏‘不出三月，乃生天欃，本類星，末鋭，長數丈’。石氏‘槍、欃、棓、彗異狀，其殃一也，必有破國亂君，伏死其辜，餘殃不盡，爲旱凶饑暴疾，至日行一尺，出二十餘日廼入’，甘氏‘其國凶，不可舉事用兵’‘出而易’‘所當之國，是受其殃’。”將此段文字與帛書對照，可以看出帛書所載與《漢書》引甘氏所論十分接近。整理小組據上引文字所補缺文，實不可信。《漢書》所引甘氏説法，明顯屬於意引，將上引甘氏最末一句與《開元占經》對照，發現此句分屬於甘氏對三種不同妖星的論説。《開元占經》卷八十五“天棓占二”引甘氏曰：“天棓出，其國凶，不可舉事用兵。”“茀星十九”引甘氏曰：“茀星出東南，本有星，末類茀，所當之國，是受其殃。”“天欃十二”引甘氏曰：“天欃出西南，長數丈，左右鋭，出而易處。”其中的“出而易處”應該就相當於《漢書》中的“出而易”，《漢書》很可能脱去一“處”字。其餘兩個小句，《漢書》所引與《開元占經》完全一致。可知，“其國凶，不可舉事用兵”“出而易［處］”“所當之國，是受其殃”應該是分别論説天棓、天欃和茀星的，帛書整理小組將其看作一整句話補在此處，不妥。從文意方面考慮，一句話中出現“其國凶”“所當之國受殃”“其國必亡"三個關於"國"的占測短句，也是不妥當的。[①]

"央"，從整理小組釋，讀爲"殃"。

[8]"來"，整理小組認爲是"本"字之訛。劉樂賢指出，來、本二字古代寫法接近，容易致訛。

[9]"來"，整理小組認爲是"末"字之訛。劉樂賢指出，來、末二字古代寫法接近，容易致訛。

"焦"，劉樂賢指出，此字上部爲"小"，中間爲"曰"或"田"，下部爲"火"，字不識。從傳世文獻看，該字用法應與"鋭"字相當。據相關文獻，此字應是表示鐵鋭之意，今暫從《集成》所引陳劍先生之釋，讀爲"鑯"。

[10]"長可四尺"，劉樂賢指出《史記・天官書》作"長四丈"，與帛書不合。《漢書・天文志》引甘氏作"長四尺"，與帛書相合。《開元占經》卷八十五引甘氏作"長四丈"，同卷所引《漢書・天文志》中的甘氏文也作"長四丈也"，與《史記・天官書》相合。

[11]"靁"，從《集成》釋，讀爲"雷"。

"勭"，原釋"動"，從《集成》校改。

"是司雷大動"，鄭慧生、劉樂賢斷讀爲"是司雷，大動"，今暫從整理小組釋。

[12]"使"下一字尚存殘筆作，暫缺釋。

[13]《集成》指出，此行下文缺失字數不詳，最末應留有空白，關於彗星的論説是另起一行書寫的。

[14]"槥"，從整理小組釋，讀爲"彗"。

[15]"其本有星"，劉樂賢指出傳世文獻作"本類星"。

[16]"慧"，從劉樂賢釋，讀爲"彗"。

[17]"生"，原釋"土"，從《集成》校改。此字頂部還有一横畫的殘筆，從反印文看，應是"生"字。

"【□□】"，首字尚存殘筆，今缺釋。

"駕"，從整理小組釋，讀爲"加"。

---

① 劉建民：《帛書〈五星占〉校讀札記》，《中國典籍與文化》2011年第3期，第137頁。

"央",從整理小組釋,讀爲"殃"。

［18］《集成》指出,帛書此處至"其咎……"文意已大致完整,推測此行下部缺字不會太多,應留有較長的空白。

［19］"右"原缺釋,從劉樂賢校改。此字尚存部分筆迹,據傳世文獻可知是"右"字之殘。

［20］"不周",劉樂賢指出,亦見於九店楚簡《日書》的"告武夷"一段,簡文作:"爾居復山之𨙸(址),不周之野。"[①]古有"不周山",[②]又有"不周風"[③]"不周門",[④]皆與西北方相關。帛書的"不周者",可能是指西北方或西北方之神。

［21］"【□】走"二字原缺,從《集成》校改。圖版此下仍有兩個殘字,最末一字似是"走"。

［22］"天含",從整理小組釋,讀爲"天欃"。劉樂賢指出"含"是"岑"字的異體。天岑,讀爲"天欃"。"天欃"作"天岑",猶古書"讒鼎"或作"岑鼎"。

［23］"其"原缺釋,《集成》據反印文釋出。

"庯",劉樂賢釋爲"常"。

"其末庯焦(鐵),長可丈"原在"庯"下斷讀,將"焦(鐵)"屬下讀,今從劉樂賢校改。

［24］"可",原釋"數",《集成》據圖版殘存筆畫校改。[⑤]

［25］《集成》指出,此行下文缺失字數不明。《開元占經》卷八十五"天欃十二"引甘氏曰:"天欃出西南,長數丈,左右鋭,出而易處。"16 行開頭作"其出而易

---

① 湖北省文物考古研究所、北京大學中文系:《九店楚簡》,北京:中華書局,2000 年,第 50 頁。

② 劉樂賢先生在注釋中指出,《楚辭·離騷》:"路不周以左轉兮,指西海以爲期。"洪興祖補注:"《山海經》'西北海之外,大荒之隅,有山而不合,名曰不周'注云:'此山形有缺,不周匝,因名之。西北不周風自此出也。'"《淮南子·天文》:"昔者共工與顓頊爭爲帝,怒而觸不周之山。"高誘注:"不周山在西北也。"參看劉樂賢:《馬王堆天文書考釋》,廣州:中山大學出版社,2004 年,第 96 頁。

③ 劉樂賢先生在注釋中指出,《史記·律書》:"不周風居西北,主殺生。"參看劉樂賢:《馬王堆天文書考釋》,第 96 頁。

④ 劉樂賢先生在注釋中指出,睡虎地秦簡《日書》甲種"直室門篇"有"不周門",從圖形看該門正好位於西北方。參看劉樂賢:《馬王堆天文書考釋》,第 96 頁。

⑤ 此説最早見於劉建民。劉先生指出,此字還有殘畫,不是"數",而是"可"字。通過與本篇中其他"可"字和"數"字比較可以看出,此殘字與"可"字右上非常接近,而與"數"字右上不似。帛書第 12/12 行和第 14/14 行論述天棓星和天槍星時分别説"長可四尺""長可數丈",均用到"可"字,這也是將帛書此處釋作"長可丈"的依據之一。參看劉建民:《馬王堆漢墓帛書〈五星占〉整理劄記》,《文史》2012 年第 2 輯,第 105 頁。

位”，應相當於“出而易處”，仍是論天欃星，故 15 行文字似應一直寫至末尾。

［26］“易”，原釋“昜”，從《集成》校改。“昜”是“易”字之訛。

“立”，從整理小組釋，讀爲“位”。

“易位”，從鄭慧生釋爲“换位”。

［27］16 行下半部分“【□】”原缺，《集成》據殘存筆畫校改。①

【疏證】

1.12“木星失行占四”中，“進退”“東西”這兩組術語與黄經有關，是對木星在其運行軌道上相對位置變化的描述。“南北”描述的是黄緯變化，木星在北，是指位於北天極一側；在南，是指位於南天極一側。所以，該段占辭是雜糅了木星黄經與黄緯變化的複合占辭，可稱之爲“木星經緯占”。其中，“進而東北”與“進而東南”是指木星相對位置超前時在黄道南北的兩種情況，“退而西北”與“退而西南”是指木星相對位置退後時在黄道南北的兩種情況。兩類占測雖然原理不同，但皆可用方位詞表示，形式上有共通之處，故被雜糅在一起。

該段占辭還介紹木星運行失次時出現的幾種妖星，描述了這幾種妖星的形狀、出現的方位，以及與之相應的吉凶情況。類似説法，亦見於傳世文獻：

• 《史記·天官書》：其失次舍以下，進而東北，三月生天棓，長四丈，末兑。進而東南，三月生彗星，長二丈，類彗。退而西北，三月生天欃，長四丈，末兑。退而西南，三月生天槍，長數丈，兩頭兑。謹視其所見之國，不可舉事用兵。②

• 《漢書·天文志》：出入不當其次，必有天祅見其舍也。歲星贏而東南，石氏“見彗星”，甘氏“不出三月乃生彗，本類星，末類彗，長二丈”。贏東北，石氏“見覺星”，甘氏“不出三月乃生天棓，本類星，末鋭，長四尺”。縮西南，石氏“見欃雲，如牛”，甘氏“不出三月乃生天槍，左右鋭，長數丈”。縮西北，石氏“見槍雲，如馬”，甘氏“不出三月乃生天欃，本類星，末鋭，長

① 整理小組釋文作“其出而易立（位），□□□□駕之央，其咎失立”，據原圖版釋。原圖版中本有一碎片粘貼在此處，《集成》圖版已將此碎片調整至行 38 的下半部分。參看馬王堆漢墓帛書整理小組：《馬王堆漢墓帛書〈五星占〉釋文》，《中國天文學史文集》第 1 集，北京：科學出版社，1978 年，第 3 頁。

② ［日］川原秀成、宫島一彦：《五星占》，山田慶兒編《新發現中國科學史資料の研究·譯注篇》，第 7—8 頁。

數丈”。石氏“槍、欃、棓、彗異狀，其殃一也，必有破國亂君，伏死其辜，餘殃不盡，爲旱凶饑暴疾”。至日行一尺，出二十餘日乃入，甘氏“其國凶，不可舉事用兵”，“出而易”，“所當之國，是受其殃”。又曰“祆星，不出三年，其下有軍，及失地，若國君喪”。①

• 《晋書・天文志》：一曰彗星，所謂掃星。本類星，末類彗，小者數寸，長或竟天。見則兵起，大水。主掃除，除舊布新。有五色，各依五行本精所主。史臣案，彗體無光，傅日而爲光，故夕見則東指，晨見則西指。在日南北，皆隨日光而指。頓挫其芒，或長或短，光芒所及則爲災。……三曰天棓，一名覺星。本類星，末鋭，長四丈。或出東北方西方，主奮争。四曰天槍。其出不過三月，必有破國亂君，伏死其辜。殃之不盡，當爲旱饑暴疾。五曰天欃。石氏曰，雲如牛狀。甘氏，本類星，末鋭。巫咸曰，彗星出西方，長可二三丈，主捕制。……十一曰天讒，彗出西北，狀如劍，長四五丈。或曰，如鉤，長四丈。或曰，狀白小，數動，主殺罰。出則其國内亂，其下相讒，爲饑兵，赤地千里，枯骨藉藉。

• 《晋書・天文志》引《河圖》：歲星之精，流爲天棓、天槍、天猾、天衝、國皇、反登、蒼彗。……天槍、天根、天荆、真若、天榬、天樓、天垣，皆歲星所生也。見以甲寅，其星咸有兩青方在其旁。

• 《晋書・天文志》：凡五星見伏、留行、逆順、遲速應曆度者，爲得其行，政合于常；違曆錯度，而失路盈縮者，爲亂行。亂行則爲天矢彗孛，而有亡國革政，兵饑喪亂之禍云。

• 《乙巳占》卷八“雜星祆星占第五十”：祆占。《黄帝占》曰：祆者，五行之氣，五星之變，各見其方，以爲災殃。各以五色占，知何國吉凶，必决矣。行見無道之國，失禮之邦，爲饑爲兵，水旱死亡之徵。《黄帝占》曰：凡祆所出，形狀不同，爲殃一也。其出不過一年，若三年，必有破國屠城，其君死亡，天下反亂，戰死於野，積屍縱横，余殃不盡，爲水旱、兵飢、疾疫之殃也。

天棓。《河圖》曰：歲星之精，流爲天棓。班固《天文志》曰：歲星嬴而東南，變爲天棓。石氏曰：天棓出，其國凶，不可舉事用兵。又曰：期三

① ［日］川原秀成、宮島一彦：《五星占》，山田慶兒編《新發現中國科學史資料の研究・譯注篇》，第8頁。

月，必破軍拔城。甘氏曰：天棓見，女主用事。

天槍占。《春秋緯》曰：歲星退而南，三月生天槍。陽亢變萌，義亂兵行，諸侯大横，所見國，無用兵。

天䜛占。甘氏曰：天䜛在西南，長數丈，左右鋭，出而易處。京房曰：天䜛出其下，相䜛爲兵，赤地千里，枯骨籍籍。《漢書・天文志》曰：天䜛爲天喪。

• 《開元占經》卷二十三"歲星盈縮失行五"引甘氏：歲星出入不當其次，有天妖見其衝。所去國凶，所之國昌。①

• 《開元占經》卷八十五"天棓占二"引班固《天文志》：歲星贏而東南。孟康曰：歲星見東方，行疾則不見，不見則變爲妖星也。

• 又引石氏曰："見彗星。"

• 又引甘氏曰："不出三月，乃生彗，本類星，末類彗，長二丈，盈而東北。"

• 又引石氏曰："見覺星。"

• 又引甘氏曰："不出三月，乃生天棓，本類星，末鋭，長四丈也。"

• 《開元占經》卷八十八"候彗孛法一"引巫咸：歲星行東、行南，六十日不還，以初去日六月彗星出；東北，六十日不還，以初去日六月棓星出；西北，六十日不還，以初出日六月欃星出；西南，六十日不還，以初去日六月槍星出；乍東乍西，乍南乍北，天狗出，必有兵革。②

• 又引《荆州占》：歲星逆行過度宿者，則生彗星。一曰天棓，二曰天槍，三曰天欃，四曰茀星；此四者皆爲彗。

• 《開元占經》卷八十八"彗孛名狀占二"引《説苑》：欃、槍、彗、棓，皆五星盈縮之所生。

其中，"天棓"或作"覺星"，"彗星"或作"掃星"，"天槍"或作"槍雲"，"天欃"或作"欃雲"。

關於"天棓"，亦見於以下文獻：

---

① ［日］川原秀成、宮島一彦：《五星占》，山田慶兒編《新發現中國科學史資料の研究・譯注篇》，第7頁。

② 劉樂賢：《馬王堆天文書考釋》，第39頁。

• 《開元占經》卷八十五“天棓占二”引《河圖》：歲星之精，流爲天棓。

• 又引甘氏：天棓，本類星，末鋭，長四丈。

• 又引甘氏：天棓出，其國凶，不可舉事用兵。又曰：期三月，必有破軍、拔城。

• 《開元占經》卷八十八“彗孛名狀占二”引《春秋運斗樞》：彗星出東北，名曰天棓。

• 又引甘氏：掃星見東北，名曰天棓，受之者，其國君有戮。

• 又引石氏：彗星出西北，本類星，末類彗，長可四五尺至一丈，名曰天棓，受之者大亂，兵大起，若女主有憂，有大水，其年民飢。

關於“彗星”，亦見於以下文獻：

• 《開元占經》卷八十八“彗孛名狀占二”引甘氏：彗星出東南方，狀茀，長一丈，所受之者，其國有喪、内亂。

• 又引《荆州占》：彗星出東南，長二丈以上，爲其國内亂。

• 又引《荆州占》：彗掃出西北，其本類星，末類帚，長三丈以上，其内亂。

• 又引石氏：彗星出西南，本類星，末類彗，長可二三丈，名曰掃星，受之者，其國兵大起，將相有死者，邦易政，人主有憂。

• 又引石氏：掃出西南，有本類星，末類彗，長三丈以上，其國有土功。

關於“天槍”，亦見於以下文獻：

• 《開元占經》卷八十五“天槍三”引《河圖》：歲星之精，流爲天槍。

• 又引《春秋緯》：歲星退而其南，三月生天槍，陽沈變萌，戰亂兵行，諸侯大横，所見國無用兵。

• 又引班固《天文志》：歲星縮而西南。孟康曰：歲星當伏西方，行遲早没，變爲妖星也。

• 又引石氏曰：見攙雲如牛。

• 又引甘氏曰：不出三月，乃生天槍，左右鋭長數丈，縮西北。

• 又引甘氏：不出三月，乃生天槍，本類星，末鋭，長丈。

- 又引甘氏：天槍在西北，本類星，末鋭，一丈。
- 《開元占經》卷八十八"彗孛名狀占二"引石氏：彗星出東南，其本類星，末類彗，長可二三丈至一丈，名曰天槍，受之者，其國内亂，兵起宫中，王者憂之。

關於"天欃"，亦見於以下文獻：

- 《開元占經》卷八十五"天欃十二"引《河圖》：熒惑之精，流爲天欃。
- 又引《春秋緯》：歲星退如西北，三月生天欃。
- 又引甘氏：天欃出西南，長數丈，左右鋭，出而易處。
- 《開元占經》卷八十八"彗孛名狀占二"引石氏：彗星出東北，其本類星，末類彗，長可四五尺若一丈，名曰天欃，受之者，其國有戮死者，大臣貴人當之。
- 又引巫咸：彗星出西北，如鈎，長可四五丈，名曰天欃，受之者，國内亂。

值得注意的是，各書所載妖星出現的方位并不一致，兹將諸説列出，見表1－2：

表1－2　文獻所載妖星方位

文　獻	天棓	彗星	天槍	天欃
1.12"木星失行占四"	東南	東北	西北	西南
《史記》	東北	東南	西南	西北
《漢書》引石氏	東北	東南	西北	西南
《漢書》引甘氏	東北	東南	西南	西北
《晋書》	東北、西			西北、西
《乙巳占》	東南		南	西南
《天文志》		東北		
巫咸	東北	東南	西南	西北

续 表

文　獻	天棓	彗星	天槍	天欃
《春秋運斗樞》	東北			
甘氏	東北			
石氏	西北			
甘氏		東南		
《荆州占》		東南		
《荆州占》		西北		
石氏		西南		
石氏		西南		
《春秋緯》			其南	
《天文志》引甘氏			西北	
甘氏			西北	
石氏			東南	
《春秋緯》				西北
甘氏				西南
石氏				東北
巫咸				西北

1.13 五星相犯占一

本小節所討論的文字位於《集成》圖版第 17 行，是以木星與金星相遇時的南、北位置關係占測農業收成。按照傳世星占類文獻的分類原則，應屬“相犯占”類。

【釋文】

【□□□□□[1]。】凡占相遇[2]，【歲星】在北方[3]，命曰牝牡[4]，年穀則【□□□□□□□】17上【□□□□[5]，年或】有或无[6]。17下

【校注】

[1] 帛書此處殘損嚴重，致文義不明，故僅將釋文列出而不作句讀。

"【□□□□□】"之缺文字數暫從《集成》(2014：227)，共計五字。《集成》據傳世文獻指出行首所缺可能是"太白與歲星并"之類的文字。①

[2] "凡占相遇"四字原缺，《集成》據17行上的殘存筆畫、、、補。②

[3] "歲星"二字原缺，整理小組(1978：5)據傳世文獻補。《集成》亦指出"在北方"之前所缺的文字應該是説歲星。

[4] "牝牡"，劉樂賢(2004：40)指五星間的陰陽生克關係。

[5] 帛書此處殘損嚴重，致文義不明，故僅將釋文列出而不作句讀。

"【□□□□□□□□□□□】"之缺文字數暫從《集成》，共計十一字。謹按，據傳世文獻可知此段缺文的内容當與"太白在北，歲星在南"有關。

[6] "年或"二字原缺，《集成》據傳世文獻補。

"有或"二字原缺釋，《集成》據殘存筆畫、釋出。③

"无"字原缺釋，從劉樂賢校改。

【疏證】

1.13"五星相犯占一"占辭的類似説法，亦見於以下傳世文獻：

- 《史記·天官書》：金在南曰牝牡，年穀熟。金在北，歲偏無。

---

① 此説最早見於劉建民《馬王堆漢墓帛書〈五星占〉整理劄記》，《文史》2012年第2輯，第105—106頁。

② 此説最早見於劉建民。劉先生指出，圖版此行在"北方"之上仍有一些殘字。"北"上諸家所補均爲"在"字，此字是"在"字似無疑問，存有三殘筆爲"在"上部的斜筆跟下面的兩横筆，此字可直接釋出。"在"上隔兩字的位置往上，還有四個殘字。前二字爲"凡占"，第四字所存殘筆爲"辵"旁，此字是一从"辵"之字，據文意推測可能是"遇"字。第三字存有三横筆的殘畫，中間的横筆左側略長於其上的横筆，推測可能是"星"字的"生"旁之殘，《五星占》中"星"字"生"旁中間横筆比其上横筆長的字形常見。劉建民：《馬王堆漢墓帛書〈五星占〉整理劄記》，《文史》2012年第2輯，第105—106頁。

③ 此説最早見於劉建民《馬王堆漢墓帛書〈五星占〉整理劄記》，《文史》2012年第2輯，第105—106頁。

• 《史記正義》引《星經》：金在南，木在北，名曰牝牡，年穀大熟；金在北，木在南，其年或有或無。

• 《漢書・天文志》：與太白合則爲白衣之會，爲水。太白在南，歲在北，名曰牡〈牝〉牡，年穀大孰。太白在北，歲在南，年或有或亡。

• 《晋書・天文志》：太白在南，歲星在北，名曰牝牡，年穀大熟。太白在北，歲星在南，年或有或無。

• 《開元占經》卷二十"歲星與太白相犯三"引甘氏：太白與歲星并，太白在南，歲星在北，名曰牝牡相承，五穀成熟；太白在北，歲星在南，年或有或無，歲不熟，飢。①

• 又引《荆州占》：木在金北，年不熟。

據上述文獻，木星在北而金星在南，可稱爲"牝牡"或"牝牡相承"，爲吉兆；木星在南而金星在北，爲凶兆。《荆州占》"木在金北，年不熟"以木星在北而金星在南爲凶兆，與其他文獻的説法不一致。

術語"牝牡"或"牝牡相承"描述的是木星在北而金星在南這一位置關係。《史記索隱》引晋灼曰："歲，陽也，太白，陰也，故曰牝牡也。"此外，"牝牡"一類的術語還可以用來形容木星與土星相犯時的位置關係。下引文獻將木星在下而土星在上稱作"雌雄間"：

• 《開元占經》卷二十"歲星與填星相犯二"引《荆州占》：填星與歲星合一舍，歲星在下，填星在上，名曰雌雄間，客軍大破，主人勝；在下，六十日不下，必有空邦徙主。填星爲雌，歲星爲雄。

文獻中還有一較爲特殊的説法，是以木星在左而金星在右爲吉兆，以木星在右而金星在左爲凶兆：

• 《開元占經》卷二十"歲星與太白相犯三"引石氏：太白與歲星合於一舍，西方凶。歲星出左有年，出右無年。合之日，以知五穀之有無。

此外，以下文獻亦以木星與金星相犯占測農業收成，但不似《五星占》等文

① ［日］川原秀成、宮島一彦：《五星占》，山田慶兒編《新發現中國科學史資料の研究・譯注篇》，第18頁。

獻具體：

- 《開元占經》卷二十"歲星與太白相犯三"引巫咸：太白犯木星，爲飢，期三年。
- 又引晋灼：歲星陽，太白陰，故曰牝牡；又曰，太白在歲星南，以兵飢，在歲星北，以水飢；一曰，有亡國。
- 又引《皇帝占》：歲星與太白合，爲飢、爲疾、爲内兵。
- 又引《荆州占》：太白與歲星合，其國有謀兵。一曰，金木合於一舍，其分有蝗。太白與木星會，相去五尺，戰；三尺，有破軍；二尺，拔光，光芒相及，大亂，其分民飢，兵起。

另有"白衣之會"的占辭，亦以木星與金星相犯時的南北位置關係爲占，但占測事項是用兵之吉凶：

- 《史記·天官書》：其相犯，太白出其南，南國敗；出其北，北國敗。
- 《晋書·天文志》：與金合，爲白衣之會，合鬭，國有内亂，野有破軍，爲水。
- 《乙巳占》卷四"歲星占第二十四"：金在木南，南國敗；在木〖北〗，北國敗。

《五星占》5.30"五星相犯占七"的第二部分也是以金星與木星相遇時的南、北位置關係占測主、客雙方的勝負，詳參 5.30 的"疏證"部分。

1.14 月與它星相犯占一

本小節所討論的文字位於《集成》圖版第 17—18 行，是以月蝕五星及大角爲占。按照傳世星占類文獻的分類原則，應屬"相犯占"類。

【釋文】

·月飠(蝕)歲星[1]，不出十三年，國饑【亡[2]；蝕填星[3]，不出十一】17下年[4]，其國伐而亡；飠(蝕)大白，不出九年，國有亡城，强國戰不勝；飠(蝕)辰星[5]，【不出七年[6]，□】18上【□□□□[7]；蝕熒惑[8]，不】出三〈五〉年[9]，國有内兵；飠(蝕)大角，不三年[10]，天子死[11]。18下

【校注】

［1］"飸",原釋"食",從《集成》(2014：227—228)校改,讀爲"蝕"。劉樂賢(2004：40—41)亦指出,《五星占》中"月蝕"的"蝕"字,除第19行有一處寫作"食"外,其餘都寫作从"食"从"人"从"虫"之字。此字《説文解字》分析爲"从虫、人、食,食亦聲",古書或作"蝕"。

［2］"國饑"二字原缺釋,《集成》據殘存筆畫、釋出。①

"亡"字原缺,整理小組(1978：5)據傳世文獻補。

［3］"蝕填星"三字原缺,整理小組據《開元占經》卷十二"月與五星相犯蝕四"引《帝覽嬉》"月蝕填星,女主死,其國以伐亡,若以殺亡"補。

［4］"不出"二字原缺,整理小組據文義及傳世文獻補。

"十一"二字原缺,從程少軒先生意見補。承程先生提示,這段占辭使用了選擇數術中常見的等差數列,因此可據上下文對數字缺文進行補充。

［5］"飸辰星"三字原缺釋,《集成》據文義及殘存筆畫、、釋出。

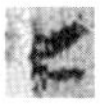

［6］"不出"二字原缺,《集成》據文義及傳世文獻補。

"七"字原缺,從程少軒先生意見據上下文補。

"年"字原缺,《集成》據文義及傳世文獻補。

［7］帛書此處殘損嚴重,致文義不明,故僅將釋文列出而不作句讀。

"【□□□□□】"之缺文字數暫從《集成》,共計五字。此句當爲"月蝕辰星"的占測結果。關於月蝕辰星,傳世文獻都是説"以女亂亡",《集成》疑帛書此處蝕辰星的占測,也應是"國以女亂亡"之類的意思。整理小組則將"國有内兵"放在蝕辰星下,不妥。"國有内兵",應是蝕熒惑之占,與《帝覽嬉》論熒惑的"其國以兵起,飢,又以亂亡"之説近。②

［8］"蝕熒惑"三字原缺,《集成》據《開元占經》卷十二"月與五星相犯蝕四"引《帝覽嬉》"月蝕熒惑,其國以兵起,飢,又以亂亡"補。

［9］"不"字原缺,整理小組據文義補。

"出"字原缺釋,《集成》據殘存筆畫釋出。

---

① 此説最早見於劉建民《馬王堆漢墓帛書〈五星占〉整理劄記》,《文史》2012年第2輯,第107—108頁。

② 同上。

"三"，承程少軒先生提示，據文義可知是"五"字之訛。

[10] "不三年"，劉樂賢認爲似是"不出三年"之脱。

[11] "死"字原缺釋，《集成》據殘存筆畫 釋出。整理小組原補爲"不三年，天子【憂，牢獄空】"，當據《開元占經》卷十三"月犯東方七宿"引巫咸"月蝕角，天子憂，牢獄空"補。川原秀成、宫島一彦（1986：13）指出，帛書所説是大角而不是角，可見整理小組之説不可信。據《開元占經》卷十四"月犯石氏中官一"引陳卓"月蝕大角，天子死，期十三年中"將此處補爲"不三年，天子【死，□□□】"。劉樂賢則認爲傳世文獻所載月蝕大角的文字與帛書不盡一致，暫不對缺字進行擬補。《集成》認爲，此行最末留有空白，將此處補爲"不三年，天子死"。今從《集成》。

【疏證】

1.14"月與它星相犯占一"因帛書殘損，致文字缺損較多。程少軒先生提示，這段占辭使用了數術選擇中常見的等差數列。因此，"填星"條的部分缺文可補作"不出十一年"，"辰星"條的部分缺文可補作"不出七年"，而"熒惑"條的"不出三年"應是"不出五年"之誤。與這段占辭類似的説法，亦見於傳世文獻：

• 《史記・天官書》：月蝕歲星，其宿地饑若亡；熒惑也亂；填星也下犯上；太白也彊國以戰敗；辰星也女亂；蝕大角，主命者惡之；心，則爲内賊亂也；列星，其宿地憂。①

• 《漢書・天文志》：凡月食五星，其國必〈皆〉亡：歲以饑，熒惑以亂，填以殺，太白彊國以戰，辰以女亂。月食大角，王者惡之。

• 《晋書・天文志》：凡月蝕五星，其國皆亡。歲以饑，熒惑以亂，填以殺，太白以强國戰，辰以女亂。②

• 《晋書・天文志》：凡月蝕五星，其國皆亡。五星入月，其野有逐相。

① [日] 川原秀成、宫島一彦：《五星占》，山田慶兒編《新發現中國科學史資料の研究・譯注篇》，第18頁。

② [日] 川原秀成、宫島一彦：《五星占》，山田慶兒編《新發現中國科學史資料の研究・譯注篇》，第29頁。

•《乙巳占》卷二“月與五星相干犯占第八”：月蝕五星，若舍皆其分，有災。月凌歲星，年多盜賊，刑獄煩。月與歲星同光，即有饑亡。月與歲星同宿，其年疫疾。月與熒惑相犯，戰勝之國大將死，天下有女主之憂。月與熒惑同光，内亂且饑。月吞滅熒惑，國敗。月犯填星，女主敗喪。填星入月，不出四旬，有土功事。若犯貴人，絶無後。太白入月中不見星者，臣殺主。月蝕太白，國君亡，臣弒主。月犯太白，將有兩心。戴太白，有卒兵。月生三日，刺太白之陽。陽國大邑勝，小邑損。月刺太白之陰，兵在外者未及入，在内者不及出。月與太白合宿，太子死。

兹將以上諸條文獻中較爲一致的占測結果列爲表 1－3：

表 1－3　月與五星、大角相犯占對照

文獻	木星	火星	土星	水星	金星	大角
《五星占》	國饑亡	國有内兵	國伐而亡		國有亡城，强國戰不勝	天子死
《史記》	宿地饑若亡	亂	下犯上	女亂	彊國以戰敗	主命者惡之
《漢書》	饑	亂	殺	女亂	彊國以戰	王者惡之
《晋書》	亡，以饑	亡，以亂	亡，以殺	亡，以女亂	亡，以强國戰	
《乙巳占》	饑亡	内亂且饑				

此外，亦見以月犯木星爲占，其占測結果與《五星占》的説法接近的文獻：

•《開元占經》卷十二“月與五星合宿同光芒相陵三”引《荆州占》：月與歲星光明相逮，飢三年，糴貴，民流亡。

• 又引巫咸：歲星與月同光，以其月月蝕，且以飢亡；一曰，國以女樂亡。

• 又引《海中占》：月與歲星同光，即有飢亡。

•“月與五星相犯蝕四”引《荆州占》：月犯歲星，其國民飢死，一曰，主死，期三年。

• 又引《河圖帝覽嬉》：月犯歲星，其國饑一年、二年；乘之，主死。

- 又引《帝覽嬉》：月貫歲星，有流民，不出十二年，國飢亡。①
- 又引司馬遷《天官書》：月蝕歲星，其宿地飢若亡。
- 又引《荆州占》：月蝕歲星，邦主無，人人相食。

亦見以月犯火星爲占，其占測結果與《五星占》的説法接近的文獻：

- 《開元占經》卷十二"月與五星合宿同光芒相陵三"引《海中占》：月與熒惑合，其國太子死，貴人復傷，凶，不可有爲，若有内兵。
- 又引《荆州占》：月與五星熒惑合光，芒刺相及，其國有内亂，兵三年。又曰，其國太子死，期三年。
- 又引巫咸：月與熒惑同光，以其月月蝕，内有亂臣，且以飢亡。
- "月與五星相犯蝕四"引司馬遷《天官書》：月蝕熒惑，其宿地亂。
- 又引《海中占》：月蝕熒惑，有白衣之事；又曰，其國内敗，五年大兵。
- 又引《帝覽嬉》：月蝕熒惑，其國以兵起，飢，又以亂亡。月以旦，相及太子；當晦，以君當之。
- 又引劉向《洪範五星傳》：月蝕熒惑在角、亢，憂在中宫，非賊而盜也，有内亂；一曰，有死相若戮者，貴人兵死，讒臣在旁。

亦見以月犯土星爲占，其占測結果與《五星占》的説法接近的文獻：

- 《開元占經》卷十二"月與五星相犯蝕四"引《荆州占》：月犯填星，其國貴人兵死，天下亂。一曰主死，先舉事者敗，若天下有大風。
- 又引《河圖帝覽嬉》：月蝕填星，女主死，其國以伐亡，若以殺亡。②
- 又引司馬遷《天官書》：月蝕填星，其宿地下犯上。

亦見以月犯水星爲占，其占測結果可爲《五星占》"辰星"條部分缺文提供參考的文獻：

- 《開元占經》卷十二"月與五星合宿同光芒相陵三"引《巫咸占》：辰星與月同光，其月月蝕，且以女樂亡。

---

① ［日］川原秀成、宫島一彦：《五星占》，山田慶兒編《新發現中國科學史資料の研究・譯注篇》，京都：京都大學人文科學研究所，1986年，第18頁。

② 同上。

- 又引《荆州占》：辰星與月光相逮，其國水。
- 又引《帝覽嬉》：月與辰星合宿，其國亡地，君王死。
- 又引《荆州占》：月與辰星合，所宿之國兵起。
- "月與五星相犯蝕四"引《帝覽嬉》：月犯辰星，兵大起，上卿死。一曰，廷尉在憂，期不出三年。
- 又引京房《妖占》：月犯辰星，天下大水。
- 又引《帝覽嬉》：月蝕辰星，其國以女亂亡，若水飢，期不出三年。又曰，兵未起而飢，所當之國起兵，戰不勝。①
- 又引京房《易傳》：月蝕辰星，其國女以戰。

亦見以月犯金星爲占，其占測結果與《五星占》的説法接近的文獻：

- 《開元占經》卷十二"月與五星合宿同光芒相陵三"引《荆州占》：月與太白合，其下兵大起。
- 又引巫咸：太白與月同光，其月月蝕，且以兵亡。
- 又引《荆州占》：月與太白皆出，城守爲賣城；聖主明，王急便守城。
- "月與五星相犯蝕四"引《帝覽嬉》：月犯太白，强侯作難，國戰不勝，人君死，亡國。
- 又引《荆州占》：月犯太白，强侯死；又曰，大將有兩心；又曰，太白與月相犯，國多寇盜。
- 又引《帝覽嬉》：太白與月貫，期不出三年，國大危，戰敗，亡地，以女亂亡，期不出六年。
- 又引司馬遷《天官書》：月蝕太白，强國以戰敗。

亦見以月犯大角爲占，其占測結果與《五星占》的説法接近的文獻：

- 《乙巳占》卷二"月干犯中外官占第十"：月犯蝕大角，强國亡，戰不勝，大人憂患，有大喪。大角貫月，天子惡之。
- 《開元占經》卷十四"月犯石氏中官一"引《郗萌占》：月犯蝕大

---

① ［日］川原秀成、宫島一彦：《五星占》，山田慶兒編《新發現中國科學史資料の研究・譯注篇》，第18頁。

角，强國亡，戰不勝。一曰，大人憂之，期三年。一曰，大角貫月，天子惡之。

• 又引陳卓：月犯大角，天下疾。又曰，有水災。一曰，月蝕大角，天子死，期十三年中。①

1.15　木星變色芒角占一

本小節所討論的文字位於《集成》圖版第19行，可能是以木星的五色爲占。按照傳世星占類文獻的分類原則，應屬“變色芒角”類。

【釋文】

凡占五色：其黑唯水之羊(祥)[1]，其青乃大幾(饑)之羊(祥)[2]，□□□【□□□□□□□□□】19上【□□□□□】□└[3]19下

【校注】

[1] “羊”，原釋“年”，從劉樂賢(2004：41)校改，讀爲“祥”。此段的兩個“年”字與其他“年”字的寫法不盡一致，而與“羊”字較爲接近，或應釋爲“羊”。《集成》(2014：228)亦指出，《左傳》僖公十六年：“是何祥也？吉凶焉在？”杜預注曰：“祥，吉凶之先見者。”

[2] “幾”，從整理小組(1978：5)釋，讀爲“饑”。

[3] 帛書此處殘損嚴重，致文義不明，故僅將釋文列出而不作句讀。

“□□□【□□□□□□□□□□□□□□】□”之缺文字數暫從《集成》，共計十八字。② 其中前三字尚存殘筆作、、，最後一字尚存殘筆作。③

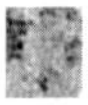

---

① 劉樂賢：《馬王堆天文書考釋》，第41頁。

② 整理小組指出此處缺文字數共計二十四字，其中包括下一段占辭的文句。參看馬王堆漢墓帛書整理小組：《馬王堆漢墓帛書〈五星占〉釋文》，《中國天文學史文集》第1集，北京：科學出版社，1978年，第5頁。

③ 《集成》指出《開元占經》卷八十二“客星犯織女十二”引石氏“各以五色占，白爲喪，赤爲兵，黑爲水，黄爲旱，青爲飢”與帛書殘存的黑、青二色之占的内容一致，因此疑其餘三色之占有可能也與《開元占經》此處所記一致。參看裘錫圭主編：《長沙馬王堆漢墓簡帛集成(肆)》，北京：中華書局，2014年，第228頁。類似説法最早見於劉建民。但此説推測成分居多，并無直接證據，僅供參考。劉建民：《帛書〈五星占〉校讀札記》，《中國典籍與文化》2011年第3期，第137頁。

“ᒪ”符原缺，今據《集成》圖版補。

【疏證】

1.15“木星變色芒角占一”，陳久金（2001：130）認爲是以五星的不同顏色爲占，劉樂賢認爲是以歲星的五色爲占。傳世文獻所載歲星五色占文與此并不一致，待考。謹按，結合前後段落的文義，此段應以木星爲占。以木星五色或五色而有角爲占的占辭，亦見於傳世文獻：

- 《史記·天官書》：色赤而有角，其所居國昌。迎角而戰者，不勝。星色赤黄而沈，所居野大穰。色青白而赤灰，所居野有憂。
- 《開元占經》卷二十三“歲星變色芒角四”引巫咸：歲星色青白如灰，主有憂。期五月，兵獄大起。青多爲獄；白多爲兵；青白等，兵獄并起。
- 又引《荆州占》：歲星色青白，是其常色；赤，則主有憂；色黄，有喜；色白，爲旱喪；色黑，多疾病，一有水灾；歲星色青黑，期六十日，有喪；歲星色黄白，歲穰；歲星色青圓，爲憂；赤圓、黑圓，病，不出三十五日，大喪，改服。
- 又引《皇帝占》：歲星在東方之宿，色當青色；白而角，有怒；色赤，有兵；色黑，有喪；色黄白，歲大熟。歲星在北方之宿，色當黑色；白而角，有兵；色青，有憂；色白，有怒；色黄白，歲大熟。歲星在西方之宿，色當白；色赤而角，皆爲有兵；青爲憂；黑爲喪；赤有怒；色黄白，歲大熟。歲星在南方之宿，色當赤；色白而有角，兵；青有憂，若怒：色黑，有喜；色黄白，歲大熟。
- 又引《海中占》：歲星色蒼黄，吉；赤芒澤，有子孫喜立王；黄，得地；白，有兵；黑，有德令。

《荆州占》謂“色黑，多疾病，一曰有水灾”，可與《五星占》相參照。但傳世文獻的其他説法多以木星黑爲喪、疾之兆，木星青爲憂、獄之兆，則與《五星占》的説法不盡相同。

此外，以五星五色而圓或五色而有角爲占的占辭亦見於傳世文獻，詳參5.24“金星變色芒角占五”的“疏證”部分。

1.16 木星行度五

本小節所討論的文字位於《集成》圖版第 19—21 行，介紹了與木星運行方向相反的神煞"太陰"，以及它與木星的對應規則，按照傳世文獻的分類原則，應屬"行度"類。

【釋文】

大陰以□☐[1]歲星與大陰相瘲(應)也[2]：大陰居維辰一[3]，歲19下星居維宿星二└[4]；大陰居中(仲)辰一[5]，歲星居中(仲)宿星【三[6]。太陰在亥[7]，歲】星居角、亢[8]；20上【太陰在子[9]，】歲【星居氐、房、心[10]；太陰在】丑[11]，歲星居尾、箕└[12]。大陰左徙[13]，會於陰陽之20下畍(界)[14]，皆十二歲而周於天地[15]。大陰居十二辰，從子【□□□□】其國【□】□斂入[16]。21上

【校注】

[1]《集成》(2014：228)指出，此一小碎片原粘貼在帛書此行的上半部分，應不確，暫時調整至此處。謹按，今檢《集成》圖版，《集成》提到的小碎片之下亦有一碎片作 ，與之完全相同的碎片還見於行 21 的下半部分。碎片中的文字爲"方=之"，據上下文義可知，當以置於行 21 爲是。原圖版誤將該碎片置於此處，《集成》雖已在圖版行 21 及相關釋文中校改這一錯誤，但未將該碎片從此處移除。

[2]"大陰"，席澤宗(2002：183)認爲即太歲，亦名歲陰，是一個假想的天體，其運行速度和歲星相等，但方向相反。劉樂賢(2004：42)認爲即"太陰"，是與歲星運行方向相反的神煞之名。

"相"原缺釋，劉樂賢據殘存筆畫 及文義釋出。

"瘲"，原釋"應"，從《集成》校改，讀爲"應"。

[3]"維"，劉樂賢釋爲"隅"。《廣雅・釋言》："維，隅也。"《淮南子・天文》："東北爲報德之維也，西南爲背陽之維，東南爲常羊之維，西北爲號通之維。"高誘注："四角爲維也。"

"維辰"，劉樂賢指出，與"中(仲)辰"相對，指位於四角之辰。具體地説，維

辰是指位於東北角的丑寅，位於東南角的辰巳，位於西南角的未申，位於西北角的戌亥，共計八辰。《淮南子·天文》："子午、卯酉爲二繩，丑寅、辰巳、未申、戌亥爲四鈎。"因此，這八辰又可以稱爲"四鈎"。

[4]"維宿星"，劉樂賢指出，是二十八宿中與維辰相對應的星宿。古代以天上的二十八宿與地上的四方對應(如式盤所示)，每方各有七星，其中每方的中間三星與四正方(仲辰)對應，即帛書所謂"中宿星"；其餘四星，各與其相應方的四隅(維辰)對應，即帛書所説的"維宿星"。例如，北方七宿的斗、牛及室、壁，就是"維宿星"。

[5]"中辰"，從整理小組(1978：5—6)釋，讀爲"仲辰"。劉樂賢指出，"中辰"或"仲辰"指位於四正方之辰，即子、卯、午、酉四辰。這四辰，在《淮南子·天文》中又叫"二繩"。

[6]"中宿星"，從整理小組釋，讀爲"仲宿星"。劉樂賢指出，"中宿星"亦稱"仲宿"，是二十八宿中與四正方相對應的星宿。例如，北方七宿的女、虚、危三宿就是"中宿星"。

"三"字原缺，劉樂賢據文義及傳世文獻補。

[7]"太陰在亥"四字原缺，《集成》據文義及傳世文獻補。

[8]"歲"字原缺，《集成》據文義及傳世文獻補。

"星居角亢"四字原缺，《集成》據圖版釋出。"星居角、亢"，原在30行上的末端，與其他帛塊不連，今調整至此處。《開元占經》卷二十三"歲星行度二"引《春秋緯》曰："太陰在亥，歲星居角、亢；太陰在子，歲星居氐、房、心；太陰在丑，歲星居尾、箕；太陰在寅，歲星居斗、牽牛；太陰在卯，歲星居須女、虚、危；太陰在辰，歲星居營室、東壁；太陰在巳，歲星居奎、婁；太陰在午，歲星居胃、昴、畢；太陰在未，歲星居觜、參伐；太陰在申，歲星居東井、輿鬼；太陰在酉，歲星居柳、九〈七〉星、張；太陰在戌，歲星居翼、軫。運之常也。"可與帛書對照。

[9]"太陰在子"四字原缺，《集成》據文義及傳世文獻補。

[10]"歲"字原缺，《集成》據殘存筆畫  釋出。

"星居氐房心"五字原缺，《集成》據文義及傳世文獻補。

[11]"太陰在"三字原缺，《集成》據文義及傳世文獻補。

"丑"字原缺釋，《集成》據殘存筆畫  釋出。

［12］“歲”字原缺釋，《集成》據殘存筆畫 釋出。[①]

［13］“左徙”，劉樂賢指出亦作“左行”。與“右徙”或“右行”相對，即今語所謂按順時針方向運行。

［14］“畍”，原釋“界”，從《集成》校改，讀爲“界”。

“陰陽之界”之“陰陽”，劉樂賢指出，應分别指大陰和歲星，與《周禮》鄭玄注（謹按，參看注釋十五所引）以歲星爲陽、大歲爲陰一致。按照帛書所述，太陰在寅“辰”時，歲星居於斗、牛二宿即丑“次”，太陰左行（順時針運行）十二年至丑“辰”，歲星右行（逆時針運行）十二年至尾、箕二宿即寅“次”，二者會合後再進行下一周的運行，故稱“會於陰陽之界”。《集成》認爲此説似不確，“陰陽之界”的含義仍需考察。

［15］“皆十二歲而周於天地”原斷讀爲“皆十二歲而周於天。地”，從何幼琦（1979：80）意見校改。何先生指出，古代天文學術語，把用十二支文字標注黄道带的十二等分，叫作十二次，借以作爲行星視運行的恒星背景；和星紀、諏訾等複名相區别，也可以稱之爲十二次的簡名。另一系列十二支文字，用以標注太歲、太陰所在的大地十二方位，叫作十二辰。兩組以十二支命名的事物大不相同。第二章還有一句“歲星與太陰相應也”，所謂相應的方面有二，一是歲星在天空，由左（西）向右（東）行；太陰在地上，由右向左行。二是歲星歲行一次，太陰歲徙一辰，不會有歲星單獨超次而太陰不超辰的現象。劉樂賢指出，歲星右行於天，歲陰左徙於地，其周期皆爲十二年，故帛書説二者“皆十二歲而周於天地”。《周禮·春官·保章氏》：“以十有二歲之相，觀天下之妖祥。”鄭玄注：“歲謂大歲。歲星與日同次之月，斗所建之辰也。歲星爲陽，右行於天，大

① 以上説法最早見於整理者劉建民：《帛書〈五星占〉校讀札記》，《中國典籍與文化》2011年第3期，第137—138頁。劉先生指出，從文意上看，帛書此處殘去的文字，應是説太陰在某辰時歲星居某宿。從殘缺文字的多寡來看，帛書應該不會像上引《春秋緯》一般逐一列舉十二辰的情況。彩色圖版第52行上半在“填星司”下有兩個殘片，第二個殘片上有“星居角亢”4字，其中的“居角”二字完整，“星”字存下部，“亢”字存頂部。這4字原整理小組的釋文缺釋。此殘片應該放到42行“【歲】星居尾箕”之前。這樣的話，帛書“……星居角、亢……歲星居尾、箕”就與《春秋緯》的“太陰在亥，歲星居角、亢；太陰在子，歲星居氐、房、心；太陰在丑，歲星居尾、箕”可以對應起來。劉先生後來又撰文指出，釋文在“星居尾箕”之前，比整理小組及劉樂賢先生的釋文多出“丑歲”二字，理由是在此處綴入一小塊殘片，此殘片右側一行的那兩個殘字即爲“丑歲”二字。此殘片左側一行最末爲殘損“司”字，亦能與帛書下行（即第21/43行）的内容拼接上，這也可以證明我們此處的拼綴是正確的。參看劉建民：《馬王堆漢墓帛書〈五星占〉整理劄記》，《文史》2012年第2輯，第108—109頁。

歲爲陰，左行於地，十二歲而小周。”可與帛書互證。

［16］帛書此處殘損嚴重，致文義不明，故僅將釋文列出而不作句讀。

“【□□□□】”之缺文字數暫從整理小組，共計四字。

“【□】”之缺文字數暫從整理小組，共計一字。

“斂”上一字殘存筆畫作 ，原釋“可”，從《集成》缺釋。

【疏證】

1.16“木星行度五”記載的是“太陰”與木星的位置對應關係，類似説法亦見於傳世文獻：

- 《開元占經》卷二十三“歲星名主一”引石氏：歲星，木之精也，位在東方，青帝之子，歲行一次，十二年一周天，與太歲相應，故曰歲星。
- 同卷“歲星行度二”引《樂・聲動儀》：角音和調，則歲星常應太歲；月建以見，則發明至，爲兵備。

此對應規則，亦見於以下傳世文獻：

- 《淮南子・天文》：太陰在四仲，則歲星行三宿；太陰在四鈎，則歲星行二宿：二八十六，三四十二，故十二歲而行二十八宿，日行十二分度之一，歲行三十度十六分度之七，十二歲而周。
- 《開元占經》卷二十三“歲星行度二”引《荆州占》：歲星歲行一次，居二十八宿，與太歲應，十二歲而周天。太陰居維辰，歲星居維宿二；太陰居仲辰，歲星居仲宿三。①
- 又引《春秋緯》：太陰在亥，歲星居角、亢；太陰在子，歲星居氐、房、心；太陰在丑，歲星居尾、箕；太陰在寅，歲星居斗、牽牛；太陰在卯，歲星居須女、虚、危；太陰在辰，歲星居營室、東壁；太陰在巳，歲星居奎、婁；太陰在午，歲星居胃、昴、畢；太陰在未，歲星居觜、參、伐；太陰在申，歲星居東井、輿鬼；太陰在酉，歲星居柳、九〈七〉星、張；太陰在戌，歲星居翼、軫。運之常也。②

---

① ［日］川原秀成、宮島一彦：《五星占》，山田慶兒編《新發現中國科學史資料の研究・譯注篇》，第18頁。

② 同上。

據以上文獻所述，太陰在維辰或四鈎，則木星在維宿星；太陰在仲辰或四仲，則木星在仲宿星。《淮南子・天文》《史記・天官書》《漢書・天文志》所引甘氏、石氏以及《開元占經》所引甘氏皆載有“甘石紀年法”，與以上文獻所述規則一致，可參看第二章《行度類占辭》。胡文輝先生亦指出，馬王堆帛書《刑德》甲、乙篇中的“大陰刑德大游圖”，也載有一段描述太陰運行規律的文字，與以上文獻所述規則一致，①如下：

【今皇】帝十一年，大(太)陰在巳，左行，歲居一辰。大(太)陰所在，戰，弗敢攻。②

1.17　木星名主四

本小節所討論的文字位於《集成》圖版第21行，記載的是與木星對應的“時”“月位”“日”和“方位”。按照傳世星占類文獻的分類原則，應屬“名主”類。

【釋文】

其21上【時春】[1]，其白〈日〉甲乙[2]，月【位】東=方=(東方[3]，東方)之【國有】之[4]。21下

【校注】

[1]“時春”二字原缺，《集成》(2014：228)參照他章對應文字補。

[2]“白”，《集成》認爲是“日”字之訛。

“甲乙”二字原缺，《集成》據圖版釋出。③

---

① 胡文輝：《馬王堆帛書〈刑德〉乙篇研究・上篇》，《中國早期方術與文獻叢考》，廣州：中山大學出版社，2000年，第159—219頁。

② 裘錫圭主編：《長沙馬王堆漢墓簡帛集成(伍)》，北京：中華書局，2014年，第18頁。

③ 此説最早見於整理者劉建民先生論文。劉釗、劉建民指出，根據《五星占》的體例，每一星占到要結束的部分，基本上都會論述“其時某，其日某，月位某，某方之國有之，主司某”。帛書第43—44行已經到歲星占將要結束的位置，據帛書體例，也應該出現這方面的内容。核對《馬王堆帛書藝術》中《五星占》的彩色圖版可以發現，第43行“其白”下有兩個殘字都存有左半，可以看出是“甲乙”二字的殘筆。“其白甲乙”就應該相當於前文推測的“其日甲乙”。所謂的“白”字，可以想見實際上是“日”字之誤。參看劉釗、劉建民：《馬王堆帛書〈五星占〉釋文校讀札記(七則)》，《古籍整理研究學刊》2011年第4期，第32—33頁。在後來的整理過程中，《集成》整理者在未曾公開的殘片堆中又找到了“甲乙”二字剩餘部分所在的殘片，可以將四個字拼接完整。參看劉建民：《馬王堆漢墓帛書〈五星占〉整理劄記》，《文史》2012年第2輯，第110—111頁。

［3］“月”字原缺,《集成》據圖版釋出。

“位”字原缺,《集成》參照他章對應文字補。

“東”字原缺,《集成》據反印文釋出。

“方”字原缺,《集成》據圖版釋出。此碎片作 ,其中的文字爲“方=之”,原粘貼在帛書19行的下半部分,《集成》圖版調整至此處。①

謹按,與五星相對應的“月位”,是按照月亮東升西落時“東方—隅中—正中—昳—西方”這一順序排列的。此處謂“月位東方”,應是源於以木星與東方爲對應關係的認識。

［4］第一個“之”字原缺,《集成》據圖版釋出。

“國有”二字原缺,《集成》參照他章對應文字補。

第二個“之”字原缺,《集成》據圖版殘存筆畫 釋出。

【疏證】

1.17“木星名主四”記載内容的類似説法,見於以下傳世文獻:

- 《開元占經》卷二十三“歲星名主一”引石氏:歲星,木之精也,位在東方,青帝之子,歲行一次,十二年一周天,與太歲相應,故曰歲星。人主之象,主仁,主義,主德,主大司農,主次相,其國吴、齊,主春日,甲乙其辰,寅卯所在之邦,有福。
- 又引《淮南子》:東方木也,其帝太皞,其佐句芒,執規而治春,其神爲歲星,其獸爲青龍,其音角,其日甲乙。
- 又引《荆州占》:歲星主春,農官也;其神上爲歲星,主東維。
- 又引《天鏡》:歲星主春,蒼帝之子,爲天布德。

關於五星的“五行配屬”,傳世文獻亦有較爲系統的記載。相關討論,詳見第二章《五星名主》。

① 以上説法最早見於劉釗、劉建民:《馬王堆帛書〈五星占〉釋文校讀札記(七則)》,《古籍整理研究學刊》2011年第4期,第32—33頁。劉先生指出,照片上第41行下半(在“其日甲乙”的右下方)“歲星與太陰相應”之上有寫著“方=之”的一塊小碎片,原整理小組釋文中缺釋。此小片應該挪到“其日甲乙”的下方。

1.18 木星名主五

本小節所討論的文字位於《集成》圖版第 21—22 行，介紹木星所司的事項，并列舉與木星相對應的"加殃者""咎"。按照傳世星占類文獻的分類原則，應屬"名主"類。

【釋文】

司失獄[1]，斬刑無極[2]，不會者駕(加)之央(殃)[3]，其咎21下短命。22上

【校注】

[1] "司失"二字原缺，《集成》(2014：228)據圖版殘存筆畫 、 釋出。①

[2] "極"，謹按，或可解釋爲中正、準則。《開元占經》卷三十"熒惑名主一"引韓楊："熒惑以象讒賊，進退無常，不可爲極。"

"斬刑無極"，謹按，應指刑罰無度，即"失獄"。

[3] "駕"，從《集成》釋，讀爲"加"。

"央"，從劉樂賢(2004：42)釋，讀爲"殃"。

【疏證】

1.18"木星名主五"主要講木星司"獄"，而傳世文獻多以木星司"義""仁""德"等事項：

- 《史記・天官書》：義失者，罰出歲星。
- 《漢書・天文志》：歲星曰東方春木，於人五常仁也，五事貌也。仁虧貌失，逆春令，傷木氣，罰見歲星。
- 《開元占經》卷二十三"歲星名主一"引石氏：歲星，木之精也，位在東方，青帝之子，歲行一次，十二年一周天，與太歲相應，故曰歲星。人

① 此説最早見於劉建民：《馬王堆漢墓帛書〈五星占〉整理劄記》，《文史》2012 年第 2 輯，第 110—111 頁。"司"，《集成》整理者在綴入一個殘片後，發現還留有殘筆，應直接釋出。"失"，原整理小組及劉樂賢先生釋爲"天"是不正確的。《五星占》中出現完整的以及比較完整的"天"字共有二十四例，"天"字的筆畫特徵爲中間的筆畫由兩筆寫就，而且基本上都不是平直的。而"失"字共出現了七次，其主要特徵是中間筆畫由一筆寫成，且大都較屬平直。另外，"失"字頂部豎筆略微貫穿橫筆，這也是與"天"字的區別。比照"天""失"的字形可知，它們確爲"失"字。

主之象，主仁，主義，主德，主大司農，主次相，其國吴、齊，齊春日，甲乙其辰，寅卯所在之邦，有福。

- 又引《合誠圖》：歲星主含德。

- 又引《洪範五行傳》：歲星者，于五常爲仁、恩、德、孝、慈，於五事爲貌、威、儀、舉、動，仁虧貌失，逆春令，則歲星爲灾。雖主福德，見惡逆則怒，爲殃更重。

此外，在傳世文獻中，"刑""獄"等方面多爲水星所司事項，詳見 4.10"水星名主四"的"疏證"部分。

關於五星所司事項的對比，詳見第二章《五星名主》。

第二節　火星占

本節是《五星占》的第二部分，主要以火星爲占測對象，共由 10 個小節組成。

2.1　火星名主一

本小節所討論的文字位於《集成》圖版第 23 行，記載的是火星的"五行屬性"，并分列與火星相應的"方位"和"帝""丞"之名。按照傳世星占類文獻的分類原則，應屬"名主"類。

【釋文】

南方火[1]，其帝赤帝[2]，其丞祝庸(融)[3]，其神上爲熒【惑】[4]。23上

【校注】

[1]"南方火"，劉樂賢(2004：43)指出，按照五行學説，南方屬火，故與火星(熒惑)相配。

[2]"赤帝"，陳久金(2001：119)認爲即炎帝。《帝王世紀》曰："炎帝神農氏，人身牛首。"劉樂賢認爲此是古代五方帝中之南方帝名。《淮南子・天文》："南方火也，其帝炎帝，其佐朱明，執衡而治夏。"高誘注："炎帝，少典子也，以火

德王天下，號曰神農，死托祀於南方之帝。”按，古書中的南方帝名多作“炎帝”（帛書《刑德》乙本的“刑德小游圖”亦作“炎帝”），但也有作“赤帝”者，如《淮南子・時則》：“南方之極，自北户孫之外，貫顓頊之國，南至委火炎風之野，赤帝、祝融之所司者，萬二千里。”赤帝是炎帝的異名，高誘注上引《淮南子・時則》説：“赤帝，炎帝少典之子，號爲神農，南方火德之帝也。”

［3］“祝庸”，從劉樂賢釋，讀爲“祝融”。《淮南子・天文》曰：“南方火也，其帝炎帝，其佐朱明。”又《禮記・月令》曰：“其帝炎帝，其神祝融。”陳久金指出，庸、融聲同，故南方火炎帝的助手自古就有祝融和朱明兩種説法。朱明應該就是祝融。《山海經・海内經》曰：“炎帝之妻，赤水之子聽訞生炎居，炎居生節竝，節竝生戲器，戲器生祝融。祝融降處於江水，生共工。”祝融是炎帝的後裔，也與共工有關，故與南方民族有著密切關係。劉樂賢指出，庸字古音在東部喻紐，融字古音在冬部喻紐，二者讀音接近，故可通假。祝融，古代五方神中之南方神名。《淮南子・時則》“赤帝、祝融之所司者”高誘注：“祝融，顓頊之孫，老童之子吴回也。一名黎，爲高辛氏火正，號爲祝融，死爲火神也。”

［4］“熒”字原缺，《集成》(2014：229)據圖版釋出。

“惑”字原缺，整理小組(1978：6)據文義補。

“熒惑”，《黄帝占》曰：“熒惑，一曰赤星。”《爾雅・釋天》曰：“熒惑，一曰罰星，或曰執法。”劉樂賢認爲即火星，太陽系八大行星之一。

謹按，除“神”以外，傳世文獻中亦見將火星與“使”“精”“子”搭配的説法，詳見1.1“木星名主一”的“校注”部分。

【疏證】

2.1“火星名主一”相關記載的類似説法，見於以下傳世文獻：

- 《開元占經》卷三十“熒惑名主一”引吴龔《天官書》：熒惑，火之精，其位在南方，赤帝之子，方伯之象也。爲天候，主歲成敗，司察妖孽，東西南北無有常，出則有兵，入則兵散，周旋止息，乃爲死喪。

- 又引《淮南天文間詁鴻烈》：南方火也，其帝祝融，其佐朱明，執衡而治夏，其神爲熒惑，其獸爲朱雀，其音征，其日丙丁。

• 又引《荆州占》：熒惑，火之精，其神上爲熒惑，其國荆楚。①

關於五星的“五行配屬”，傳世文獻亦有較爲系統的記載。相關討論，詳見第二章《五星名主》。

2.2　火星名主二（火星行度一）

本小節所討論的文字位於《集成》圖版第 23 行，大致是説火星因運行無常，因此不能作爲準則。其中，“進退无恒”是對火星運行規律的説明，應屬“行度”類；“不可爲□”應是指火星没有所主事項，應屬“名主”類。

【釋文】

【進退】无恒[1]，不可爲【□】[2]。23 上

【校注】

[1] “進退”二字原缺，劉樂賢（2004：44）據傳世文獻補。謹按，此處亦可據傳世文獻補作“出入”。

“恒”，劉樂賢釋爲常。

[2] “極”字原缺，劉樂賢據傳世文獻補，解釋爲中、準則。《集成》（2014：229）指出，本篇帛書有“極”字，又有“亟”字，此處殘存筆畫與“極”或“亟”字似不類，待考。謹按，補“極”之説可從。“極”可解釋爲中正、準則。《尚書・君奭》：“作汝民極。”《詩・殷武》：“商邑翼翼，四方之極。”鄭箋：“極，中也。商邑之禮俗翼翼然可則效，乃四方之中正也。”

【疏證】

2.2“火星名主二”的“熒惑”兩字，黄一農先生指出其本義有眩惑的意思，如《逸周書》：“昔者績陽强力四征，重丘遺之美女，績陽之君悦之，熒惑不治。”又《戰國策》中有云：“凡大王之所信以爲從者，恃蘇秦之計，熒惑諸侯，以是爲非，以非爲是。”②

① 劉樂賢：《馬王堆天文書考釋》，第 44 頁。

② 黄一農：《星占、事應與僞造天象——以“熒惑守心”爲例》，《自然科學史研究》1991 年第 2 期，第 120—132 頁；後收入氏著《社會天文學史十講》，上海：復旦大學出版社，2004 年，第 23—48 頁。

與本小節類似的説法亦見於傳世文獻：

- 《開元占經》卷三十"熒惑名主一"引韓楊：熒惑之爲言：熒或〈惑〉以像讒賊，進退無常，不可爲極。

此外，關於火星"進退无恒"，傳世文獻中還有一些類似説法可以參照：

- 《淮南子・天文》：出入無常，辯變其色，時見時匿。①
- 《晋書・天文志》：熒惑法使行無常，出則有兵，入則兵散。
- 《開元占經》卷三十"熒惑名主一"引《荆州占》：熒惑居東，爲懸息；西方，爲天理；南方，爲熒惑。其行無常，司無道之國。
- 又引吴龔《天官書》：熒惑，火之精，其位在南方，赤帝之子，方伯之象也，爲天候，主歲成敗，司察妖孽，東西南北無有常，出則有兵，入則兵散，周旋止息，乃爲死喪。②
- 又引石氏：熒惑者，天子之禮也，東西南北無有常，五月而出。
- 又引《淮南天文間詁鴻烈》：出入無常，辨其變其色，時見時匿。
- 又引《海中占》：熒惑法使行無常。

2.3 火星失行占一

本小節所討論的文字位於《集成》圖版第 23 行，因缺字較多致文義不清。據殘存文字認爲，這段文字所占測之事爲火星所見之國的吉凶。按照傳世文獻的分類原則，暫將這段文字歸爲"失行占"類。

【釋文】

【□】所見之23 上【□□】兵革[1]。23 下

【校注】

[1] 帛書此處殘損嚴重，致文義不明，故僅將釋文列出而不作句讀。"【□】"之缺文字數暫從《集成》(2014：229)，共計一字。

---

① ［日］川原秀成、宫島一彦：《五星占》，山田慶兒編《新發現中國科學史資料の研究・譯注篇》，第 24 頁。

② 劉樂賢：《馬王堆天文書考釋》，第 44 頁。

“【□□】”之缺文字數暫從整理小組(1978：6)，共計二字。《集成》指出，“之”後或是“國”或“野”之類的詞，“兵革”前似應是“有”或“起”之類的動詞。

“兵革”，謹按，應釋爲“戰争”。《詩·鄭風·野有蔓草》序：“君之澤不下流，民窮於兵革。”

【疏證】

2.3“火星失行占一”大概是説火星所見之國多發生戰争。類似説法，亦見於傳世文獻：

- 《史記·天官書》：出則有兵，入則兵散。
- 《漢書·天文志》：一曰，熒惑出則有大兵，入則兵散。
- 《開元占經》卷三十“熒惑盈縮失行五”引韓楊：一曰所居久者，其野有兵。
- 又引《荆州占》：熒惑所居久者，其野有兵；入其星三日，其野有憂；過三日，其憂大。

2.4　火星失行占二

本小節所討論的文字位於《集成》圖版第23—24行，是以火星出現的東、西方位及逆行等現象爲占。按照傳世星占類文獻的分類原則，應屬“失行占”類。

【釋文】

出【□】二鄉(向)[1]，反復一舍，【□□□】羊└[2]。其出西方，是胃(謂)反明(明)└，天下革王[3]。23下其出東方，反行一舍└[4]。所去者吉[5]，所之國受兵[6]，【□□】[7]。24上

【校注】

[1]“【□】”，《集成》(2014：229)指出，此處圖版有所扭曲，推測“出”與“二”之間應有一個字的空缺，據文意可能是“入”字。

“出□二向”，謹按，疑指東方和西方。《開元占經》卷三十“熒惑盈縮失行五”引《荆州占》：“熒惑出西方若東方，甚疾，至宿留二十日以上，及爲留即去

之；若復反其所留之宿，其君當之。”

［2］“【□□□】”之缺文字數暫從整理小組(1978：6)，共計三字。

“羊”，原釋“年”，從《集成》校改。

［3］“革”，劉樂賢(2004：44—45)認爲是“更”或“改”的意思。

［4］“反行”，席澤宗(2002：184)指出，即逆行。火星從東方出來以後先順行，再留，再逆行，再順行，最後伏於西方。此説法可從。

［5］“所去者”，劉樂賢認爲指熒惑已經離開的國家，與後文“所之國”相對。

［6］“之”，劉樂賢釋爲“至”或“往”，與前文的“去”相對。《爾雅・釋詁》：“之，往也。”《玉篇・之部》：“之，至也，往也。”

“所之國”，劉樂賢認爲指熒惑運行所至的國家。

“受兵”，劉樂賢解釋爲遇兵，指遭遇戰争。

［7］“【□□】”之缺文字數暫從整理小組，共計二字。

【疏證】

2.4“火星失行占二”主要是以火星出現的東、西方位占測用兵吉凶。如若火星出現在西方，會發生改朝换代的嚴重後果；如若出現在東方而逆行一舍，對所去國有利，對所之國不利，會發生戰争。其中，“出□二向”大概是説火星出現在東方和西方。“反明”一詞是專門指稱火星西出的星占術語，該術語在傳世文獻中亦常見：

- 《史記・天官書》：其出西方曰反明，主命者惡之。①

- 《開元占經》卷三十“熒惑行度二”引《樂動聲儀》：徵音和調，則熒惑日行四十二分度之一，伏五月，得其度，不反明。從海，則動應致焦明，至則有雨，備以樂和之。

- 《開元占經》卷三十“熒惑晝見反明六”引韓楊：熒惑出西方而逆行，是爲反明，天下更王，國憂，受者亡。其南若北，爲死喪，南爲丈夫，北爲女子。②

---

① ［日］川原秀成、宫島一彦：《五星占》，山田慶兒編《新發現中國科學史資料の研究・譯注篇》，第24頁。

② 同上。

• 又引《洛書》：熒惑反明，邦命更王。熒惑反明，相掠所滅。熒惑反明，不言紀更。①

• 又引《尚書緯》：熒惑反明，白帝亡。

• 又引《春秋緯》：赤帝之世，有過則熒惑出，冠守、見萌以淫亂，失時則反明。有此類，則亡引也。

• 又引《文耀鈎》：熒惑反明，主以悖更殘物之過亡，天下更紀，易其主。

• 又引《天官書》：熒惑反明，主命惡之。

• 又引《荆州占》：熒惑反明，怒氣結。

• 又引韓楊：熒惑所止舍而數之七舍，而數爲日七月，而入於西方；伏行五舍，爲日五日，而復出於東方。其反出西方，是謂反明，天下更政，所宿其國伐。熒惑入西方，反出爲反明，天下更王。熒惑有三反明、三吐舌，以威咎殺太子，以妾爲妻。②

• 又引京氏：禮經不用，熒惑反明。

傳世文獻中也有以火星出現在東方而逆行一舍爲占的占辭：

• 《開元占經》卷三十"熒惑盈縮失行五"引《荆州占》：熒惑出東方，其行順，則其國不凶。其逆行一舍，其國有兵，戰破亡地。③

首句的"反復一舍"，是指逆行一宿，應是以火星逆行爲占。傳世文獻中多見以火星逆行爲占的占辭，可與此句相參照：

• 《史記・天官書》：反道二舍以上，居之，三月有殃，五月受兵，七月半亡地，九月太半亡地。

• 《漢書・天文志》：逆行一舍二舍爲不祥，居之三月國有殃，五月受兵，七月國半亡地，九月地太半亡。

• 《乙巳占》卷五"荧惑占第二十八"：火去復逆行其宿，有破軍死

① 劉樂賢：《馬王堆天文書考釋》，第44頁。
② 同上。
③ ［日］川原秀成、宮島一彦：《五星占》，山田慶兒編《新發現中國科學史資料の研究・譯注篇》，第24頁。

將，亡國，死王者。

• 《開元占經》卷三十"熒惑行度二"引甘氏：熒惑法東方，修緯及常，十六舍而止；逆行西，運動以成章，舍一舍半。

• 《開元占經》卷三十"熒惑盈縮失行五"引《春秋緯》：熒惑主有謀，氣事未施行則見怡其妖祥。反道二舍以上，居之三月，有淫佚；五月，受夷狄之兵，王以讒言致非祥；七月半，亡地；九月大半，亡地；因與宿俱入、俱出，國絶祀。

• 又引《鉤命决》：天子失義不德，則白虎不出，熒惑逆行。

• 又引石氏：其國失禮，失夏政，則熒惑逆行。

• 又引郗萌：主行重賦斂，奪民時，大宫室高臺榭事，則熒惑逆行，霜露肅殺五穀，民多病温疫擾軫。

• 又引郗萌：熒惑逆行變色，人主簡宗廟，去禱祠，廢祭祀，逆天時，變妾爲妻。熒惑逆行變色，爲棄法律，殺太子，逐功臣。熒惑出而逆行變色，以内淫亂，犯親戚。熒惑而逆留守宿者，所主貨物皆貴。熒惑以庚辛日留，天下有大喪，有兵。

• 又引《荆州占》：王者不順禮遺德，不求賢舉隱，驕慢自恣，不順五常，耽於女色，妻妾爲政，邪臣在位，殺戮無辜，陵弱暴强，星則爲之逆行。

• 又引《荆州占》：熒惑變色失行，所留者亡，所抵者兵。熒惑逆行變色，人君宰相之治，推擇不以德賢，聖隱蔽，而不肖者進，遠忠臣而近讒諛。一曰，人君宰相之治，驕恣不從五行，妻不政，賢者伏匿，讒臣亂治，逐功臣，誅不辜，即熒惑逆行變色。①

• 又引《荆州占》：熒惑逆行，色赤而怒，有兵。熒惑逆行，環繞屈曲，成鉤已，至三舍，名山崩、大川竭；若守之三日不下，其分國亡，有大喪。熒惑逆行至五舍，大臣謀反諸侯王也。熒惑逆行，必有破軍死將，國君若寄生。又曰夷將爲王，敢誅者昌，不敢誅者亡；當此之時，趣立九候，置三王，取與必當無逆天殃。

---

① 劉樂賢：《馬王堆天文書考釋》，第45頁。

• 又引《荆州占》：熒惑出西方若東方，甚疾，至宿留二十日以上，及爲留即去之；若復反其所留之宿，其君當之。

• 又引《荆州占》：熒惑逆行守星者，爲飢。

• 又引韓楊：熒惑逆而西行，則不殺，爲王敢誅者昌，不敢誅者亡。當此之時，趣立九侯，置三王，取與必當，無逆天殃。

• 又引班固《天文志》：熒惑逆行一舍、二舍，爲不祥。

• 又引韓楊：熒惑西行，行三舍以上，謹守其反日，數之百八十日，兵起，不然天妖出。

• 又引韓楊：熒惑逆行而留，其國逆凶；順行而留，其國順凶。

• 又引石氏：熒惑逆行，還復故道，名曰燒迹，其灾重。

2.5　火星失行占三（火星變色芒角占一）

本小節所討論的文字位於《集成》圖版第24—25行，是以火星失行的各種情況爲占。按照傳世星占類文獻的分類原則，應屬"失行占"類；"其赤而角動，殃甚"句，是以火星赤色而芒角摇動爲占，應屬"變色芒角"類。

【釋文】

營（熒）或（惑）絶道[1]，其國分當其野【受24上殃】[2]。居之久[3]，【殃】大└[4]；亟發者[5]，央（殃）小；【□□□】[6]，央（殃）大[7]。溉（溉—既）巳（已）去之[8]，復環（還）居之[9]，央（殃）益[10]；其周24下環繞之[11]，入，央（殃）甚。其赤而角動[12]，央（殃）甚。營（熒）或（惑）所留久者，三年而發[13]。25上

【校注】

[1]"營或絶道"，劉樂賢（2004：45—46）認爲即"熒惑失道"或"熒惑失行"之意。

[2]"國分"，劉樂賢認爲即國家所屬之分。《周禮・夏官・量人》："量人，掌建國之法，以分國爲九州。"注："分國，定天下之國分也。"孫詒讓《正義》説："云'分國，定天下之國分也'者，謂分諸侯之國，國各有所屬之州，若《穀梁》桓

五年傳説鄭屬冀州，莊十四年傳説楚屬荆州等，各於當州定其分域也。”故此處“國分”，是指國之分域。帛書《天文氣象雜占》有“邦分”（第 2/2 條），與“國分”意思相同，可參看。①

“受殃”二字原缺，整理小組（1978：6）據文義補。

［3］“居”原缺釋，《集成》（2014：229）據殘存筆畫 釋出。

［4］“殃”字原缺，整理小組據文義補。

［5］“發”，劉樂賢釋爲離開。《廣雅・釋詁》：“發，去也。”

“亟發”，劉樂賢認爲指熒惑迅速離去。

［6］“【□□□】”之缺文字數暫從劉樂賢，共計三字。

［7］“央大”二字原缺釋，今從劉樂賢釋出。

［8］“溉”，從整理小組釋，讀爲“既”。

“巳”，原釋“已”，從《集成》校改。從整理小組釋，讀爲“已”。

［9］“環”，從整理小組釋，讀爲“還”。

［10］“【□】”，劉樂賢指出，在帛書整理小組的釋文中，“央”與下句的“其”字之間已無字。但從圖版看，這兩字之間應該還有一字。惜該字因字迹模糊，不易辨識，據文義推測，可能是“益”字或“甚”字。鄭健飛（2015：22）指出，此字當即“益”字殘形，可與 、 （53 行下）和 （143 行下）等比對。此殘字反引文圖版作 ，據此釋作“益”字爲確。

［11］“環繞”，劉樂賢指出古書或作“繞環”。《乙巳占》卷三“占例第十六”：“環者，星行繞一周。繞者，環而不周。”

［12］“赤而角”，劉樂賢認爲指行星顔色赤而且有芒角。

“動”，劉樂賢認爲指光體摇動。《乙巳占》卷三“占例第十六”：“動者，光體摇動，興作不安之象。”

［13］“發”，劉樂賢釋爲離開。《廣雅・釋詁》：“發，去也。”

【疏證】

2.5“火星失行占三”是以火星失行占測所當之國的吉凶。按照占測内容的不同，可分爲六個部分：

---

①　此説最早見於劉樂賢：《簡帛數術文獻探論》，武漢：湖北教育出版社，2003 年，第 184 頁。

表 1－4　2.5“火星失行占三”結構

第一部分	營(熒)或(惑)絶道,其國分當其野【受殃】。
第二部分	居之久,【殃】大└;亟發者,央(殃)小;【□□□】,央(殃)大。
第三部分	溉(溉—既)巳(已)去之,復環(還)居之,央(殃)【□】。
第四部分	其周環繞之,入,央(殃)甚。
第五部分	其赤而角動,央(殃)甚。
第六部分	營(熒)或(惑)所留久者,三年而發。

第一部分是對第二、三、四、五部分内容的概述,即火星失行,則所當之國會發生灾殃;第二部分是以火星在失行位置停留的時間長短爲占;第三部分是以火星從失行位置離開後又返還爲占;第四部分是以火星環繞而入於失行位置爲占;第五部分以火星赤色而芒角動爲占;第六部分解釋了火星在失行位置“留久”的定義,與第二部分相呼應。

與該段占辭類似的説法,亦見於傳世文獻:

- 《漢書・天文志》:熒惑爲亂爲成〔賊〕,爲疾爲喪,爲饑爲兵,所居之宿國受殃。殃還至者,雖大當小;居之久殃乃至者,當小反大。已去復還居之,若居之而角者,若動者,繞環之,及乍前乍後,乍左乍右,殃愈甚。①

- 《晋書・天文志》:以舍命國,爲亂爲賊,爲疾爲喪,爲饑爲兵,所居國受殃。環繞鈎已,芒角動摇,變色,乍前乍後,乍左乍右,其爲殃愈甚。其南丈夫、北女子喪。周旋止息,乃爲死喪;寇亂其野,亡地。其失行而速,兵聚其下,順之戰勝。

- 《乙巳占》卷五“荧惑占第二十八”:人君失時令,則熒惑錯亂逆行。乘凌守犯,芒角動摇,句巳環繞,無所不爲。或下化爲人,童子妖言并作,惑亂人民,人君憂之,宜修德以謝其災。

① ［日］川原秀成、宮島一彦:《五星占》,山田慶兒編《新發現中國科學史資料の研究・譯注篇》,第24頁。

• 《開元占經》卷三十“熒惑盈縮失行五”引《荆州占》：熒惑所守，其國宰相死。熒惑與宿星舍守之，其國大人死，守之久五年而發者，亡地五百里；期二年而發者，亡地二百里；期一年而發者，亡地百里。熒惑所守之分，其國凶；守之速，殃小；守之久，殃大；去而復還守之，或前或後或左或右，殃殊重，不可救，國破主死，流血城市。①

此外，以下文獻可與占辭第一部分相參照：

• 《乙巳占》卷五“熒惑占第二十八”：火所行之處留守之，皆爲大禍，君死國亡。

• 《開元占經》卷三十“熒惑名主一”引韓楊：熒惑入列宿，其國有殃。

• 又引韓楊：熒惑所止，爲其國君死。

• 《開元占經》卷三十“熒惑盈縮失行五”引班固《天文志》：熒惑所守，爲亂、賊、喪、兵，守之久，其國絶嗣。

• 又引韓楊：熒惑行絶道，正乘宿，留二十日以上至五十日，破軍殺將。②

以下文獻可與占辭第二部分相參照：

• 《史記·天官書》：居之，殃還至，雖大當小；久而至，當小反大。③

• 《開元占經》卷三十“熒惑盈縮失行五”引石氏：熒惑所留久也，三年而發，亡五百里；其中也，三百里；其殺也，四百里。④

• 又引《荆州占》：熒惑正乘列舍，守之十日以上，其分内亂；二十日以上，相走；六十日主死；九十日殃及子孫。熒惑止留，三日以上，國則憂，相不死出走；十日以上，主大憂；一月至三月，三月至六月，殃及子孫。去之丈，傷五穀；去之七尺，傷人民；去之四五尺，傷吏；去之二三尺，傷卿相；

---

① ［日］川原秀成、宮島一彦：《五星占》，山田慶兒編《新發現中國科學史資料の研究·譯注篇》，第24頁。

② 同上。

③ 席澤宗：《〈五星占〉釋文和注釋》，收入氏著《古新星新表與科學史探索》，西安：陝西師範大學出版社，2002年，第184頁。

④ ［日］川原秀成、宮島一彦：《五星占》，山田慶兒編《新發現中國科學史資料の研究·譯注篇》，第24頁。

去之一尺;傷主。

• 又引韓楊:熒惑正乘其國之宿,星留三日,以戰,大將死;留五日,君破亡地;留十日,其君死,國無兵。而熒惑正乘其宿,星留十日,内亂起,絶宿。

• 又引韓楊:一曰所居久者,其野有兵。

• 又引《荆州占》:熒惑所居久者,其野有兵;入其星三日,其野有憂;過三日,其憂大。

以下文獻可與占辭第三部分相參照:

• 《開元占經》卷三十"熒惑盈縮失行五"引石氏:遠去而復還居之,甚憂。

• 又引韓楊:熒惑凡行二十八宿,已去復還反,其國君死之。

以下文獻可與占辭第四部分相參照:

• 《開元占經》卷三十"熒惑盈縮失行五"引韓楊:其環所久宿者,殃其國,宰相死。

以下文獻可與占辭第五部分相參照:

• 《史記・天官書》:若角動繞環之,及乍前乍後,左右,殃益大。①

• 《開元占經》卷三十"熒惑光色芒角四"引甘氏:熒惑色赤而芒角,其怒也,昭昭然明大,則軍戰,其國亦戰。

• 又引《荆州占》:角則兵起。

以下文獻可與占辭第六部分相參照:

• 又引石氏:熒惑所留久也,三年而發,亡五百里;其中也,三百里;其殺也,四百里。②

• 《開元占經》卷三十"熒惑盈縮失行五"引韓楊:居之久者,三歲;中,二歲;近,一歲,殃至。

① [日]川原秀成、宮島一彦:《五星占》,山田慶兒編《新發現中國科學史資料の研究・譯注篇》,第24頁。

② 同上。

2.6 五星相犯占二

本小節所討論的文字位於《集成》圖版第25行，可能是以火星與其他行星相遇爲占。按照傳世星占類文獻的分類原則，應屬"相犯占"類。

【釋文】

其與它星遇而25上【□□□□□[1]。】在其南└[2]、在其北，皆爲死亡。25下

【校注】

[1] "它"，原釋"心"，從劉樂賢(2004：46—47)校改。劉樂賢指出，秦漢簡帛中"它""心"二字的寫法十分接近，帛書"它"字也有可能是"心"字之訛。《開元占經》卷三十一"熒惑犯心五"引郗萌說："因以東西有憂，南北有喪。"所載或與帛書"【在】其南，在其北，皆爲死亡"有關，似可佐證帛書整理小組之說。但是，《開元占經》卷三十"熒惑失行五"引《荆州占》也有類似說法，其占文是："熒惑東西，害侯王；一南一北，爲死喪。"據此，則帛書"【在】其南，在其北，皆爲死亡"，未必一定是熒惑遇心的占文。因此，在目前的情況下，整理小組的意見或待商榷。又，按照《五星占》的用字習慣，如果要說熒惑與心相遇，一般會寫作"熒惑與心遇"，而不大可能說"熒惑與心星遇"。這也從側面說明，帛書"星"前一字不大可能是"心"字之訛。《集成》(2014：229)指出，劉釋確。《漢書・天文志》講辰星時說："與它星遇而鬬，天下大亂。"

"它星"，劉樂賢認爲似指其他行星。《漢書・天文志》："與它星遇而鬬，天下大亂。"顔注引晋灼曰："祆星彗孛之屬也，一曰五星。"

"而"原缺釋，劉樂賢指出，"遇"後一字尚存上部一横筆，與"則"字的寫法不合。結合文義，可釋爲"而"字，故據殘存筆畫　釋出。

"□□□□□"之缺文字數暫從《集成》，共計五字。《集成》亦指出，最末一字還存有殘筆，似是"兵"字。

[2] "在"原缺釋，《集成》據殘存筆畫　釋出。

【疏證】

2.6"五星相犯占二"因有缺字，致文義不明。劉樂賢據殘存文字推測，此段是以火星與其他行星相犯爲占。謹按，劉先生的説法有一定道理，但與此段

類似的説法并不見於與五星相犯的有關文獻，而見於與火星失行有關的文獻：

- 《開元占經》卷三十“熒惑行度二”引甘氏：熒惑之東行也，急則一日一夜行七寸半，其益此則行疾，疾則兵聚於東方。熒惑之西行疾，則兵聚於西方。其南、其北，爲有死喪：其南，丈夫之喪；其北，女子之喪。
- “熒惑失行五”引《荆州占》：熒惑東西，害侯王；一南一北，爲死喪。①
- “熒惑書見反明六”引韓楊：熒惑出西方而逆行，是爲反明，天下更王，國憂，受者亡。其南若北，爲死喪：南爲丈夫，北爲女子。

因此，不能排除這樣一種可能性，即本小節的文字包括兩段占辭，前面的文字是以火星與它星相遇爲占，而後面的文字是以火星失行爲占。

2.7　火星變色芒角占二

本小節所討論的文字位於《集成》圖版第 25—26 行，是以火星芒角的顏色爲占。按照傳世星占類文獻的分類原則，應屬“變色芒角”類。

【釋文】

赤芒[1]，南方之國利之；白芒，西方之國利之；25下黑芒，北方之國利之└；青芒，東方之國利之；黄芒，中國利之[2]。26上

【校注】

[1] “芒”，劉樂賢（2004：47）認爲指星體發出的短光。《開元占經》卷六十四“順逆略例五”引石氏：“光五寸以内爲芒。”

[2] “中國”，劉樂賢認爲指中央之國。

【疏證】

2.7“木星變色芒角占二”記載的内容，劉樂賢認爲占文以青芒占東方之國，以赤芒占南方之國，以白芒占西方之國，以黑芒占北方之國，以黄芒占中國，顯然是根據五行學説立論。類似説法，亦見於傳世文獻：

- 《開元占經》卷三十“熒惑光色芒角四”引郗萌：熒惑環繞宿，其長

① 劉樂賢：《馬王堆天文書考釋》，第 46 頁。

戮，其同光死，其光若外附不同光，主出走。赤芒，南方國利之；白芒，西方國利之；黑芒，北方國利之；青芒，東方國利之；黄芒，中國利之。①

此外，以五星五色而圜或五色而有角爲占的占辭亦見於傳世文獻，詳參5.24“金星變色芒角占五”的“疏證”部分。

2.8 火星待考一

本小節的文字位於《集成》圖版第27行，因前部有缺文，致文義不明，暫存疑待考。

【釋文】

【□□】營(熒)或(惑)[1]，於營室、角、畢、箕└。27上

【校注】

[1] “【□□】”之缺文字數暫從整理小組(1978：6)，共計二字。

【疏證】

鄭慧生(1995：197)在解釋該段占辭時指出，熒惑年行0.531 914 8周天，如年初起於室，則年終止於角；起於角，則止於畢；起於畢，則止於箕。謹按，鄭説似可從，該段占辭或與火星公轉周期有關。

2.9 火星名主三

本小節所討論的文字位於《集成》圖版第27行，介紹了火星所司的事項，并列舉了與火星相對應的“加殃者”“咎”。按照傳世星占類文獻的分類原則，應屬“名主”類。

【釋文】

營(熒)或(惑)主└司失樂[1]，淫於正音者[2]，【□】駕(加)之央(殃)[3]，其咎【□□】[4]。27上

① [日]川原秀成、宫島一彦：《五星占》，山田慶兒編《新發現中國科學史資料の研究・譯注篇》，第24頁。

【校注】

[1] “失”,原釋“天”,從《集成》(2014: 229)校改。

[2] “正音”,劉樂賢(2004: 47)認爲指纯正的音樂。《淮南子·天文》:“徵生宫,宫生商,商生羽,羽生角,角生姑洗,姑洗生應鐘,比于正音,故爲和;應鐘生蕤賓,不比正音,故爲繆。”

“淫於正音者”,劉樂賢認爲指越過了正音的界限。

[3] “【□】”,尚存殘筆,暫未能釋出。

“駕”,從劉樂賢釋,讀爲“加”。

[4] “□□”之缺文字數暫從劉樂賢,共計二字。從照片看,此二字雖有殘損,但仍可看出大致輪廓。又,從文義看,此二字後應還有缺字。

【疏證】

2.9“火星名主三”主要講火星司“樂”,而傳世文獻多以火星司“禮”:

- 《史記·天官書》:禮失,罰出熒惑。
- 《漢書·天文志》:熒惑曰南方夏火,禮也,視也。禮虧視失,逆夏令,傷火氣,罰見熒惑。①
- 《乙巳占》卷五“熒惑占第二十八”:重明以麗,大人以繼明照乎四方。主逆,共主灾旱,主察獄,主死喪,爲禮,以爲理官,敕舉糾察,以明姦凶所在,而垂示應變。
- 《乙巳占》卷五“熒惑占第二十八”:熒惑,火星也。火性炎上,而爲禮察觀政焉。
- 《開元占經》卷三十“熒惑名主一”引《春秋緯》:熒惑主禮成,天意;禮失,則妾爲妻,支爲嗣,精感類應,則熒惑逆見變怪。
- 又引石氏:熒惑主憂,主南維,主於火日,主丙丁,主禮,禮失者,罰出熒惑之逆行是也,此失夏政也。以其所守之舍,命其國。
- 又引石氏:熒惑主大鴻臚,主死喪。
- 又引《洪範五行傳》:熒惑于五常爲禮,辨上下之節於五事,爲視明察善惡之事也;禮虧視失逆夏令,則熒惑爲旱灾、爲饑、爲疾、爲亂、爲死

① 劉樂賢:《馬王堆天文書考釋》,第47頁。

喪、爲賊、爲妖言大怪也。

- 又引《荆州占》：王者禮義，熒惑不留其國；凶殃，熒惑罰之。
- 又引韓楊：熒惑修禮，順則喜，逆則怒。

劉樂賢指出，古代禮、樂關係密切，司樂之説與司禮之説應大體一致。關於五星所司事項的對比，詳見第二章《五星名主》。

2.10 火星名主四

本小節所討論的文字位於《集成》圖版第28行，記載的是與火星對應的“時”“月位”“日”和“方位”。按照傳世星占類文獻的分類原則，應屬“名主”類。

【釋文】

【其】時夏[1]，其日丙丁└[2]，月立(位)隅中[3]，南方之〖國〗有之[4]。28上

【校注】

[1] “其”字原缺，整理小組(1978：6)據文義補。

“時”原缺釋，《集成》(2014：229)據殘存筆畫[illegible]釋出。

席澤宗(2002：184)指出，古時把四季分配在四個方向，南方爲夏。

[2] 席澤宗指出，古時把十天干分配在東、西、南、北、中五個方位，南方附近爲丙、丁。

[3] “立”，從劉樂賢(2004：47—48)釋，讀爲“位”。

“隅中”，川原秀成、宫島一彦(1986：25)指出，《淮南子·天文》曰：“日出于暘谷，浴于咸池，拂于扶桑，是謂晨明。……至于衡陽，是謂隅中。至于昆吾，是謂正中。”劉樂賢指出古書中多用爲時段名稱，指快到正午之時。這裏的隅中，可能是指太陽快至正中時的位置。

謹按，與五星相對應的“月位”，是按照月亮東升西落時“東方—隅中—正中—昳—西方”的順序排列的。此處謂“月位隅中”，是以火星與隅中對應。

[4] 劉樂賢指出，從文義看，此句應是“南方之國有之”之脱。

【疏證】

2.10“火星名主四”記載内容的類似説法，見於以下傳世文獻：

• 《開元占經》卷三十"熒惑名主一"引石氏：熒惑主憂，主南維，主於火日，主丙丁，主禮，禮失者，罰出熒惑之逆行是也，此失夏政也。以其所守之舍，命其國。

關於五星的"五行配屬"，傳世文獻亦有較爲系統的記載。相關討論，詳見第二章《五星名主》。

第三節　土 星 占

本節是《五星占》的第三部分，主要以土星爲占測對象，共由 6 個小節組成。

3.1　土星名主一

本小節所討論的文字位於《集成》圖版第 29 行，記載的是土星的"五行屬性"，并分列與土星相應的"方位"和"帝""丞"之名。按照傳世星占類文獻的分類原則，應屬"名主"類。

【釋文】

中央土[1]，其帝黄帝[2]，其丞后土[3]，其神上爲填星[4]。29 上

【校注】

[1] "土"原缺釋，《集成》(2014：230)據殘存筆畫釋出。

"中央土"，劉樂賢(2004：48)指出，按照五行學説，中央屬土，故與土星(填星)相配。

[2] "黄帝"，陳久金(2001：122)指出，《史記・五帝本紀》曰："黄帝者，少典之子，姓公孫，名曰軒轅……有土德之瑞，故號黄帝。"《集解》引徐廣曰"號有熊"，爲有熊國君，有熊，爲今河南新鄭。在中國之中部，故號曰中央黄帝。《山海經・海内西經》曰："海内昆侖之虚，在西北，帝之下都。昆侖之虚方八百里，高萬仞。"故通常認爲黄帝族來自西方。劉樂賢認爲是古代五方帝中的中央帝名。《淮南子・天文》："中央土也，其帝黄帝，其佐后土，執繩

而制四方。”高誘注：“黄帝，少典之子也，以土德王天下，號曰軒轅氏，死托祀於中央之帝。”

［3］“后土”，《左傳》昭公二十九年曰：“共工氏有子曰句龍，爲后土。”故句龍爲土官。陳久金指出，人們將后土附會有土德之瑞，黄帝的土官。劉樂賢認爲是古代五方神中的中央神名。《淮南子·時則》：“中央之極……黄帝、后土之所司者萬二千里。”高誘注：“后土者，句龍氏之子，名曰后土，能平九土，死祀爲土神也。”

［4］“填星”，劉樂賢指出古書或作“鎮星”，即土星，爲太陽系九大行星之一。《開元占經》卷三十八“填星名主一”引《荆州占》：“填星常晨出東方，夕伏西方，其行歲填一宿，故名填星。”

謹按，除“神”以外，傳世文獻中亦見將土星與“使”“精”“子”搭配的説法，詳見1.1“木星名主一”的“校注”部分。

【疏證】

3.1“土星名主一”記載内容的類似説法，見於以下傳世文獻：

- 《開元占經》卷三十八“填星名主一”引石氏：填星主季夏，主中央，主土，於日主戊己，是謂黄帝之子，主德，女主之象，宜受而不受者爲失。填，其下之國可伐也，德者不可伐也。其一名地侯。①

- 又引《淮南子》：中央土也，其帝黄帝，其佐后土，執繩而制四方，繩直也，其神爲填星，其獸黄龍，其音宫，其日戊己。

關於五星的“五行配屬”，傳世文獻亦有較爲系統的記載。相關討論，詳見第二章《五星名主》。

3.2 土星名主二（土星行度一）

本小節所討論的文字位於《集成》圖版第29行，是説土星因“歲填一宿”，故可“填州星”。其中“歲填一宿”是對土星運行規律的説明，應屬“行度”類；“填州星”是土星所主的事項，應屬“名主”類。

---

① 劉樂賢：《馬王堆天文書考釋》，第48頁。

【釋文】

實填州星[1],歲【填一宿】[2]。29上

【校注】

[1]“實”,原釋“賓”,從劉樂賢(2004：48—49)校改。劉樂賢指出,秦漢簡帛中“實”“賓”二字寫法較爲接近,容易相混。細核圖版,此處爲“實”字的可能性更大,故暫釋爲“實”。實,在這裏用爲虚詞,也可以讀爲“是”。

“填”,陳久金(2001：122)認爲通“镇”。

“州星”,劉樂賢認爲似指各州之星。又,“州星”或可讀爲“周星”,指周天之星或列星。

[2]“填一宿”三字原缺,整理小組(1978：6)據傳世文獻補。

陳久金指出,在概念上説,天上之宿與地上之州相當,是説填星一歲行一宿,故有“實填州星,歲填一宿”之説。席澤宗(2002：184—185)指出,古時認爲土星二十八年環天一周,而天空又區劃爲二十八宿,故曰“歲填一宿”。實際上這只是一種理想狀態,因爲二十八宿各宿所包括的廣度相差很大,而且第八章中表明,土星是三十年一周天。

【疏證】

“歲填一宿”是指土星每年居二十八宿中之一宿,二十八年而周天,其天文學基礎是土星公轉周期是29.46年。實際上,據7.2“土星行度表”(“卅歲一周於天”)等資料可知,即使早在編撰《五星占》的秦漢之際,古人就已經掌握較爲精確的土星公轉周期數據。爲使土星的運行與二十八宿存在對應關係,以服務於星占活動,多數早期天文文獻仍以二十八年爲土星環繞一周天所需的時間：

- 《淮南子·天文》：鎮星以甲寅元始建斗,歲鎮行一宿。
- 《淮南子·天文》：日行二十八分度之一,歲行十三度百一十二分度之五,二十八歲而周。
- 《史記·天官書》：歲填一宿。①

① [日]川原秀成、宫島一彦：《五星占》,山田慶兒編《新發現中國科學史資料の研究·譯注篇》,第26頁。

- 《史記・天官書》：其一名曰地侯，主歲。歲行十(二)〔三〕度百十二分度之五，日行二十八分度之一，二十八歲周天。
- 《開元占經》卷三十八“填星名主一”引《荊州占》：填星，常晨出東方，夕伏西方；其行，歲填一宿，故名填星。①
- “填星行度二”引《五行傳》：填星以上元甲子歲，十一月朔旦冬至夜半甲子時，與日月五星俱起于牛前五度，順行二十八宿，右旋，歲一宿，二十八宿而周天。

3.3 土星失行占一

本小節所討論的文字位於《集成》圖版第 29—30 行，是以土星“當處而不處”與“既已處之，又東西去之”這兩種情況爲占，占測“當處之國”及“所往之野”的吉凶。按照傳世星占類文獻的分類原則，應屬“失行占”類。

【釋文】

【□□□□□29上□□□□】[1] 既(既)巳(已)處之，有(又)【西】東去之[2]，其國凶，土地榣(摇)[3]，不可興〈與(舉)〉事用兵[4]，戰斲(鬬)不勝[5]。所29下往之野吉[6]，得土[7]。30上

【校注】

[1] 帛書此處殘損嚴重，致文義不明，故僅將釋文列出而不作句讀。

“【□□□□□□□□□】”之缺文字數暫從《集成》(2014：230)，共計九字。《集成》指出，此處缺文，整理小組釋文補作：“歲【填一宿，其所居國吉，得地】。”《五星占》此段用“處”不用“居”，整理小組在補文中用“居”字不妥。另外，《史記・天官書》《漢書・天文志》以及《開元占經》卷三十八在描寫填星時，緊接“所居(之)國吉”之後都未見“得地”二字。原整理小組補此二字，是據《晋書・天文志》“所居之宿，國吉，得地及女子，有福，不可伐”，與帛書并不完全對應。據上述傳世文獻相關章節以及《五星占》下文，填星久居某國或不當居而

① [日]川原秀成、宫島一彦：《五星占》，山田慶兒編《新發現中國科學史資料の研究・譯注篇》，第26頁。

居某國時，該國才會得土地，整理小組在“所居國吉”之後補“得地”二字并不可信。在“既已居之”之前，《史記・天官書》有“若當居而不居”，《漢書・天文志》有“當居不居”。所以在“既已處之”前似可補“當處不處”四字。[①]

［2］“有”，從整理小組（1978：6）釋，讀爲“又”。

“西”字原缺，整理小組據傳世文獻補。

［3］“榣”，原釋“桱”，從《集成》校改。劉樂賢（2004：49）在釋“桱”之説的基礎上讀爲“淫”。《文選・演連珠》：“貞於期者，時累不能淫。”注：“淫，猶侵也。”土地淫，土地被侵奪。《集成》指出，此字右半寫法與“䍃”近，可釋爲“榣”。《説文》：“榣，樹動也。”帛書此處爲“土地榣”，“榣”應讀爲“摇”。《説文》：“摇，動也。”《文選・東都賦》：“丘陵爲之摇震。”吕延濟注：“摇、震皆動也。”《開元占經・填星占一》引《荆州占》：“人君宰相大臣……則填星逆行變色，殃至地動。”《觀象玩占》卷七：“鎮星動摇，其國土功、女主不寧，有山崩，若地動，江河决。”

［4］“興”，劉樂賢釋爲“舉”。興事，舉事。又，此處“興”字也可能是“與”字之訛。在馬王堆帛書中，兩字因寫法接近而常有相混之例。“與事”，可直接讀爲“舉事”。

［5］“斲”，原釋“鬭”，從《集成》校改。

［6］“野”，從劉樂賢釋爲分野。

［7］“土”，原釋“之”，從劉樂賢校改。在馬王堆帛書中，之、土二字的寫法十分接近，容易相混。

【疏證】

3.3“土星失行占一”中的“當處而不處”，指土星應在其常行位置而不在；“既已處之，又東西去之”，指土星雖已在其常行位置而又離開。兩者含義接近，只是程度有所不同。類似表述，還見於1.11“木星失行占三”，可相參看。

與此段占辭類似説法，亦見於傳世文獻：

- 《漢書・天文志》：一曰，既已居之，又東西去之，其國凶，不可舉

① 以上説法最早見於劉釗、劉建民：《馬王堆帛書〈五星占〉釋文校讀札記（七則）》，《古籍整理研究學刊》2011年第4期，第33頁。我們認爲帛書在“既已處之”之前，應是“當處而不處”之類意思的文句。《五星占》“既已處之”用“處”而不用“居”字，故原釋文所補“其所居國吉”，應將“居”字改爲“處”字，以求前後文統一。

事用兵。

傳世文獻中還有另一種形式，是以土星“當處而不處”“已居而復去”與“不當處而處”“已去而復還”等情況相對爲占，二者含義相反，可構成對比關係：

- 《淮南子·天文》：當居而弗居，其國亡土；未當居而居之，其國益地，歲熟。
- 《史記·天官書》：未當居而居，若已去而復還，還居之，其國得土，不乃得女。若當居而不居，既已居之，又西東去，其國失土，不乃失女，不可舉事用兵。
- 《漢書·天文志》：未當居而居之，若已去而復還居之，國得土，不乃得女子。當居不居，既已居之，又東西去之，國失土，不乃失女，不有土事，若女之憂。居宿久，國福厚；易，福薄。當居不居，爲失填，其下國可伐；得者，不可伐。
- 《開元占經》卷三十八“填星盈縮失行五”引石氏：填星所居之國吉，未當居而居之，已去而復還居之，其國得地，不乃得女；當居不安，既已居之，又東西去之，國失土，不乃失女，不可舉事用兵，不有土事，若女子之憂，其國可伐。
- 又引《淮南子》：填星歲填一宿，當居而不居，其國亡地；未當居而居之，其國增地，歲熟。
- 又引《荆州占》：一曰當居不居，其國以水亡。
- 又引《荆州占》：填星應居之而去，其分飢荒，流滿四方；若居之而不安，不可興土功，不可舉大衆。

以上這兩種形式的占測，皆以土星在其運行軌道上的位置變化爲占，故亦可稱之爲“土星黄經占”。相關討論，可參看第二章“失行占”類占辭。

末句以土星“所往之野”爲吉，可得土地，傳世文獻亦見類似説法：

- 《史記·天官書》：歲填一宿，其所居國吉。
- 《漢書·天文志》：填星所居，國吉。
- 《開元占經》卷三十八“填星名主一”引巫咸：填星所宿者，其國安，大人有喜，增土。[①]

---

① 劉樂賢：《馬王堆天文書考釋》，第49頁。

3.4　土星失行占二

本小節所討論的文字位於《集成》圖版第30行，是以土星久處爲占。按照傳世星占類文獻的分類原則，應屬"失行占"類。

【釋文】

填之所久處[1]，其國有德、土地[2]，吉。30上

【校注】

[1]"填之所久處"，劉樂賢(2004：50)解釋爲"填星所久居之地"。

[2]《集成》(2014：230)指出，"土地"之上可能漏抄一"得"字。也可能"土地"與"吉"連讀，與上句"土地搖"對應。

【疏證】

3.4"土星失行占二"占辭的類似説法，亦見於以下傳世文獻：

- 《史記·天官書》：歲填一宿，其所居國吉。
- 《史記·天官書》：其居久，其國福厚；易，福薄。
- 《漢書·天文志》：填星所居，國吉。
- 《晉書·天文志》：所居之宿，國吉，得地及女子，有福，不可伐；去之，失地，若有女憂。居宿久，國福厚；易則薄。
- 《乙巳占》卷五"填星占第三十一"：填星主福德，爲女主，所在之國有福，不可攻伐之，稱兵動衆。
- 《開元占經》卷三十八"填星名主一"引巫咸：填星之德厚，安危存亡之機。填星所宿者，其國安，大人有喜，增土。①
- 又引吴龔《天官星占》：填星所居國有德，不可以兵加也。
- "填星行度二"引《荆州占》：填星順行而明，其國有厚德。
- 引《荆州占》：填星行中道，陰陽和調。
- "填星盈縮失行五"引石氏：填星所居久者，其國有德厚，不可以

① 席澤宗：《〈五星占〉釋文和注釋》，收入氏著《古新星新表與科學史探索》，西安：陝西師範大學出版社，2002年，第185頁。

軍；如所居易者，國其德薄，①可侵以土地。②

3.5 土星名主三

本小節所討論的文字位於《集成》圖版第30—31行，介紹了土星所司的事項，并列舉了與土星相對應的"加殃者""咎"。按照傳世星占類文獻的分類原則，應屬"名主"類。

【釋文】

填星司失【□□□□□□□30上□□□□□□□】遀(隨)丘【□□□】大起(起)土攻(功)[1]。若用兵者、攻伐填之野者[2]，其咎短命亡，30下孫子毋(無)處[3]。31上

【校注】

[1] 帛書此處殘損嚴重，致文義不明，故僅將釋文列出而不作句讀。

"【□□□□□□□□□□□□□□】"之缺文字數暫從《集成》(2014：230)，共計十三字。

"遀"，原釋"隨"，從《集成》校改。

"【□□□】"之缺文字數暫從《集成》，共計三字。

"起"，原釋"起"，從《集成》校改。

"土攻"，從整理小組(1978：7)釋，讀爲"土功"。劉樂賢(2004：50)認爲是指治水築城之類與動土有關的工程。

劉樂賢懷疑此處是指其所在之處忌大興土功。《開元占經》卷三十八"填星行度二"引《尚書緯》説："氣在於季夏，其紀填星，是謂大静。無立兵，立兵，命曰犯命。奪人一畝，償以千金；殺人不當，償以長子。不可起土功，是謂犯天之常、滅德之光……"所載與帛書接近。謹按，此處亦不能排除是指土星所在之處宜大興土功的可能。《乙巳占》卷五"填星占第三十一"："言福佑信順，所

① 劉樂賢先生指出，此處"國其"應爲"其國"之倒。參看劉樂賢：《馬王堆天文書考釋》，廣州：中山大學出版社，2004年，第97頁。

② [日]川原秀成、宮島一彦：《五星占》，山田慶兒編《新發現中國科學史資料の研究・譯注篇》，第26頁。

在之國大吉之，爲聚衆土功，所在之分，成國君而兵强。”

［2］“攻伐填之野”，劉樂賢解釋爲“攻伐填星分野所在之國”。

［3］“孫子毋無處”，劉樂賢認爲是“子孫無處”，即子孫没有地方居住的意思。

【疏證】

3.5“土星名主三”中的土星所司事項，暫因帛書殘損嚴重而無法確知。從“加殃者”的描述文字“若用兵者、攻伐填之野者”看，此處似以土星司“兵”“殺”等事項。

傳世文獻則多以土星司“德”：

- 《史記·天官書》：曰中央土，主季夏，日戊、己，黄帝，主德，女主象也。
- 《開元占經》卷三十八“填星名主一”引石氏：填星，主季夏，主中央，主土，於日主戊己，是謂黄帝之子，主德。女主之象，定受而不受者爲失。填，其下之國可伐也，德者不可伐也；其一名地侯。
- 又引《春秋緯》：填星主德；德失，則宫室高台榭繁。故填星縮，火燒門；動，則水决江河破，凶。
- 又引《文曜鈎》：填星主德以正常，德失則罰出填星，二十四徵，以效存亡。

此外，傳世文獻還以土星司“信”或“女主”，兹從略。

關於五星所司事項的對比，詳見第二章《五星名主》。

本小節末句是説攻伐土星所在之國必將遭殃。類似説法，亦見於傳世文獻：

- 《開元占經》卷三十八“填星名主一”引吴龔《天官星占》：填星所居國有德，不可以兵加也。①

3.6　土星名主四

本小節所討論的文字位於《集成》圖版第 31 行，記載的是與土星對應的“時”“月位”“日”和“方位”。按照傳世星占類文獻的分類原則，應屬“名主”類。

① 劉樂賢：《馬王堆天文書考釋》，第 50 頁。

【釋文】

中央分土，其日戊己，月立(位)正中=(中[1]，中)國有之[2]。31上

【校注】

[1] “立”，從劉樂賢(2004：50)釋，讀爲“位”。

“正中”，川原秀成、宫島一彦(1986：25)指出，《淮南子·天文》曰：“日出于暘谷，浴于咸池，拂于扶桑，是謂晨明……至于衡陽，是謂隅中。至于昆吾，是謂正中。”劉樂賢認爲指太陽位於正中時的位置。

謹按，與五星相對應的“月位”，是按照月亮東升西落時“東方—隅中—正中—昳—西方”的順序排列的。此處謂“月位正中”，是以土星與正中對應。

[2] “中國”，劉樂賢釋爲“中央之國”。

【疏證】

3.6“土星名主四”記載内容的類似説法，見於以下傳世文獻：

- 《開元占經》卷三十八“填星名主一”引石氏：填星主季夏，主中央，主土，於日主戊己，是謂黄帝之子，主德，女主之象，宜受而不受者爲失。填，其下之國可伐也，德者不可伐也。其一名地侯。

- 又引《淮南子》：中央，土也，其帝黄帝，其佐后土，執繩而制四方，繩直也，其神爲填星，其獸黄龍，其音宫，其日戊己。

關於五星的“五行配屬”，傳世文獻亦有較爲系統的記載。相關討論，詳見第二章《五星名主》。

第四節 水 星 占

本節是《五星占》的第四部分，主要以水星爲占測對象，共由10個小節組成。

4.1 水星名主一

本小節所討論的文字位於《集成》圖版第32行，記載的是水星的“五行屬

性”，并分列與水星相應的“方位”和“帝”“丞”之名。按照傳世星占類文獻的分類原則，應屬“名主”類。

【釋文】

北方水[1]，其帝端（顓）玉（頊）[2]，其丞玄冥[3]，【其】神上爲晨（辰）星[4]。32上

【校注】

[1]“北方水”，劉樂賢（2004：51）指出，按照五行學説，北方屬水，故與水星（辰星）相配。

[2]“端玉”，從整理小組（1978：7）釋，讀爲“顓頊”。陳久金（2001：124）指出，《吕氏春秋·古樂》曰：“帝顓頊生自若水，實處空桑，乃登爲帝。”又《淮南子·天文》曰：“北方水也，其帝顓頊，其佐玄冥，執權而治冬。”又據《山海經·海内經》：“黄帝生昌意，昌意生韓流，韓流生顓頊。”從其所生若水及與黄帝的關係看，顓頊應該來自西方。五行家出於方位的考慮，將其配在北方。劉樂賢指出，帛書《刑德》乙本“刑德小游圖”有神名“湍玉”，也是“顓頊”的通假字，與《五星占》是類似情況。劉樂賢指出，端、顓二字皆从“耑”得聲，頊字從“玉”得聲，故“端玉”可以讀爲“顓頊”。顓頊，古代五方帝中之北方帝名。《淮南子·天文》：“北方，水也，其帝顓頊，其佐玄冥，執權而治冬。”高誘注：“顓頊，黄帝之孫，以水德王天下，號曰高陽氏，死托祀於北方之帝。”

[3]“玄冥”，陳久金指出即禺强。《山海經·海外北經》：“北方禺强，人面鳥身，珥兩青蛇，踐兩青蛇。”禺强爲北海之神，上古將其記作出自北方，一説夏民族之先祖，五行家將其配爲北方，作爲顓頊之佐。劉樂賢認爲是古代五方神中之北方神名。《淮南子·時則》：“北方之極……顓頊、玄冥之所司者萬二千里。”高誘注：“其神玄冥者，金天氏有適子曰昧，爲玄冥師，死而祀爲主水之神也。”

[4]“其”字原缺，整理小組據文義補。

“辰星”，陳久金指出，《天官書》曰：“免七命，曰小正、辰星、天欃、安周星、細爽、能星、鈎星。”郗萌曰：“辰星七名：小{正}、武星、天兔、安周、細爽星、能星、鈎星。”二説大同小異。席澤宗（2002：185）指出，中國古時平分周天爲十

二辰，每辰 30 度，而水星與太陽的角距離最大只有 28 度，不超過一辰，故名水星爲辰星。劉樂賢認爲即水星，太陽系八大行星之一。

謹按，除"神"以外，傳世文獻中亦見將水星與"使""精""子"搭配的説法，詳見 1.1"木星名主一"的"校注"部分。

【疏證】

4.1"水星名主一"所載内容類似説法，見於以下傳世文獻：

- 《開元占經》卷五十三"辰星名主一"引《淮南子》：北方水也，其帝顓頊，其佐玄冥，執權而治冬，其神爲辰星，其獸玄武，其音羽，其日壬癸。
- 又引《荆州占》：辰星，色太陰之精，黑帝之子，立冬，主北維，其國燕、趙，於日壬癸，其位卿相。①

關於五星的"五行配屬"，傳世文獻亦有較爲系統的記載。相關討論，詳見第二章《五星名主》。

4.2 水星名主二（水星行度一）（水星失行占一）

本小節所討論的文字位於《集成》圖版第 32 行，水星因在四時俱出，故可"主正四時"。其中，"春分效婁，夏至效輿鬼，秋分效亢，冬至效牽牛"是對水星運行規律的説明，應屬"行度"類；"正四時"是水星所主的事項，應屬"名主"類。末句還分别以水星"一時不出"與"四時不出"等特殊現象爲占，當屬"失行占"類。

【釋文】

主正四時，春分效婁[1]，夏至效【輿32上鬼[2]，秋分】效亢[3]，冬至效牽₌(牽牛)[4]。一時不出，其時不和└[5]；四時【不出】[6]，天下大饑。32下

【校注】

[1] "效"，鄭慧生(1995：200)釋爲"見"。劉樂賢(2004：51—52)認爲同"見"，是"出現"的意思。《史記・天官書》："其時宜效不效爲失，追兵在外不

① 劉樂賢：《馬王堆天文書考釋》，第 51 頁。

戰。"《正義》:"效,見也。言宜見不見,爲失罰之也。"

"婁",劉樂賢指出是二十八宿之一,參看《開元占經》卷六十二。

"春分效婁",劉樂賢認爲指辰星於春分之時出現在婁宿附近。

［2］"效"原缺釋,《集成》(2014：230—231)據殘存筆畫 釋出。

"輿鬼"二字原缺,《集成》據傳世文獻補。此處整理小組(1978：7)曾補作"井",劉樂賢曾補作"東井",《集成》指出,《淮南子・天文》:"辰星正四時,常以二月春分效奎、婁,以五月夏至效東井、輿鬼,以八月秋分效角、亢,以十一月冬至效斗、牽牛。"《開元占經》卷五十三"辰星行度二"引甘氏曰:"辰星是正四時,春分效婁,夏至效輿鬼,秋分效亢,冬至效牽牛。"將上引文與帛書對照,可知帛書此處應補"輿鬼"而不是"東井"或"井"。①

［3］"秋分"二字原缺,整理小組據傳世文獻補。

"亢",劉樂賢指出是二十八宿之一,參看《開元占經》卷六十。

"秋分效亢",劉樂賢認爲指辰星於秋分之時出現在亢宿附近。

［4］"牽牛",劉樂賢指出是二十八宿之一,參看《開元占經》卷六十一。

"冬至效牽牛",劉樂賢認爲指辰星於冬至之時出現在牽牛附近。

［5］"和",原釋"利",從劉樂賢校改。劉樂賢指出,帛書於"不"字之後已裂開,字迹有殘損,茲據文義和傳世文獻釋爲"其時不和"。

［6］"不出"二字原缺,劉樂賢據文義補。

【疏證】

4.2"水星名主二"是説水星因"春分效婁,夏至效輿鬼,秋分效亢,冬至效牽牛"在四時俱出,故可"主正四時"。② 關於"正四時",傳世文獻亦有類似説法:

---

① 以上説法最早見於劉釗、劉建民:《馬王堆帛書〈五星占〉釋文校讀札記(七則)》,《古籍整理研究學刊》2011年第4期,第33頁。劉先生指出,原整理小組及劉樂賢先生釋文補的"井"或"東井"是依據《淮南子》。帛書中辰星春分、秋分以及冬至出現的星宿都對應《淮南子》中辰星每時出現的第二個星宿。而夏至時,釋文卻補的是《淮南子》中辰星夏至時出現的第一個星宿,這種補法是不正確的。而《唐開元占經》則與帛書基本上是完全對應的。所以不管是據《淮南子》還是《唐開元占經》,帛書都應補"輿鬼",而不是"井"或"東井"。

② 席澤宗先生指出,二十八宿中的婁、井、亢、牛四宿爲當時春分、夏至、秋分和冬至時太陽所在的位置,也是水星所在的位置。反之,觀水星之所在,也可以定二分、二至時節,故曰"辰星主正四時"。參看席澤宗:《〈五星占〉釋文和注釋》,收入氏著《古新星新表與科學史探索》,西安:陝西師範大學出版社,2002年,第185頁。

• 《開元占經》卷五十三"辰星名主一"引巫咸：辰星主調和陰陽，節四時，效其萬物。辰星修，順之則喜，逆之則怒。

關於運行規律，這裏主要介紹了水星的"正四時之法"。所謂"正四時之法"，是指古人用來確定四時的方法。二分、二至是古人最早認識的節氣，因此與其所在的"四仲"一起成爲區分四時的重要標志。[①] 節氣本由太陽視運行的位置確定，但由於太陽自身過亮，其星宿背景難以被觀測到，因而古人是無法直接通過觀察太陽的位置來確定節氣的，而需要借助其他的方法。中國古代定四時的方法，主要有觀察黄昏星宿的出没、用土圭來觀測日影等。[②] 本小節所述的以水星正四時之法，亦爲方案之一。

水星之所以被古人選擇爲正四時之星，是因爲其視運行位置始終與太陽相近，可以用來指示太陽的位置。水星是距離太陽最近的"内行星"；[③]從地球觀測，它和太陽的最大夾角約爲 28°，而不及一"辰"。[④] 據《漢書・律曆志》所載，水星視運行速度爲"日行一度"，這正與太陽每日均行一度、一歲行一周天的規律一致。

既已明確古人以水星替代太陽正四時的原理，則可知以上文獻中的婁、輿鬼、亢、牽牛等宿不僅是水星四仲躔宿，也大體是太陽四仲躔宿。[⑤] 據與日躔有關的材料可知，[⑥]這些星宿正是太陽四仲所在。

關於水星的"正四時之法"，傳世文獻亦有多處記載：

(1)《淮南子・天文》：辰星正四時，常以二月春分效奎、婁，以五月夏至效東井、輿鬼，以八月秋分效角、亢，以十一月冬至效斗、牽牛。出以辰

① "四仲"是指四季中每季的第二個月。

② 陳遵嬀：《中國天文學史》，上海：上海人民出版社，1982 年，第 196—197 頁。

③ 五星之中，木星、火星、土星的繞日運行軌道在地球以外，稱爲"外行星"；金星與水星的繞日運行軌道在地球以内，稱爲"内行星"。

④ 古代稱 30 度爲一"辰"。關於"辰星"的命名原因，有一種説法即認爲是水星大距不及一辰。

⑤ 陳久金先生亦指出，婁宿、井宿、亢宿和牛宿，爲春分、夏至、秋分、冬至太陽所在位置。此處説爲辰星所效，主正四時，説明其四季都在太陽的周圍。參看陳久金：《帛書及古典天文史料注析與研究》，臺北：萬卷樓圖書股份有限公司，2001 年，第 125 頁。

⑥ 出土文獻主要包括九店楚簡《十二月宿位》，睡虎地秦簡"直心"篇、"除"篇、"玄戈"篇，放馬灘秦簡"星分度"篇、"天閻"篇，馬王堆帛書《出行占》，孔家坡漢簡"星官"篇、"直心"篇，北大漢簡《堪輿》《雨書》及汝陰侯墓的六壬式盘等；傳世文獻主要有《禮記・月令》《吕氏春秋・十二紀》《淮南子・天文》等。

戌,入以丑未,出二旬而入。晨候之東方,夕候之西方。①

(2)《史記·天官書》:〔辰星〕是正四時:仲春春分,夕出郊奎、婁、胃東五舍,爲齊;仲夏夏至,夕出郊東井、輿鬼、柳東七舍,爲楚;仲秋秋分,夕出郊角、亢、氐、房東四舍,爲漢;仲冬冬至,晨出郊東方,與尾、箕、斗、牽牛俱西,爲中國。其出入常以辰、戌、丑、未。

(3)《史記·天官書》:"察日辰之會。"《史記正義》引晋灼曰:"〔辰星〕常以二月春分見奎、婁,五月夏至見東井,八月秋分見角、亢,十一月冬至見牽牛。出以辰、戌,入以丑、未,二旬而入。晨候之東方,夕候之西方也。"②

(4)《開元占經》卷五十三"辰星行度二"引《春秋緯》:辰星出四仲,爲初紀,春分,夕出;夏至,夕出;秋分,夕出;冬至,晨出。其出常自辰戌入丑未。

(5)《開元占經》卷五十三"辰星行度二"引皇甫謐《年曆》:辰星春分立卯之月,夕效於奎、婁;夏至立午之月,夕效於東井;秋分立酉之月,夕效於角、亢;冬至立子之月,晨效於斗、牛。出以辰戌,入以丑未。

(6)《開元占經》卷五十三"辰星行度二"引《洛書》曰:春分二日,辰星在奎,晨見東方,十八日而晨入東方;夏至二日,辰星在井,晨見東方,十八日而晨入東方;秋分二日,辰星在氐,昏出西方,十九日而昏入西方;冬至二日,辰星在女,昏出西方,十九日而昏入西方。

(7)《開元占經》卷五十三"辰星行度二"引《淮南子》:辰星正四時,常以二月春分效奎、婁,以五月夏至效東井、輿鬼,以八月秋分效角、亢,以十一月冬至效斗、牛。出以辰戌,入以丑未;出二旬,而復入;晨候之東方,夕候之西方。

(8)《開元占經》卷五十三"辰星行度二"引石氏曰:辰星仲春春分,暮出奎、胃東五舍,爲齊;仲夏夏至,暮出東井、輿鬼、柳東七舍,爲楚;仲秋秋分,暮出角、亢、氐、房東四舍,爲漢中;仲冬冬至,晨出東方,與尾、箕、斗、

① ［日］川原秀成、宫島一彦:《五星占》,山田慶兒編《新發現中國科學史資料の研究·譯注篇》,第28頁。
② 同上。

牛俱出西方，爲中國。

(9)《開元占經》卷五十三“辰星行度二”引甘氏曰：辰星是正四時；春分效婁；夏至效輿鬼；秋分效亢；冬至效牽牛。其出東方也，行星四舍，爲日四十八日，其數二十日，而反入於東方；[①]其出西方也，行星四舍四十八日，其數二十日而反入於西方。

這些文獻大致可分爲兩類：A類文獻(2)(4)(5)(8)認爲水星在仲春、仲夏、仲秋夕出，而在仲冬晨出；B類文獻(1)(3)(7)(9)未對水星是晨星還是昏星予以區分。文獻(6)《洛書》則較爲特殊，認爲水星在仲春、仲夏是晨星，而在仲秋、仲冬是昏星。

以上文獻所載是否符合實際，可以通過將水星兩次出現相隔的時間與一季之時長(90餘天)進行比較來判斷。水星兩次出現相隔的時間雖未直接見載於這些文獻，但可據稍晚文獻所載推算而知。目前所見最早詳細記録水星行度的文獻應爲《漢書・律曆志》：

水，晨始見，去日半次。……凡見二十八日。……伏，……三十七日一億二千二百二萬九千六百五分。……夕始見，去日半次。……凡見二十六日。……伏，……二十四日。……一復，百一十五日一億二千二百二萬九千六百五分。行星亦如之，故曰日行一度。

據《漢書・律曆志》可知，水星晨出時間爲28日，而後的伏行時間約爲38日，昏出時間約爲26日，而後的伏行時間約爲24日。盧央先生亦據此指出，晨始見至伏行畢共65日多，夕始見至伏行畢共50日，水星一個會合周期之日數共計115日多(115.910 1日)，這與今測值115.878日只差0.032日。[②]

《五星占》等文獻時代較早，其觀測水平尚不及後世文獻，認爲水星“出二旬而入”，是以晨出與夕出的時長皆爲20日。現據《漢書・律曆志》可知，水星一個會合周期的日數約爲116日，推算伏行時間應約爲45日和31日。所以，

① [日]川原秀成、宮島一彦：《五星占》，山田慶兒編《新發現中國科學史資料の研究・譯注篇》，第28頁。

② 盧央：《中國古代星占學》，北京：中國科學技術出版社，2007年，第424—425頁。

水星每次出現相隔的時間，亦即從晨入到下次晨出的時間，或從夕入到下次夕出的時間，應爲 96 日左右。

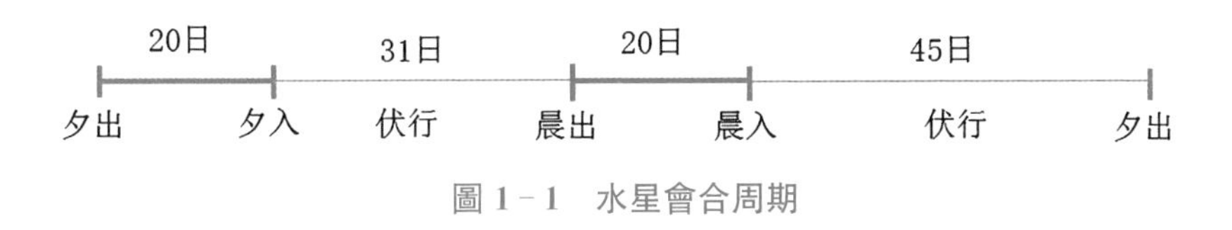

圖 1－1　水星會合周期

現在將此數據與一季之時長進行比較，可發現理論上大概只有以下這一種情況，可使水星在仲春、仲夏、仲秋夕出，而在仲冬晨出：

表 1－5　水星"正四時之法"

時間節點	水星視運行階段
仲春首日	夕入
96 日後的仲夏五、六日	夕出
20 日後的仲夏二十五、六日	夕入
96 日後的仲秋尾日	夕出
20 日後的孟冬二十日	夕入
31 日後的仲冬二十一日	晨出
20 日後的季冬十日	晨入

在此情況下，水星在仲春首日、仲夏的多數時間、仲秋最後一日作爲昏星出現於西方，并在仲冬的下旬作爲晨星出現於東方，這正符合 A 類文獻所載。但若將這一日期推遲或延後若干日，則無法保證水星能夠在春、夏、秋的仲月全部作爲昏星出現於西方。因此，B 類文獻所載内容，即水星在仲春、仲夏、仲秋夕出，而在仲冬晨出，只是一種特殊情況，并不會經常發生。

值得注意的是，文獻(4)《春秋緯》有"爲初紀"三字。"初紀"，亦作"上元"，爲我國古代多數曆法的假想元年，是曆法計算與五星推步的起點。《史記正義》曰："其紀上元，是星古曆初起上元之法也。"據文獻所載，在初紀的冬至，日、月、五星俱起於牛宿；而在立春，日、月、五星俱在室宿。如《淮南子・天文》曰："天一元始，正月建寅，日月俱入營室五度。天一以始建七十六歲，日月復以正月入營室五度無餘分，名曰一紀。"《開元占經》卷五十三"辰星行度二"引《洪範五行傳》曰："辰星以上元甲子歲，十一月甲子朔旦，冬至夜半甲子時，與日月五星俱起牽牛前五度，右行，迅疾，常與日月相隨，見於四仲，以正四時，歲一周天。"從冬至到定點日仲月首日約爲 70 日，這與水星從晨出到夕出畢的時間大體相合。因此，B 類文獻所載内容是只在初紀發生的特殊情況。

實際上，隋唐以後的天文文獻已指出早期文獻之誤，認識到水星并不會在四仲俱出。如《開元占經》卷五十三"辰星行度二"曰："舊説皆云辰星效四仲，以爲謬矣。"學者亦從地平高度對觀測水星的影響出發，認爲水星完全可能在四仲看不到。①

但即便如此，水星還是有很大概率在四仲出現的。清人錢塘指出："（水星）兩見八十日，餘即兩伏日，伏皆十七日有奇，而見歲有六見伏有奇，則四仲月俱得有辰星，故可以正四時。"②當水星出現於四仲之時，即可通過水星躔宿判斷太陽的位置，從而達到"正四時"的目的。

根據以上的討論，所謂水星"正四時之法"并非源於實測，而應是在傳抄過程中逐漸形成的。其中，《春秋緯》的 A 類文獻可能是在傳抄過程中丢失了底本中"初紀"一類的語句，B 類文獻則是在 A 類文獻的基礎上省改而成，《洛書》則可能是在傳抄過程中將其中一處"晨入"誤作"昏入"。

至於以上文獻關於水星常在二分、二至出現的記載，亦應是在傳抄過程中形成的。既然水星在四仲月出現都只存在理論上的可能，那在二分、二至出現就更不會發生。

---

① 紐衛星：《張子信之水星"應見不見"術及其可能來源》，載江曉原、紐衛星：《天文西學東漸集》，上海：上海書店出版社，2001 年，第 187—203 頁；陳鵬：《"辰星正四時"暨辰星四仲躔宿分野考》，《自然科學史研究》2013 年第 1 期，第 1—12 頁。

② 錢塘：《淮南天文訓補注》，載劉文典：《淮南鴻烈集解》，北京：中華書局，1989 年，第 794 頁。實際上，雖然錢塘"四仲月俱得有辰星"之説可以成立，但"兩見八十日"的時間過長，亦有可商之處。據上文所引《五星占》《漢書・律曆志》等文獻所述，以古人的觀測水平，水星的出現時長少則不到二十日，多則二十八日，遠不及四十日。

此外,占辭末句還分别以水星"一時不出"與"四時不出"等特殊現象爲占,類似説法,亦見於傳世文獻:

- 《淮南子·天文》:一時不出,其時不和;四時不出,天下大饑。[①]
- 《史記·天官書》:一時不出,其時不和;四時不出,天下大饑。[②]
- 《漢書·天文志》:一時不出,其時不和;四時不出,天下大饑。[③]
- 《開元占經》卷五十三"辰星名主一"引《荆州占》:辰星主内謀,天下有急,一時憂出。
- "辰星行度二"引《洪範五行傳》:丞相之象,一歲一周。出以四仲,天下和平;不出四仲,灾變生,人民大飢,穀不榮,陰陽错亂,國家傾,冬温夏寒,害傷人。
- "辰星盈縮失行五"引巫咸:辰星一時不出,其時不和,兵起;二時不出,二時不和,一曰名水大出;三時不出,三時不和,兵甲大起;四時不出,天下大飢,有决水流,殺人民。[④]
- 又引巫咸:辰星春不見,期百八十日,大風髮屋折木,秋不實,不見婁,長稼傷,乃見彗星;辰星夏不見,期百六十日,旱,冬則不藏,不見輿鬼,中稼傷,乃見月食;辰星秋不見,期百八十日,有兵不見亢,樨稼傷;辰星冬不見,期百八十日,陰雨六十日,有流民,夏則不長,不見牽牛,民大流。
- 又引《荆州占》:辰星不以時效者,用刑罰不中。辰星一時不效,其時不和;二時不效,風雨不適;三時不效,水旱不調;四時不效,王者憂綱紀,天下飢荒,人民流亡去其鄉。[⑤]
- 又引《荆州占》:辰星春不見,期百日,必有暴風疾雨,而傷苗稼;夏不見,爲旱、飢,期九十日,有流民;秋不見,期六十日,大水;冬不見,五穀不藏,人民流亡;四時俱不見,河海決波。

---

① 席澤宗:《〈五星占〉釋文和注釋》,收入氏著《古新星新表與科學史探索》,西安:陝西師範大學出版社,2002年,第185頁。
② 同上。
③ 同上。
④ 劉樂賢:《馬王堆天文書考釋》,第52頁。
⑤ 同上。

4.3 水星失行占二

本小節所討論的文字位於《集成》圖版第 32—33 行，是以水星早於常時或晚於常時出現爲占。按照傳世星占類文獻的分類原則，應屬"失行占"類。

【釋文】

其出蚤（早）於時爲32下月飤（蝕）[1]，其出免（晚）於時爲天夭（妖）【及】慧（彗）星[2]。33上

【校注】

[1] "蚤"，從整理小組（1978：7）釋，讀爲"早"。

"飤"，原釋"蝕"，從《集成》（2014：230—231）校改。

[2] "免"，原釋"晚"，從劉樂賢（2004：52）校改，讀爲"晚"。

"天夭"，原釋"天失"，從鄭慧生（1995：199）、劉樂賢校改。劉樂賢指出，"天"後一字下部略殘，但仍可看出應爲"夭"字。從傳世文獻看，應爲"天夭"。天夭，古書或作"天袄""天妖"。

"慧"，原釋"彗"，從《集成》校改。《集成》指出，據此字殘筆，可知此字是"慧"。《五星占》中表示"彗"字，用"槥"或"慧"，無直接作"彗"者。

【疏證】

4.3"水星失行占二"的類似占文亦見於 5.4"金星失行占一"，可以參看。類似説法，亦見於傳世文獻：

- 《史記·天官書》：其蚤，爲月蝕；晚，爲彗星及天夭。①
- 《漢書·天文志》：出蚤爲月食，晚爲彗星及天袄。②
- 《開元占經》卷五十三"辰星盈縮失行五"引《海中占》：辰星出四孟，爲月食；出四季，彗星。③

---

① ［日］川原秀成、宫島一彦：《五星占》，山田慶兒編《新發現中國科學史資料の研究·譯注篇》，第 28 頁。

② 同上。

③ 劉樂賢：《馬王堆天文書考釋》，第 52 頁。

4.4　水星失行占三

本小節所討論的文字位於《集成》圖版第 33 行，是以水星不當其時出現爲占。按照傳世星占類文獻的分類原則，應屬"失行占"類。

【釋文】

其出不當其效[1]，其時當旱反雨，當雨反旱；【當温33上反寒[2]，當】寒反温[3]。33下

【校注】

[1]"其出不當其效"，劉樂賢（2004：53）認爲指辰星在不應該出現的時候出現，即古書所謂"辰星失其時而出"。

[2]"當温反寒"四字原缺，據整理小組（1978：7）傳世文獻補。

[3]"當"字原缺，據整理小組傳世文獻補。

【疏證】

4.4"水星失行占三"所載的類似説法，亦見於傳世文獻：

- 《史記・天官書》：其時宜效不效爲失，追兵在外不戰。
- 《史記・天官書》：失其時而出，爲當寒反温，當温反寒。①
- 《漢書・天文志》：失其時而出，爲當寒反温，當温反寒。②
- 《晋書・天文志》：和陰陽，應效不效，其時不和。出失其時，寒暑失其節，邦當大饑。
- 《開元占經》卷五十三"辰星盈縮失行五"引《元命包》：刑失則簡宗廟，廢祭祀，故辰星不以時出，當寒反温，四時錯政。③
- 又引《春秋緯》：辰星失其時而出，當寒反温，當温反寒。政反，清濁同倫也。④

---

① 席澤宗：《〈五星占〉釋文和注釋》，收入氏著《古新星新表與科學史探索》，西安：陝西師範大學出版社，2002 年，第 185 頁。

② 同上。

③ ［日］川原秀成、宮島一彦：《五星占》，山田慶兒編《新發現中國科學史資料の研究・譯注篇》，第 28 頁。

④ 同上。

- 又引《荆州占》：辰星出不待其時，當水反旱，當旱反水。
- 又引《荆州占》：……辰星不效四仲，則春多苦雨，夏多淒風；當温反寒，當寒反温；陰陽不和，五穀不成。
- 又引《荆州占》：辰星出四季，有破軍。①

此外，傳世文獻中還有以水星當其時而不出現爲占的占辭：

- 《漢書・天文志》：當出不出，是謂擊卒，兵大起。
- 《晋書・天文志》：當出不出，是謂擊卒，兵大起。
- 《開元占經》卷五十三“辰星盈縮失行五”引《春秋緯》：辰星其時宜效而不效，爲失律，天下有兵不出，兵在外不戰。
- 又引《春秋緯》：辰星三時不出，兵甲大起；四時不出，天下更政。
- 又引石氏：辰星當出而不出，謂之擊，卒伏而待，兵大起，豪傑發。

4.5 水星失行占四

本小節所討論的文字位於《集成》圖版第 33 行，是以水星出現在房、心二宿之間的失行狀況爲占。按照傳世星占類文獻的分類原則，應屬“失行占”類。

【釋文】

其出房、心之閒[1]，地盼（變）勭（動）└[2]。33 下

【校注】

[1] “房”，劉樂賢（2004：53）指出是二十八宿之一，參看《開元占經》卷六十。

“心”，劉樂賢指出是二十八宿之一，參看《開元占經》卷六十。

[2] “地盼勭”，從王挺斌釋，讀爲“地變動”。劉釗先生認爲此字應釋爲“䀜”，讀爲“脉”。字并不是“盼”字，而是“䀜”字。在漢代簡帛文字中，“𠂢”旁常常寫得與“分”形近，“䀜”“盼”兩字字形相近致訛。“地䀜”又稱“地

① ［日］川原秀成、宮島一彦：《五星占》，山田慶兒編《新發現中國科學史資料の研究・譯注篇》，第 28 頁。

絡”，即大地的肌理、脈絡。“地脈動”，就是典籍中常見的“地動”，也就是指“地震”。地震是指由於地球内部的變動引起的地殼的急劇變化和地面的震動。[①]劉樂賢認爲此字仍應釋爲“盼”，似可讀爲“斖”。《玉篇·斖部》：“斖，動也。”《春秋左傳·襄公二十六年》：“夫小人之性，斖於勇……”注：“斖，動也。”地盼動，是“地動”的意思。王挺斌先生指出，帛書《五星占》上該處確實是“盼”字。該字寫作，馬王堆帛書《經法》“分”字寫作，銀雀山漢簡“分”字寫作、、等形。比較可知，當从“分”，釋爲“盼”。“盼動”當讀爲“變動”。“盼”从分聲，古音在滂母文部，“變”从䜌聲，古音在幫母元部，聲韻皆近。結合通假例證，二字是可以相通的。從馬王堆帛書的字詞習慣上看，對一個曾出現過的字，後用另外一個假借字來表示該字所代表的詞，這種情況是正常的。“地盼動”即“地變動”，可以叫作“地動”或“地變”。“地動”一詞比較常見，現代漢語中還在使用。至於“地變”，申培《詩説·小正傳》：“幽王之時，天變見於上，地變動於下。”《漢書·翼奉傳》：“天變見於星氣日蝕，地變見於奇物震動。”帛書的“地盼動”就是大地變動，亦即地震。“變動”其實是一個同義複詞，“地變動”的含義，與“地動”或“地變”是一樣的。[②]

【疏證】

4.5“水星失行占四”所載占文的類似説法，亦見於傳世文獻：

- 《史記·天官書》：出房、心閒，地動。[③]
- 《漢書·天文志》：出於房、心間，地動。[④]
- 《晋書·天文志》：在於房、心間，地動。
- 《開元占經》卷五十四“辰星犯房四”引郗萌：入守房、心間，地動。[⑤]

---

① 劉釗：《馬王堆漢墓簡帛文字考釋》，《語言學論叢》第28輯，北京：商務印書館，2003年，第84—92頁；後收入氏著《古文字考釋叢稿》，長沙：嶽麓書社，2005年，第331—345頁；《〈馬王堆天文書考釋〉注釋商兑》，《簡帛》第2輯，上海：上海古籍出版社，2007年，第501—508頁；後收入氏著《書馨集——出土文獻與古文字論叢》，上海：上海古籍出版社，2013年，第128—137頁。

② 王挺斌：《説馬王堆帛書〈五星占〉的“地盼動”》，《簡帛》第11輯，上海：上海古籍出版社，2015年，第185—190頁。

③ ［日］川原秀成、宫島一彦：《五星占》，山田慶兒編《新發現中國科學史資料の研究·譯注篇》，第28頁。

④ 同上。

⑤ 同上。

4.6 水星行度二(水星失行占五)

本小節所討論的文字位於《集成》圖版第 33—34 行，以水星出現在四仲爲常態。按照傳世星占類文獻的分類原則，應屬"行度"類；又以水星出現在四孟和四季爲不常，并以之爲占，故又屬"失行占"類。

【釋文】

其出四中(仲)[1]，以正四時，經也[2]；其上出四33下孟[3]，王者出[4]；其下出四季[5]，大秏(耗)敗└[6]。34上

【校注】

[1] "四中"，從整理小組(1978：7)釋，讀爲"四仲"。陳久金(2001：125)指出爲一季之中間月。席澤宗(2002：186)指出，二、五、八、十一月爲四仲。劉樂賢(2004：53)認爲指四季的第二個月，即春季的二月、夏季的五月、秋季的八月、冬季的十一月等四月。

[2] "經"，從劉樂賢釋爲恒常、常態。

[3] "四孟"，陳久金指出爲一季之初月。席澤宗指出，正月、四月、七月、十月爲四孟。劉樂賢認爲指四季的頭一個月，即春季的正月、夏季的四月、秋季的七月、冬季的十月等四月。

[4] "王者出"，劉樂賢認爲指有行王道的君主出現。

[5] "四季"，陳久金指出爲一季之三月。席澤宗指出，三、六、九、十二月爲四季。劉樂賢認爲指四季的最後一個月，即春季的三月、夏季的六月、秋季的九月、冬季的十二月等四月。

[6] "大秏敗"，從整理小組釋，讀爲"大耗敗"。

【疏證】

4.6"水星行度二"記載占文的類似説法，亦見於傳世文獻：

- 《開元占經》卷五十三"辰星行度二"引巫咸：辰星出四仲，以正四時；出孟，天下大亂，更王；出四季，彗星出，有敗國。一曰，諸侯

不反命。[①]

- 《開元占經》卷五十三"辰星盈縮失行五"引《荆州占》：辰星亂行，甲兵鏘鏘，上見四孟，改政易王；見於四仲，陰陽和，五穀成；下見四季，寇賊相望，政失綱。[②]

以水星在四仲出現爲占的占辭，亦見於以下文獻：

- 《開元占經》卷五十三"辰星行度二"引《孝經援神契》：辰星出仲，德和柔。

以水星在四孟出現爲占的占辭，亦見於以下文獻：

- 《開元占經》卷五十三"辰星盈縮失行五"引巫咸：辰星上出四孟，天下亂。一曰，天下更王。[③]
- 又引石氏：辰星出孟月，天子尊師習兵，有殺謀。
- 又引《洪範五行傳》：辰星出孟，易王之表也。漢高三年，辰星出四孟，後二年，漢滅楚也。[④]

據《洪範五行傳》所載，4.6 以水星在四孟出現的占測結果"王者出"，或即源於公元前 202 年漢滅楚之史實。

以水星在四季出現爲占的占辭，亦見於以下文獻：

- 《開元占經》卷五十三"辰星盈縮失行五"引巫咸：辰星出四季，敗國。
- 又引《荆州占》：辰星出四季，有破軍。

4.7 水星行度三(水星失行占六)

本小節所討論的文字位於《集成》圖版第 34 行，是以水星每次出現在二十日爲常。按傳世文獻的分類原則，應屬"行度"類；又以超過二十日爲不常，應

---

① ［日］川原秀成、宫島一彦：《五星占》，山田慶兒編《新發現中國科學史資料の研究・譯注篇》，第 29 頁。

② 劉樂賢：《馬王堆天文書考釋》，第 54 頁。

③ 同上。

④ 同上。

屬"失行占"類。

【釋文】

凡是星出廿(二十)日而入,經也[1]。【出】廿(二十)日不入[2],【□□】[3]。34上

【校注】

[1] "經",劉樂賢(2004：54)釋爲恒常、常態。

[2] "出"字原缺,《集成》(2014：231)據文義補。《集成》指出,"也"字末拖筆較長,延至"廿"之間。實際上只殘去了一個字,據文意可補一"出"字。

[3] "【□□】"之缺文字數暫從整理小組(1978：7),共計二字。

【疏證】

4.6"水星行度三"與水星的會合周期有關。席澤宗(2002：186)指出,據近代天文學統計,水星從出到入所經歷的時間,最長可以到四十幾天,最短到二十天,故曰"凡是星出二十日,經也"。謹按,水星的出現時間較短,是因爲它是距離太陽最近的"内行星";從地球觀測,它和太陽的最大夾角約爲28°。

關於"出二十日而入,經也",傳世文獻亦見類似説法：

- 《史記・天官書》：其出東方,行四舍四十八日,其數二十日,而反入于東方;其出西方,行四舍四十八日,其數二十日,而反入于西方。①
- 《開元占經》卷五十三"辰星行度二"引甘氏：辰星是正四時,春分效婁,夏至效輿鬼,秋分效亢,冬至效牽牛。其出東方也,行星四舍,爲日四十八日,其數二十日,而反入於東方;其出西方也,行星四舍四十八日,其數二十日,而反入於西方。②

4.8 五星相犯占三

本小節所討論的文字位於《集成》圖版第34—37行,是以水星與金星相犯

① [日]川原秀成、宫島一彦：《五星占》,山田慶兒編《新發現中國科學史資料の研究・譯注篇》,第29頁。

② 同上。

或相合爲占。按照傳世星占類文獻的分類原則,應屬“相犯占”類。

【釋文】

【辰星】與它星遇而斲(鬬)[1],天下大乳(亂)[2]。其入大白之中,若痲(摩)近繞環之[3],爲大戰,趮(躁)勝34下靜也[4]。辰星廁(側)而逆之[5],利;廁(側)而倍(背)之[6],不利。曰大鏊[7],是一陰一陽[8],與【□□□[9]。其陽而35上出於東方[10],唯其□[11]】,侯王正卿[12],必見血兵[13],唯過章=(章章)[14],其行必不至巳[15],而反入於東方。35下其見(現)而遬(速)入[16],亦不爲羊(祥)[17],其所之[18],候(侯)王用昌└。其陰而出於西方,唯其【□[19],侯王正36上卿[20],必見血】兵[21],唯過彭=(彭彭)[22],其行不至未[23],而反入西方。其見(現)而遬(速)入[24],亦不爲羊(祥)[25],其所36下之[26],候(侯)王用昌└。曰失匿之行,壹進退[27],無有畛極└[28],唯其所在之國【□□□□□□□37上□】甲其長[29]。37下

【校注】

[1] “辰星”二字原缺,今據文義及傳世文獻補。謹按,《漢書·天文志》謂“與它星遇而鬬,天下大亂”,即以水星與它星相遇而鬬爲占。據此,缺文可補作“辰星”。

“與它”二字原缺釋,《集成》(2014:231)據殘存筆畫、釋出。

“它星”,劉樂賢(2004:54—56)指出,《漢書·天文志》:“與它星遇而鬬,天下大亂。”顔注引晋灼曰:“祆星彗孛之屬也,一曰五星。”

“遇而”二字原缺釋,《集成》據殘存筆畫、釋出。

“斲”,從整理小組(1978:7)釋,讀爲“鬬”。劉樂賢認爲指星體相擊。《開元占經》卷六十四“順逆略例五”引石氏:“相陵爲鬬。”又引韋昭:“星相擊爲鬬。”

[2] “乳”,《集成》指出此字左側作从“爪”从“子”,與“哺乳”之“乳”無關。

[3] “痲”,原釋爲“麻”,《集成》今從校改,從劉樂賢釋,讀爲“磨”或“靡”。劉樂賢指出,《開元占經》卷六十四“順逆略例五”引甘氏:“相切爲磨。”又引石氏:“相至爲磨。”又引甘氏:“去之寸爲靡。”

“繞環”，劉樂賢指出上文又作“環繞”。《乙巳占》卷三“占例第十六”：“環者，星行繞一周。繞者，環而不周。”

“之”，劉樂賢認爲這裏指太白。

［4］“趮”，從整理小組釋，讀爲“躁”。

關於“躁”與“静”，劉樂賢指出，《五星占》“金星”中，“【其】趮而能去就者，客也；其静而不能去就者，【主也】”（第28行）。其“趮”“静”，分别指屬於客方和主方的行星。從文義看，這裏的“趮”和“静”可能是直接指作戰時的客方和主方。“趮勝静”，大概就是客勝主的意思。《集成》指出，據帛書金星占測部分的文字，躁星指“能去就者”，静星指“不能去就者”，這也是區分主、客星的標準。

［5］“廁”原釋“厠”，從《集成》校改，讀爲“側”。

“逆”，釋爲“迎”。《説文解字》：“逆，迎也。从辵，屰聲。關東曰逆，關西曰迎。”辰星側而逆之，指辰星從側面迎向太白。

［6］“倍”，從整理小組釋，讀爲“背”。劉樂賢指出，與“逆”相對。側而倍背之，指辰星從側面背對太白。

［7］“曰”，原釋“日”，從劉樂賢校改。

“鎣”，席澤宗（2002：186）認爲音熒，磨金器令光澤也，見《正字通》。

“大鎣”，劉樂賢認爲，從文例看，似是一個描述辰星干犯太白情形的術語，惜具體含義無從考證。

“曰大鎣”，與下文“曰失匿之行”用法相類。

［8］“一陰一陽”，劉樂賢指出，可能是指辰星和太白。從傳世文獻看，辰星和太白都屬“陰”（參看《開元占經》卷十九、卷二十），與帛書不合。按，傳世文獻講五星陰陽，主要是從其所對應的分野位置立論。這裏所説，可能是從其對應的五行而言。辰星屬水，水爲至柔之物，故可稱“陰”。太白屬金，金是至剛之物，故可稱“陽”。

［9］“【□□□】”之缺文字數暫從《集成》，共計三字。

［10］“其陽而出於東方”七字原缺，鄭慧生（1995：199）據文義補。

［11］“唯”字原缺，鄭慧生據文義補。

“其”字原缺，今據文義補。

“【□】”之缺文字數暫從《集成》，共計一字。

［12］“正卿”，劉樂賢認爲指當權之卿。

“侯王正卿”，劉樂賢認爲即王侯卿相，泛指執政掌權者。

［13］“見血兵”，劉樂賢認爲指遇見血兵之灾。

［14］“章章”，席澤宗釋爲“明著”。《後漢書・循吏傳》序：“斯其績用之最章章者也。”劉樂賢指出或作“彰彰”，形容顯著的樣子。《荀子・法行》：“故雖有珉之雕雕，不若玉之章章。”

［15］“巳”，席澤宗指爲南偏東30度。

“其行必不至巳”，劉樂賢認爲是説辰星必定不會運行至巳位。下文有“其行不至未”，與此用法相類。

［16］“見”，從劉樂賢釋，讀爲“現”，與“入”相對。

“遬”，原釋“速”，從《集成》校改，讀爲“速”。

［17］“羊”，從整理小組釋，讀爲“祥”。劉樂賢認爲是指吉凶之兆。《春秋左傳・僖公十六年》：“是何祥也？吉凶焉在？”杜預注：“祥，吉凶之先見者。”

［18］“之”，從劉樂賢釋爲“往”或“至”。《爾雅・釋詁》：“之，往也。”《玉篇・之部》：“之，至也，往也。”

［19］“【□】”之缺文字數暫從《集成》，共計一字。

［20］“侯王正卿”四字原缺，鄭慧生據文義補。

［21］“必見”二字原缺，鄭慧生據文義補。

“血”字原缺，今據文義補。

“兵”字原缺釋，《集成》據反印文釋。

［22］“彭彭”，席澤宗釋爲“盛”。劉樂賢認爲是形容行走的樣子。《詩・大雅・柔民》：“四牡彭彭，八鸞鏘鏘。”鄭箋：“彭彭，行貌。”

［23］“未”，席澤宗指爲南偏西30度。

“其行不至未”，劉樂賢認爲是説辰星不會運行至未位。

［24］“見”，從劉樂賢讀爲“現”，與“入”相對。

［25］“羊”，原釋“年”，從劉樂賢校改。劉樂賢指出，從照片看，其寫法與上文“亦不爲羊（祥）”的“羊”一致，故改釋爲“羊”。

［26］“之”，從劉樂賢釋爲“往”或“至”。《爾雅・釋詁》：“之，往也。”《玉篇・之部》：“之，至也，往也。”

［27］“壹進退”，從劉樂賢釋爲同進退。

［28］“畛”，從劉樂賢釋爲界限。

“極”，從劉樂賢指邊界或邊際。

“畛極”，從劉樂賢似是邊界的意思。

［29］帛書此處殘損嚴重，致文義不明，故僅將釋文列出而不作句讀。

“【□□□□□□□□】”之缺文字數暫從整理小組，共計八字。

【疏證】

4.8“五星相犯占三”有較强的體系性，能夠獨立成段，亦可命名爲“金水合占”。其中，“大鎣”一詞是專門指稱水星與金星相犯、相合的星占術語。相關討論，詳見第三章中《談馬王堆帛書〈五星占〉中的“大鎣”及相關問題》。

4.9 水星名主三

本小節所討論的文字位於《集成》圖版第37行，記載的是與水星對應的“時”“月位”“日”和“方位”。按照傳世星占類文獻的分類原則，應屬“名主”類。

【釋文】

其時冬，其日壬癸，月立（位）西方[1]，北方國有之[2]。37下

【校注】

［1］謹按，與五星相對應的“月位”，是按照月亮東升西落時“東方—隅中—正中—昳—西方”的順序排列的。此處謂“月位西方”，是以水星與西方對應。

［2］“北方國”，劉樂賢（2004：56）指北方之國。

【疏證】

4.9“水星名主三”記載占文內容的類似説法，見於以下傳世文獻：

- 《開元占經》卷五十三“辰星名主一”引《淮南子》：北方水也，其帝顓頊，其佐玄冥，執權而治冬，其神爲辰星，其獸玄武，其音羽，其日壬癸。
- 又引《荆州占》：辰星色，太陰之精，黑帝之子，立冬主北維，其國燕、趙，於日壬癸，其位卿相。

關於五星的“五行配屬”，傳世文獻亦有較爲系統的記載。相關討論，詳見

第二章《五星名主》。

4.10　水星名主四

本小節所討論的文字位於《集成》圖版第 37—38 行，介紹了水星所司的事項，并列舉了與水星相對應的“加殃者”“咎”。按照傳世星占類文獻的分類原則，應屬“名主”類。

【釋文】

主司失德，不順者37下【□】駕(加)之央(殃)[1]，其咎失立(位)[2]。38上

【校注】

[1] “【□】駕之央”四字原缺，《集成》(2014：231)據圖版釋。

[2] “其咎失立”四字原缺，《集成》據圖版釋。①

【疏證】

4.10“水星名主四”主要講水星司“德”，而傳世文獻多以水星司“刑”：

- 《史記・天官書》：刑失者，罰出辰星。
- 《晉書・天文志》：又曰，軍於野，辰星爲偏將之象，無軍爲刑事。
- 《晉書・天文志》：又曰，蠻夷之星也，亦主刑法之得失。
- 《乙巳占》卷六“辰星占第三十七”：爲刑獄、險阻，故辰星主刑獄。
- 《開元占經》卷二十三“歲星名主一”引《荊州占》：人君之象，天子執政，主刑；刑失者，罰出辰星之易是也。
- 又引《荊州占》：辰星主内謀，天下有急，一時憂出。辰星主刑罰，王者殺無辜，好暴逆，簡宗廟，重徭役，逆天時，則辰星伏而不效。主恩寬，赦有罪，輕徭役、賦斂，賑貧窮，調陰陽，和四時，則星效于四仲，天下和平，

① 劉釗、劉建民先生指出，劉樂賢先生曾對《五星占》的圖版進行過比較大的調整，即將原圖版第 17 行至 38 行文字調整到缺失的第 60 行之後，與第 61 行拼接。經核對後發現，所謂缺失的第 60 行實際上是存在的，就是第 17 行之前的第 16 行上半拼綴的一塊殘片。此殘片本應與第 17 行連在一起的，劉先生在調動第 17 至 38 行這一整塊時，將這一小殘片落在第 16 行下了。在現在的釋文中，此片的文字(共 7 字)是放在第 16 行下的，文意不通：“其出而易位，□□□□加之殃，其咎失位。”若將這 7 字放回到第 59 行之後，則文意通順，且符合帛書行文的體例。參看劉釗、劉建民：《馬王堆帛書〈五星占〉釋文校讀札記(七則)》，《古籍整理研究學刊》2011 年第 4 期，第 33—34 頁。

灾害不生。

• 又引《荆州占》：辰星主刑獄。法官及廷尉人君宰相之治，重刑罰，惰法令，殺無罪，戮不辜，棄正法，貨賂上流，則辰星不效度，不時節，法官憂。

• 又引《荆州占》：有軍於野，辰星爲偏將之象；無軍於野，辰星爲刑事之象。①

• 又引《荆州占》：辰星主德，燕、趙、代以北，宰相之象。②

關於五星所司事項的對比，詳見第二章《五星名主》。

第五節　金星占

本節是《五星占》的第五部分，主要以金星爲占測對象，共由 50 個小節組成。

5.1　金星名主一

本小節所討論的文字位於《集成》圖版第 39 行，記載的是金星的“五行屬性”，并分列與金星相應的“方位”和“帝”“丞”之名。按照傳世星占類文獻的分類原則，應屬“名主”類。

【釋文】

西方金[1]，其帝少浩（皞）[2]，其丞蓐收[3]，其神上爲大白[4]。39 上

【校注】

[1]“西方金”，劉樂賢（2004：57）指出，按照五行學説，西方屬金，故與太白（金星）相配。

[2]“少浩”，從劉樂賢釋，讀爲“少皞”。陳久金（2001：114）指出，《淮南子·天文》許慎注曰：“少昊，黄帝之子青陽也。以金德王，號曰金天氏，死托祀於西方之帝。”其實，將少昊配五行四方，只是戰國時五行家所爲。《左傳·昭公十七年》曰：“少皞摯之立也，鳳鳥適至，故紀於鳥，爲鳥師而鳥名。”他屬於東夷太浩文化

① 劉樂賢：《馬王堆天文書考釋》，第 57 頁。
② 同上。

影響之下的以鳥爲圖騰的南方民族。劉樂賢認爲或作“少昊”，古代五方帝中的西方帝名。《淮南子·天文》：“西方，金也，其帝少昊，其佐蓐收，執矩而治秋。”高誘注：“少昊，黄帝之子青陽也，以金德王，號曰金天氏，死托祀於西方之帝。”

［3］“蓐收”，陳久金指出，《國語·晋語》韋昭注曰：“少昊有子曰該，爲蓐收。”《淮南子·天文》曰：“西方金其帝少皞，其佐蓐收。”均説蓐收是少浩的屬臣。劉樂賢認爲是古代五方神中的西方神名。《淮南子·時則》：“西方之極……少皞、蓐收之所司者萬二千里。”高誘注：“蓐收，金天氏之裔子曰脩，死祀爲金神也。”

［4］“大白”，陳久金指出，石氏曰：“太白者，大而能白，故曰太白。一曰殷星，一曰大正，一曰營星，一曰明星，一曰觀星，一曰太衣，一曰大威，一曰太皞，一曰終星，一曰大相，一曰大囂，一曰爽星，一曰大皓，一曰序星。上公之神出東方，爲明星。”《詩》曰：“東有啓明，西有長庚。”鄭注曰：“日既入，謂明星爲長庚。”太白的星名很多，最著名的爲金星、啓明和長庚。金星是受五行與星相配的影響而得名。啓明即黎明之明星，長庚是傍晚時明星之專稱。劉樂賢指即“太白”，太陽系八大行星之一。《開元占經》卷四十五“太白名主一”引石氏：“太白者，大而能白，故曰太白。”

謹按，除“神”以外，傳世文獻中亦見將金星與“使”“精”“子”搭配的説法，詳見1.1“木星名主一”的“校注”部分。

【疏證】

5.1“金星名主一”記載占文内容的類似説法，見於以下傳世文獻：

- 《開元占經》卷四十五“太白名主一”引吴龔《天官星占》：太一位在西方，白帝之子，大將之象，一名天相，一名大臣，一名太皓。

關於五星的“五行配屬”，傳世文獻亦有較爲系統的記載。相關討論，詳見第二章《五星名主》。

5.2　金星名主二

本小節所討論的文字位於《集成》圖版第39行。其中前半部分内容是説金星執掌月行、彗星、天妖、甲兵、水旱、死喪等事項，應屬“名主”類。但後半部分内容多有缺失，暫不清楚是否對金星的運行規律進行説明。

【釋文】

是司月行[1]、槥(彗)星、失〈天〉夭(妖)[2]、甲兵[3]、水旱、死喪，【□39上□□□】道以治彳【□□】侯王正卿之吉凶[4]，將出發于【其國[5]】。39下

【校注】

[1]“月”，原釋“日”，從劉樂賢(2004：57—58)校改。

[2]“天夭”，劉樂賢指出古書或作“天妖”“天袄”。

[3]“甲兵”，劉樂賢認爲指武器裝備，這裏指戰争。

[4]帛書此處殘損嚴重，致使文義不明，故僅將釋文列出而不作句讀。

“【□□□□】”之缺文字數暫從整理小組(1978：3)，共計四字。

“彳”原缺釋，《集成》(2014：232—233)據殘存筆畫 釋出。

“【□□】”之缺文字數暫從整理小組，共計二字。

“正卿”，劉樂賢認爲即掌權的卿士。

“侯王正卿”，劉樂賢認爲即王侯卿相，泛指執政掌權者。

[5]“于”字原缺釋，《集成》據殘存筆畫 釋出。

“其國”二字原缺，今據文義補。此處整理小組曾補作“將出發□□□。【其紀上元】”。《集成》指出，《開元占經》卷四十五“太白光色芒角四”引《甘氏占》曰：“太白色白五芒，出早爲月食，晚爲彗星及天矢〈夭〉，將發於無道之國。”《史記・天官書》：“色白五芒，出蚤爲月食，晚爲天夭及彗星，將發其國。”《漢書・天文志》：“出蚤爲月食，晚爲天袄及彗星，將發於亡道之國。”疑帛書“將出發于”下面的文字應爲“其國”或“無道之國”。此處缺六至七字，而下句所補的“攝提格”之“攝”字則是必須有的，“出發于”下若是“無道之國”四字，那整理者補的“其紀上元”四字就很可能不確。“其紀上元”見《史記・天官書》，其文曰：“其紀上元，以攝提格之歲，與營室晨出東方，至角而入；與營室夕出西方，至角而入。”與帛書對照可以看出，二者并不一致，“其紀上元”四字，并不是帛書必有的，所以不從整理小組釋文所補。[①] 謹按，此

① 以上説法最早見於劉釗、劉建民：《馬王堆帛書〈五星占〉釋文校讀札記(七則)》，《古籍整理研究學刊》2011年第4期，第34頁。劉先生指出，帛書“發”下之字存有殘筆，是“于”字之殘。結合傳世文獻，“將出發于”之後似可補“無道之國”四字。與帛書對照可以看出，帛書所記與《天官書》并不一致，此處補“其紀上元”不妥，應删去，仍以缺文號表示。

處缺字共計六字，今暫據《史記・天官書》補"其國"二字，則下一小節首句的缺文共計四字。

【疏證】

5.2"金星名主二"介紹了金星所主司的各種事項。其中"彗星"和"天妖"亦見於傳世文獻：

- 《史記・天官書》：司兵月行及天矢。① 《史記正義》：太白五芒出，早爲月蝕，晚爲天矢及彗。其精散爲天杵、天柎、伏靈、大敗、司姦、天狗、賊星、天殘、卒起星，是古曆星；若竹彗、牆星、猿星、白雚，皆以示變之也。
- 《開元占經》卷四十五"太白光色芒角四"引《甘氏占》：太白色白，五芒出，早爲月食，晚爲彗星及天矢〈夭〉，將發於無道之國。

由於此處敘述方式和其他四星不太一致，學者多懷疑"司兵、月行及天矢"句爲衍文。帛書下文尚有"太白先其時出，爲月食；後其時出，爲天夭及彗星"一段。據此可知，《天官書》"司兵月行及天矢"七字并不是後文"出蚤爲月食，晚爲天矢及彗也"的簡單重複，因此衍文之説不妥。

5.3　金星行度一

本小節所討論的文字位於《集成》圖版第 39—41 行，介紹了金星會合周期。按照傳世星占類文獻的分類原則，應屬"行度"類。

【釋文】

【其紀上元[1]。攝】39 下提挌(格)以正月與營=(營室)晨出東方[2]，二百廿(二十)四日，晨入東方；濡(浸)行百廿(二十)日[3]；【夕】出西【方[4]，二百二十40 上四日[5]，夕入】西方└[6]；伏十六日九十六分日[7]，晨出東方└。五出，爲日八歲，而復與營室晨40 下出東方[8]。41 上

【校注】

[1] "其紀上元"四字原缺，整理小組(1978：3)據文義及傳世文獻補。

---

① 據《五星占》可知，傳世文獻中的"天矢"應校改爲"天夭"。

［2］“攝”字原缺，整理小組據文義及傳世文獻補。

劉樂賢（2004：58）指出，此句意爲太白星在攝提格之歲以正月與營室晨出東方。

［3］“濡行”，席澤宗先生指出，是指行星在上合附近看不見的一段時間。《史記·趙世家》有“引汾水灌其城，城不浸者三版”。“濡”即浸，淹没的意思，即上合時金星淹没在太陽光之中。[1] 劉樂賢指出，“浸行”可讀爲“潛行”。“浸”字古音在侵部精紐，“潛”字古音在侵部從紐，二者讀音接近，可以通假。馬王堆帛書《經·觀》：“【黄帝】令力黑浸行伏匿，周留（流）四國，以觀無恒善之法，則力黑視（示）象（像），見黑則黑，見白則白。”“浸行”，馬王堆帛書整理小組亦讀爲“潛行”。潛行，本指在水底游行，這裏是説太白隱行於太陽光綫之中。

［4］“夕”字原缺，整理小組據文義及傳世文獻補。

“西”字原缺，《集成》（2014：232）據殘存筆畫釋出。

“方”字原缺，整理小組據文義及傳世文獻補。

［5］“二百廿四日”五字原缺，整理小組據文義及傳世文獻補。

［6］“夕入”二字原缺，劉樂賢據文義及傳世文獻補。

［7］“伏”，席澤宗先生指出，是指行星在下合附近一段看不見的時間，即是説潛伏在太陽底下。[2] 劉樂賢釋爲隱伏不見。《史記·天官書》：“法，出東行十六舍而止；逆行二舍；六旬，復東行，自所止數十舍，十月而入西方；伏行五月，出東方。”《集解》引晋灼：“伏不見。”

［8］“五出，爲日八歲，而復與營室晨出東方”，席澤宗先生指出，帛書不但記録了精確的金星會合周期，而且注意到金星的五個會合周期恰巧等於八年。在兩千多年以前，就利用這個周期列出了七十年的金星動態表。我國是天交

---

① 席澤宗：《中國天文學史的一個重要發現——馬王堆漢墓帛書中的〈五星占〉》，《中國天文學史文集》第1集，北京：科學出版社，1978年，第20頁；後收入氏著《古新星新表與科學史探索》，西安：陝西師範大學出版社，2002年，第168頁。

② 劉云友（即席澤宗）：《中國天文史上的一個重要發現——馬王堆漢墓帛書中的〈五星占〉》，《文物》1974年第11期，第28—36頁；又載於《中國天文學史文集》第1集，北京：科學出版社，1978年，第14—33頁；又以《馬王堆漢墓帛書中的〈五星占〉》，載於《中國古代天文文物論集》，北京：文物出版社，1989年，第46—58頁；後收入氏著《古新星新表與科學史探索》，西安：陝西師範大學出版社，2002年，第166—176頁。

學發達最早的國家之一,馬王堆帛書的出土再一次得到了證明。① 陳久金(2001：115)指出,"五出爲日八歲",即584.4日之5倍,爲2 922日,而四分曆之回歸年長365.24日之5倍也爲2 922日,故有此言。

【疏證】

相關討論,詳見第二章《五星運行周期》。

5.4　金星失行占一

本小節所討論的文字位於《集成》圖版第41行,是以金星出現早於常時或晚於常時爲占。按照傳世星占類文獻的分類原則,應屬"失行占"類。

【釋文】

太白先其時出爲月食[1],後其時出爲天夭(妖)及槥(彗)星[2]。41上

【校注】

[1]"太白先其時出",劉樂賢(2004：60)指太白早出。

"月食",劉樂賢指出《五星占》他處多寫作"月蝕"。

[2]"後其時出",劉樂賢指太白晚出。

"天夭",劉樂賢指出古書或作"天妖""天祅",指妖星。

【疏證】

5.4"金星失行占一"類似占文亦見於4.3"水星失行占二",可相參看。類似説法,亦見於傳世文獻：

- 《史記・天官書》：色白五芒,出蚤爲月蝕,晚爲天夭及彗星,將發其國。②
- 《漢書・天文志》：一曰,出蚤爲月食,晚爲天祅及彗星,將發於亡

---

① 劉云友(即席澤宗)：《中國天文史上的一個重要發現——馬王堆漢墓帛書中的〈五星占〉》,《文物》1974年第11期,第28—36頁;又載於《中國天文學史文集》第1集,北京：科學出版社,1978年,第14—33頁;又以《馬王堆漢墓帛書中的〈五星占〉》,載於《中國古代天文文物論集》,北京：文物出版社,1989年,第46—58頁;後收入氏著《古新星新表與科學史探索》,西安：陝西師範大學出版社,2002年,第166—176頁。

② [日]川原秀成、宮島一彥：《五星占》,山田慶兒編《新發現中國科學史資料の研究・譯注篇》,第14頁。

道之國。①

• 《開元占經》卷四十五“太白光色芒角四”引《甘氏占》：太白色白五芒，出早爲月食，晚爲彗星及天矢〈夭〉，將發于無道之國。②

5.5 金星失行占二

本小節所討論的文字位於《集成》圖版第 41—42 行，是以金星“未宜入而入”“未宜出而出”與“宜入而不入”“宜出而不出”等情況相對爲占。按照傳世星占類文獻的分類原則，應屬“失行占”類。

【釋文】

未宜【入而入[1]，未宜】出而41上【出[2]，命曰□□[3]，天】下興兵[4]，所當之國亡└。宜出而不出，命曰須謀└[5]，宜入而不入，天41下下偃兵[6]，野有兵，講[7]，所當之國大凶└。42上

【校注】

[1] “宜”字原缺釋，《集成》(2014：232—233)據殘存筆畫 釋出。劉樂賢(2004：60—61)指出，此句補文，帛書整理小組作“當出而出”。從圖版看，“未”後字殘存的頂部筆迹與“宜”字的寫法相合，與“當”字的寫法不類，故知帛書此處應與後文同用“宜”字，而非“當”字。劉建民(2012：111—112)指出，對比圖版的相關字形，可以確認此字確爲“宜”字。

“入而入”三字原缺，《集成》據文義及傳世文獻補。

此處整理小組(1978：3)、川原秀城、宮島一彦(1986：11)補作“未【當出而出】”，劉樂賢補作“未宜【出而出】”，皆不如《集成》方案合理，參看校注[2]。

[2] “未宜”二字原缺，《集成》據文義及傳世文獻補。

“出而”二字原缺釋，《集成》據殘存筆畫 、 釋出。

“出”字原缺，《集成》據文義及傳世文獻補。

此處整理小組補作“【當入而不入】”，川原秀城、宮島一彦補作“【未當入而

① 劉樂賢：《馬王堆天文書考釋》，第 60 頁。
② 同上。

入】",劉樂賢補作"【未宜入而入】"。《集成》指出,"未"下之字,確爲"宜"之殘,劉氏釋文是正確的。但"宜"下大約第6字存有殘筆,應是"出"之殘,則帛書應是先説"入"再説"出"的,今據改。①

[3] "【命曰□□】"四字原缺,《集成》據文義及傳世文獻補。

此處整理小組補作"【是謂失舍】",劉樂賢補作"【命曰失舍】"。《集成》指出,帛書下文有"命曰須謀",劉氏所補的"命曰失舍"從文意方面考慮比較合理,但由於無傳世文獻的佐證,暫未從劉氏所補。傳世文獻多見與帛書此處類似的記載,但多有出入,有的還互相矛盾,見劉氏所引。

[4] "天"字原缺,整理小組據文義及傳世文獻補。

"興兵",劉樂賢釋爲起兵,與後文的"偃兵"相對。

[5] "須謀",劉樂賢指出可能是待謀的意思。

劉樂賢指出,此句與下一句"命曰須謀,宜入而不入"可能是"宜入而不入,命曰須謀"之倒。

[6] "偃兵",劉樂賢釋爲息兵,與前文的"興兵"相對。

[7] "講",劉樂賢釋爲講和、媾和。

【疏證】

5.5"金星失行占二"的占辭,傳世文獻中與之相似者主要可分爲以下三類。

一類是以金星"不當出而出""不當入而入"與"當出而不出""當入而不入"相對爲占。與5.5一致,前者爲興兵之象,後者爲偃兵之象,暫稱作A類:

- 《淮南子·天文》:當出而不出,未當入而入,天下偃兵;當入而不入,當出而不出,天下興兵。②

- 《開元占經》卷四十六"太白盈縮失行一"引石氏:太白當出而不出,當入而不入,天下偃兵,兵在外而入。③

---

① 此説最早見於劉建民:《馬王堆漢墓帛書〈五星占〉整理劄記》,《文史》2012年第2輯,第111—112頁。劉先生指出,帛書此處是先説"未宜入而入",後説"未宜出而出"的。

② 劉樂賢:《馬王堆天文書考釋》,第61頁。

③ [日]川原秀成、宮島一彦:《五星占》,山田慶兒編《新發現中國科學史資料の研究·譯注篇》,第14頁。

• 又引甘氏：太白未及其時而出，不及其時而入，天下舉兵，所當國亡；以時出而不出，時未入而入，天下偃兵，野有兵者，所當之國大凶。①

其中，《淮南子》所載當有訛誤：首句疑漏“未”字，應作“未當出而不出”；且其占測結果亦與其他占辭相反。甘氏“時未入而入”句，劉樂賢亦指出，應是“以時入而未入”之訛。

一類是以金星“當出而不出”“不當入而入”與“當入而不入”“不當出而出”爲占。其中，前者爲偃兵之象，後者爲興兵之象，暫稱作B類：

• 《史記·天官書》：當出不出，未當入而入，天下偃兵，兵在外，入。未當出而出，當入而不入，【天】下起兵，有破國。②

• 《開元占經》卷四十六“太白盈縮失行一”引石氏：太白未當出而出，當入而不入，天下起兵，有破國。

還有一類占辭，將“當出而不出”“當入而不入”這兩種天象稱爲“失舍”，并以之爲占。占測結果多爲“破軍”“主死”等，暫稱作C類：

• 《史記·天官書》：當出不出，當入不入，是謂失舍，不有破軍，必有國君之篡。③

• 《乙巳占》卷六“太白占第三十四”：太白當見不見，是謂失舍，不有破軍，必有死，王篡其國。

• 《開元占經》卷四十六“太白盈縮失行一”引石氏：太白當出不出，當入不入，是謂失舍，不有破軍，必有死王亡國。④

• 又引《文曜鈎》：太白不當出而出，主躁臣熾，軍破主死，兵馬滋。

其中，《文曜鈎》以金星“不當出而出”爲占，與其他占辭有所不同。

一些文獻將以上三種類型的占辭合在一起進行論述：

---

① ［日］川原秀成、宫島一彦：《五星占》，山田慶兒編《新發現中國科學史資料の研究·譯注篇》，第14頁。

② 劉樂賢：《馬王堆天文書考釋》，第61頁。

③ ［日］川原秀成、宫島一彦：《五星占》，山田慶兒編《新發現中國科學史資料の研究·譯注篇》，第14頁。

④ 同上。

• 《漢書·天文志》：當出不出，當入不入，爲失舍，不有破軍，必有死王之墓，有亡國。一曰，天下匽兵，壄有兵者，所當之國大凶。當出不出，未當入而入，天下匽兵，兵在外，入。未當出而出，當入而不入，天下起兵，有至破國。未當出而出，未當入而入，天下舉兵，所當之國亡。①

• 《乙巳占》卷六"太白占第三十四"：太白應出不出，應入不入，此謂失色，不有破軍，必有死將，所受之邦不可以戰。不當出而出，未當入而入，天下兵起，有敗國，受者不可戰。②

• 《開元占經》卷四十六"太白盈縮失行一"引巫咸：太白可出不出，國且有謀；可入不入，國有置兵；當入不入，過二十日，天下有兵事。③

• 又引巫咸：太白可入不入，國且置倿；未可入而入，野有寇。

《漢書·天文志》中，首句"當出不出，當入不入"的第一種占測結果"爲失舍，不有破軍，必有死王之墓，有亡國"爲C類占辭；首句的另一種占測結果"一曰，天下匽兵，壄有兵者，所當之國大凶"與最後一句"未當出而出，未當入而入，天下舉兵，所當之國亡"爲A類占辭，與《五星占》等文獻一致；中間的兩句"當出不出，未當入而入，天下匽兵，兵在外，入。未當出而出，當入而不入，天下起兵，有至破國"爲B類占辭，與《史記》等文獻一致。《乙巳占》"此謂失色，不有破軍，必有死將"當爲C類占辭，其餘的部分則爲A類占辭。巫咸"當入不入，過二十日，天下有兵事"句，與B類占辭的説法一致；其餘部分則以金星"可入而不入"與"不可入而入"相對爲占，與本小節所討論的占辭類型皆不同。

還有一處與本小節所討論的占辭類似，但不易按照以上三種類型進行分類：

• 《開元占經》卷四十六"太白盈縮失行一"引《荆州占》：太白【不】當出而出，外有急兵。出南方，南方急；出北方，北方急。

① ［日］川原秀成、宮島一彦：《五星占》，山田慶兒編《新發現中國科學史資料の研究·譯注篇》，第14頁。
② 劉樂賢：《馬王堆天文書考釋》，第61頁。
③ 席澤宗：《〈五星占〉釋文和注釋》，收入氏著《古新星新表與科學史探索》，西安：陝西師範大學出版社，2002年，第181頁。

據文義判斷，《荆州占》首句或漏“不”字，當作“太白不當出而出”。A、B 兩類占辭皆以“不當出而出”爲興兵之象，故不易判斷《荆州占》應屬於其中的哪一類。

此外，傳世文獻中還有一些以金星“當出不出”“未當入而入”爲占的占辭，但占測結果與上述占辭皆不相同：

- 《開元占經》卷四十六“太白盈縮失行一”引《文曜鈎》：太白當出不出，陰匿留，主沉湎，大臣有謀。
- 又引《荆州占》：太白未當入而入，天下聚糧。

5.6　金星行度二

本小節所討論的文字位於《集成》圖版第 42 行，是以金星出現的東、西方位占測用兵吉凶。按照傳世星占類文獻的分類原則，應屬“行度”類。

【釋文】

其出東方爲德[1]，與(舉)事[2]，左之迎之[3]，吉；右之倍(背)之[4]，【凶】[5]。出於西42上【方爲刑】[6]，與(舉)事，右之倍(背)之，吉└；左之迎之，兇(凶)[7]。42下

【校注】

[1] “德”，劉樂賢(2004：61)認爲，指“刑德”之“德”，與“刑”相對。

[2] “與事”，從整理小組(1978：3)釋，讀爲“舉事”，劉樂賢釋爲“起事”。

[3] “迎”，原釋“禦”，從劉樂賢校改。劉樂賢指出，此字从“辵”从“卬”，應釋爲“迎”。

[4] “倍”，從整理小組釋，讀爲“背”。劉樂賢指出，與“迎”相對。

[5] “凶”字原缺，劉樂賢據文義及傳世文獻補。

[6] “出”原缺釋，《集成》(2014：232)據殘存筆畫 釋出。

“西”原缺釋，《集成》據殘存筆畫 釋出。

“方爲刑”三字原缺，整理小組據文義及傳世文獻補。

“刑”，劉樂賢認爲，指“刑德”之“刑”，與“德”相對。

[7] “兇”，原釋“凶”，從《集成》校改，讀爲“凶”。

【疏證】

5.6“金星行度二”記載内容的類似説法亦見於傳世文獻：

- 《史記·天官書》：出東爲德，舉事左之迎之，吉。出西爲刑，舉事右之背之，吉。反之皆凶。①

- 《乙巳占》卷六“太白占第三十四”：金出東方爲德，【舉】事用兵，左迎之，吉；右背之，凶。太白出西方爲刑，舉事用兵，右迎之，吉；左背之，凶。②

- 《開元占經》卷四十五“太白行度二”引石氏：太白出東方也，爲德，舉事，左之近之，吉；右之背之，凶。太白出西方也，爲刑，舉事，右之背之，吉；左之近之，凶。③

以上文獻中以金星出現於東方爲德，以金星出現於西方爲刑的搭配方式以及“左之迎之”“右之背之”等術語，則屬於古代刑德學説的内容。刑德之説在古代較爲流行，其推算方法和占辭集中記載於《刑德》甲、乙篇，可相參看。

5.7　金星失行占三

本小節所討論的文字位於《集成》圖版第42—43行，是以金星經天占測陰國、陽國的吉凶。按照傳世星占類文獻的分類原則，應屬“失行占”類。

【釋文】

凡是星不敢經＝天＝＝（經天[1]；經天，天）下大乳（亂），革王[2]。其42下出上遝午有王國[3]，過、未及午有霸國[4]。從西方來，陰國有之[5]；從東方來，陽國有43上【之[6]。□】毋張軍。[7]43下

① [日]川原秀成、宮島一彦：《五星占》，山田慶兒編《新發現中國科學史資料の研究·譯注篇》，第14頁。

② 劉樂賢：《馬王堆天文書考釋》，第62頁。

③ [日]川原秀成、宮島一彦：《五星占》，山田慶兒編《新發現中國科學史資料の研究·譯注篇》，第14頁。

【校注】

［1］“經天”，劉樂賢(2004：62—63)指出，現代天文學叫“衝”。

［2］“革”，劉樂賢釋爲“改”。

［3］“遝”，劉樂賢釋爲“及”。

“午”，劉樂賢認爲指在天空的午位，太白至此位則爲“經天”。

“王國”，劉樂賢指行王道之國。

［4］“及”字僅存殘筆，劉樂賢以爲此字也可能是“遝”。《集成》(2014：233)指出，從殘筆來看，此字是“及”字無疑。

謹按，“過未及午”應標點作“過、未及午”。“過”和“未及”是并列的謂語，意思是“過午”和“未及午”，分別指超過午位和未及午位兩種狀態，詳見“疏證”部分。

“霸國”，劉樂賢指行霸道之國。

［5］“陰國”，與“陽國”相對，劉樂賢指位於西北方位的國家。

［6］“陽國”，與“陰國”相對，劉樂賢指位於東南方位的國家。

“之”字原缺，劉樂賢據文義補。

［7］“□”之缺文字數暫從《集成》，共計一字。

“張軍”，劉樂賢釋爲部署軍隊。

【疏證】

5.7“金星失行占三”是據“太白(金星)經天”的天象進行貞測的文字，亦可命名爲“太白經天占”。關於此段占辭數術原理的討論，詳見第三章《談馬王堆帛書〈五星占〉中的“太白經天”》。

此占辭説法亦見於以下傳世文獻：

- 《史記・天官書》：其出不經天；經天，天下革政。①
- 《漢書・天文志》：太白經天，天下革，民更王，是爲亂紀，人民流亡。②

---

① ［日］川原秀成、宮島一彥：《五星占》，山田慶兒編《新發現中國科學史資料の研究・譯注篇》，第15頁。

② 席澤宗：《〈五星占〉釋文和注釋》，收入氏著《古新星新表與科學史探索》，西安：陝西師範大學出版社，2002年，第181頁。

• 《晋書・天文志》：若經天，天下革，民更王，是謂亂紀，人衆流亡。

• 《開元占經》卷四十五“太白行度二”引《荆州占》：太白出西方，上行不至未而反，陰國强，陽國敗，戰不勝。

• 又引《荆州占》：太白出，見西方，上至未，將横行，大强，備四方。

• 又引《荆州占》：出西方，上至未，有霸；一曰，陰國霸。

• 卷四十六“太白盈縮失行一”引《荆州占》：太白見東方，上至巳，皆更政；出西方，順行過巳①，不及午，有霸國；及午，陰國令天下。②

• 又引《荆州占》：太白出東方，逆行，不至巳而返，陽國强、陰國敗，戰不勝；一曰，陽國有興者。

• 又引《荆州占》：太白東方，逆行過巳不至午，有霸國；及午，陽國令天下。一曰，陽國霸。③

• 同卷“太白經天晝見三”引石氏：凡太白不經天，若經天，天下革政，民更主，是謂亂紀，人民流亡。④

• 又引石氏：太白經天，見午上，秦國王，天下大亂。

• 又引《荆州占》：太白晝見於午，名曰經天，是謂亂紀，天下亂，改政易王，人民流亡，棄其子，去其鄉里。⑤

• 又引《荆州占》：太白夕見，過午亦曰經天，有連頭斬死人，陰國兵强，王天下；女主用事，陽國不利。

• 又引《荆州占》：太白再經天，一入中宫，天下更王，國破主絶，期不出三年。

• 又引《荆州占》：太白見東方，上至午，將奪君。又曰，陽國王，當位者受之。⑥

---

① “順行過巳”的“巳”字，當爲“未”字之誤。因爲太白從西方出現，是不可能經過東方巳位到達中天午位的。

② ［日］川原秀成、宫島一彦：《五星占》，山田慶兒編《新發現中國科學史資料の研究・譯注篇》，第15頁。

③ 同上。

④ 同上。

⑤ 劉樂賢：《馬王堆天文書考釋》，第62頁。

⑥ 劉樂賢：《馬王堆天文書考釋》，第63頁。

- 又引《荆州占》：太白見東方，至丙、巳之間，小將死；過午，有起霸者。[①]

- 又引《荆州占》：太白出西方，上至未，陰國有霸者；若過未及午[②]，陰國王令天下。一曰，至午者，陰國王者當其位者受之。[③]

- 又引陳卓：太白從西方若東方，上至午，皆爲有兵。

- 又引《荆州占》：太白上至午、未間，天下易王，陽國兵强，當其位者受之。

- 又引《荆州占》：太白始出辰、巳間，爲荆楚，正巳殺大將；出午，天下有亡國；出午、未間，天下亡，王者昌。

- 又引甘氏：太白晝見，天子有喪，天下更王，大亂，是謂經天，有亡國，百姓皆流亡。

此外，以金星出現在東方利於陽國、出現在西方利於陰國的説法亦見於傳世文獻：

- 《史記・天官書》：出西至東，正西國吉。出東至西，正東國吉。

- 《晋書・天文志》：凡五星分天之中，積于東方，中國利；積于西方，外國用兵者利。

- 《開元占經》卷四十五"太白行度二"引《荆州占》：太白始出東方，西方之國不可以舉兵。始出西方，東方之國不可以舉兵，破軍殺將，其國大破敗。

- 卷四十六"太白盈縮失行一"引石氏：太白出西方，逆行至四正，西方之國吉；出東方，逆行至四正，東方之國吉。

相較而言，除午位以外，《五星占》并没有涉及其他"十二次"術語，部分

---

① 席澤宗：《〈五星占〉釋文和注釋》，收入氏著《古新星新表與科學史探索》，西安：陝西師範大學出版社，2002年，第181頁。

② 此句"過未及午"似與《五星占》"過、未及午"含義有所不同。此句"過未及午"，前面已經有"上至未"句，"上至未"實際上隱含了"未及午"的意思，所以下文的"過未及午"不應包含没有到達午位的意思。從下文"一曰，至午者"來看，"過未及午"就是"至午"，也就是過了未位到達午位的意思。

③ 席澤宗：《〈五星占〉釋文和注釋》，收入氏著《古新星新表與科學史探索》，西安：陝西師範大學出版社，2002年，第181頁。

傳世文獻則涉及巳、未等次。究其原因，兩者在描述金星運行時采用的表述方式不太一致。《五星占》可分成兩句説明金星的位置情況：第二句以午位爲參照，通過金星與午位的位置關係（“上遝午”“過午”“不及午”）來描述其運行的高度；關於金星所見方位，則見於第三句（“从東方來”“从西方來”）。部分傳世文獻則在描述金星運行規律時一起介紹了它出現的高度及方位。

此外，傳世文獻中的一些占辭還涉及其他坐標位置，構成更爲完整的體系，如上引《荆州占》“太白見東方，至丙、巳之間，小將死；過午，有起霸者”。其中，丙位爲南偏東15度，介於午、巳之間。這是一套以二十四方位標注黄道帶的坐標體系，帛書《五星占》成書時代未見。

5.8　金星與它星相犯占一

本小節所討論的文字位於《集成》圖版第43—44行，是以金星與附近小星之間的距離及不同的位置關係占測諸侯的行動。按照傳世星占類文獻的分類原則，應屬“相犯占”類。

【釋文】

有小星見太白之陰（陰）[1]，四寸以入[2]，諸侯有陰（陰）親者[3]；見其陽，三寸43下以入，有小兵ᒻ。兩而俱見[4]，四寸【以】入[5]，諸侯遇[6]。在其南ᒻ，在其北，四寸以入，諸侯從（縱）[7]；在其東，44上在【其】西[8]，四寸以入，諸侯衛[9]。44下

【校注】

[1]“見”，劉樂賢（2004：63—64）認爲同“現”。

[2]“入”，劉樂賢用爲“内”。

[3]“陰”，劉樂賢釋爲暗中、秘密。《戰國策・西周策》：“君不如令弊邑陰合於秦，而君無攻，又無藉兵乞食。”高誘注：“陰，私也。”

“親”，劉樂賢釋爲親近、接近。《吕氏春秋・爲欲》：“交友不信，則離散鬱怨，不能相親。”高誘注：“親，比也。”

“陰親”，劉樂賢認爲是暗中接近或秘密結盟的意思。

［4］“兩而俱見”，劉樂賢認爲指小星有兩個并且一同出現。

［5］“以”字原缺，整理小組(1978：4)據文義補。

“入”字缺釋，《集成》(2014：232)據殘存筆畫 釋出。

［6］“諸侯遇”，劉樂賢指諸侯相會。

［7］“從”，從整理小組釋，讀爲“縱”，劉樂賢釋爲“合縱”。

［8］“在”字缺釋，《集成》據殘存筆畫 釋出。

“其”字原缺，整理小組據文義補。

［9］“衡”，劉樂賢認爲同“横”，連横。

【疏證】

5.8“金星與它星相犯占一”占辭的結構如表 1－6 所示：

表 1－6　5.8“金星與它星相犯占一”結構

金星與小星的位置關係	占測結果
小星在金星之陰，四寸以入	諸侯有陰親者
小星在金星之陽，三寸以入	有小兵
小星在金星之陰、陽，四寸以入	諸侯遇
小星在金星之南、北，四寸以入	諸侯縱
小星在金星之東、西，四寸以入	諸侯衡

劉樂賢指出，傳世文獻中與火星有關的一段文字，對理解帛書此段文字很有參考價值：

- 《開元占經》卷三十“熒惑變異吐舌七”引《荆州占》：熒惑之陰有小星，去四寸以内，諸侯陰謀；熒惑之陽有小星，去四寸以内，諸侯有小兵；熒惑之傍有小星兩，其一在南，一在北，皆四寸以内，諸侯從；熒惑之傍有小星兩，其一在東，一在西，皆四寸以内，諸侯横。

劉樂賢指出，兩相對照可以看出，帛書和《荆州占》在句式和用詞等方面都相當接近。帛書的“入”是“内”的意思，“諸侯有陰親者”相當於《荆州占》的“諸侯陰謀”。①

此外，傳世文獻中還有以此天象占測其他事項的占辭，可與 5.8 進行比較：

- 《乙巳占》卷六“太白占第三十四”：太白入月，四日候之，其傍有小星附出，若去尺餘至二尺，客军大败，有死将，军在外；傍有小星去之一尺，军罢。
- 《開元占經》卷四十六“太白變異大小傍有小星四”引巫咸：太白傍有小星，數寸若尺，期八日，邊城有功。②
- 又引巫咸：太白夕出西方，以八月四日侯之，傍有小星附之，若去之尺餘至二尺，客軍大敗，有死將。軍在外，傍有小星，去之尺，軍罷。③

5.9　金星行度三

本小節所討論的文字位於《集成》圖版第 44—45 行，是以金星浸行、伏行占測用兵吉凶。按照傳世星占類文獻的分類原則，應屬“行度”類。

【釋文】

太白晨入東方，濡(浸)行百廿(二十)日[1]，其六十日爲陽[2]，其六十日44下爲陰(陰)└[3]。出陰₌(陰[4]，陰)伐利[5]，戰勝。其入西方，伏廿(二十)日，其旬爲陰(陰)[6]，其旬爲陽[7]。出陽₌(陽[8]，陽)伐利[9]，戰勝[10]。45上

【校注】

[1] “浸行”，劉樂賢(2004：64)讀爲“潛行”。

[2] “其六十日爲陽”，劉樂賢指一百二十日中的前六十日是陽日。

[3] “其六十日爲陰”，劉樂賢指一百二十日中的後六十日是陰日。

[4] “出陰”，劉樂賢指太白出現於陰日。

[5] “陰”，劉樂賢指陰國。

---

① 劉樂賢：《簡帛數術文獻探論》，武漢：湖北教育出版社，2003 年，第 180—181 頁。
② 劉樂賢：《馬王堆天文書考釋》，第 64 頁。
③ 同上。

[6]“其旬爲陰”,劉樂賢指二十日中的前十日爲陰日。

[7]“其旬爲陽”,劉樂賢指二十日中的後十日爲陽日。

[8]“出陽”,劉樂賢指太白出現於陽日。

[9]“陽”,劉樂賢指陽國。

[10]《集成》(2014：233)指出,圖版此處“勝”字右半粘連一寫有“未”字的小帛片。謹按,根據摺疊方式可以推知,此“未”字帛片原本在第74行上半最末的“丑”字之下。

【疏證】

5.9“金星行度三”將金星浸行、伏行的日期各對半分而爲二。浸行是指金星從晨入東方至夕出西方的120日,其中前60日爲陽,後60日爲陰;伏行是指金星從夕入西方至晨出東方的20日,其中前10日爲陽,後10日爲陰。其中陽日對陽國有利,陰日對陰國有利。

此處以浸行時間爲120日,這正與5.3“金星行度一”與8.2“金星行度表説明文字”的描述一致;以伏行時間爲20日,則與5.3、8.2“伏十六日九十六分日”的描述有出入。

傳世文獻亦有以金星浸行、伏行占測用兵吉凶的文字：

- 《開元占經》卷四十五“太白行度二”引石氏：太白入東方,未出西方,其六十五日爲陽,其六十五日爲陰。以此時出兵,雖勝有殃,得地必復歸之,陽爲中國,陰爲負海國。①
- 又引巫咸：太白入西方,未出東方,其十五日爲陽,其十五日爲陰,名曰行天命,以此時出兵,其國亡。②

① 參看[日]川原秀成、宫島一彦《五星占》,山田慶兒編《新發現中國科學史資料の研究・譯注篇》,京都：京都大學人文科學研究所,1986年,第15頁。席澤宗先生亦指出,石氏“太白入東方,未出西方,其六十五日爲陽,六十五日爲陰”,總共晨伏130日,較此120日多10天,與今值晨伏70日相比,帛書中的數據顯然有進步。參看席澤宗《〈五星占〉釋文和注釋》,收入氏著《古新星新表與科學史探索》,西安：陜西師範大學出版社,2002年,第182頁。

② 參看[日]川原秀成、宫島一彦《五星占》,山田慶兒編《新發現中國科學史資料の研究・譯注篇》,京都：京都大學人文科學研究所,1986年,第15頁。席澤宗先生亦指出,巫咸“太白入西方,未出東方,其十五日爲陽,十五日爲陰”,總共夕伏時間爲30日,較此20日亦多10天,與今值12日相比,仍然是帛書中的較正確。不但如此,若據前文“伏十六日九十六分”,則帛書中的數據更加接近真實情況。參看席澤宗《〈五星占〉釋文和注釋》,收入氏著《古新星新表與科學史探索》,西安：陜西師範大學出版社,2002年,第182頁。

其中石氏以浸行時間爲 130 日，這與《開元占經》卷四十五“太白行度二”所引甘氏“從左過右也，其又百三十日、其速九十日而見”的説法一致。巫咸以伏行時間爲 30 日，則與“太白行度二”所引石氏“入又伏行星二舍，爲日十五日”的説法一致。參看第二章“行度”類占辭。

5.10　金星行度四

本小節所討論的文字位於《集成》圖版第 45 行，主要闡述了金星伏行時“用兵静吉躁凶”的原則。按照傳世星占類文獻的分類原則，應屬“行度”類。

【釋文】

其入而未出[1]，兵静者吉[2]，急者凶[3]，先興兵者殘，【後】興者有央(殃)[4]，得地復歸(歸)之。45 下

【校注】

[1] “其入而”三字原缺釋，《集成》(2014：232—233)據文義及殘存筆畫釋出。《集成》指出，此處綴入一有“其入”的小殘片，“而”字是據文意及“未”上殘字存留的筆畫所釋。《開元占經》卷四十五“太白行度二”引《荆州占》曰：“太白已入而未出，先起兵者，國破亡，禍及一世。”可與帛書此處對照。

[2] “兵”，劉樂賢(2004：65)釋爲用兵。

[3] “急”，劉樂賢釋爲急躁，與“静”相對。

[4] “後”字原缺，整理小組(1978：4)據文義補。

“興”字原缺釋，《集成》據殘存筆畫[illegible]釋出。

【疏證】

5.10“金星行度四”占辭的類似説法，亦見於傳世文獻：

- 《史記・天官書》：出則出兵，入則入兵。
- 《漢書・天文志》：進退左右，用兵進退左右吉，静凶。圜以静，用兵静吉趮凶。出則兵出，入則兵入。①
- 《開元占經》卷四十五“太白行度二”引石氏：太白出則出兵，入則

① 劉樂賢：《馬王堆天文書考釋》，第 65 頁。

入兵，戰則有勝；用兵象太白，吉；反之，凶。

- 又引《荆州占》：太白已入而未出，先起兵者，國破亡，禍及一世。

- 《開元占經》卷四十六"太白流動與列星鬬五"引石氏：太白動摇，進退左右，用兵{躁}吉静凶。太白圍，①以静用兵，静吉、躁凶。②

5.11 金星行度五

本小節所討論的文字位於《集成》圖版第 46—47 行，主要闡述了"用兵象太白吉"的原則。按照傳世星占類文獻的分類原則，應屬"行度"類。

【釋文】

將軍在野[1]，必視明（明）星[2]之所在，明（明）星前，與之前；後[3]，與之後。兵【□□□】[4]，明（明）星左，與之左；46上【右[5]，與之】右└[6]。明（明）星【□】[7]，將軍必鬬，均（茍）在西₌（西[8]，西）軍勝；在東₌（東，東）軍勝；均（茍）在北₌（北，北）軍勝；在南₌（南，南）軍勝。46下均（茍）一閈[9]，天〈夾〉如銚[10]，其下被甲而朝[11]；均（茍）二閈，夾如鉈[12]，其下流血；【茍三】閈[13]，夾如篸（參）[14]，當者47上【□□□□□□□□□□□□□□】奮其廁（側）[15]，勝而受福[16]；不能者正當其前，被將血食[17]。47下

【校注】

[1] "將"，劉樂賢（2004：65—66）釋爲統帥、統領。

"將軍在野"，劉樂賢釋爲率領軍隊在外。③

[2] "明星"，劉樂賢指出，是太白的異名。《開元占經》卷四十五"太白名主一"引石氏："太白者，大而能白，故曰太白。一曰殷星，一曰大正，一曰營星，一曰明星……"又引《荆州占》："太白出東北爲觀星，出東方若東南爲明星，出西方爲太白也。"謹按，《史記・天官書》亦曰："其庳，近日，曰明星，柔；高，遠

① 劉樂賢先生指出，據《漢書・天文志》"圜以静"，此處"圍"可能是"圜"之訛。參看劉樂賢《馬王堆天文書考釋》，廣州：中山大學出版社，2004年，第97頁。

② ［日］川原秀成、宫島一彦：《五星占》，山田慶兒編《新發現中國科學史資料の研究・譯注篇》，第15頁。

③ 此説最早見於劉樂賢：《簡帛數術文獻探論》，武漢：湖北教育出版社，2003年，第181—182頁。

日,曰大嚻,剛。”

［3］“後”,劉樂賢指明星向後行。

［4］“【□□□】”之缺文字數暫從《集成》(2014：232—234),共計三字。“兵”下存兩個殘字,原釋作“有大”二字。《集成》指出,這兩個字從殘筆或者文意方面來看,目前不能確定是“有大”二字,今暫缺釋。

［5］“右”字原缺,整理小組(1978：4)據文義補。

［6］“與之”二字原缺,整理小組據文義補。

“右”原缺釋,《集成》據殘存筆畫釋出。

［7］“明星”二字原缺釋,據殘存筆畫、釋出。①

“□”之缺文字數暫從《集成》,共計一字。

［8］“均”,從整理小組釋,讀爲“苟”,劉樂賢指出,表示假設,是“如果”的意思。

［9］“均”,原釋“垢”,從劉樂賢校改。劉樂賢指出,此字與前文“均在西”“均在北”的“均”寫法完全一致,其右部不是“后”,釋“垢”并不准確。至於用法,從上下文看,仍以讀“苟”較爲合適。

“閈”,鄭慧生(1995：192)釋爲“垣牆”,《文選・西京賦》“閈庭詭異”,李善注:“《倉頡篇》曰,閈,垣也。”謹按,今暫存疑。

［10］“夭”,劉樂賢指出是“夾”字之訛。這兩字在馬王堆帛書中寫法接近,容易致訛。

“銚”,鄭慧生釋爲刈物之器。席澤宗(2002：182)釋爲矛。《吕氏春秋・論威》:“鋤耰白梃,可以勝人之長銚利兵。”高誘注:“長銚,長矛也。”劉樂賢釋爲“長矛”。《集韻・蕭韻》:“銚,長矛也。”

［11］“被甲而朝”,劉樂賢釋爲“披甲上朝”。

［12］“鉈”,原釋“鉇”,從劉樂賢校改。劉樂賢釋爲短矛。《説文解字》:“鉈,短矛也。”

［13］“苟三”二字原缺,整理小組據文義補。

［14］“参”,鄭慧生讀爲“鏒”。劉樂賢釋爲“鐵鋤”。《集韻・勘韻》:“鏒,

① 此説最早見於劉釗、劉建民:《馬王堆帛書〈五星占〉釋文校讀札記(七則)》,《古籍整理研究學刊》2011年第4期,第112—113頁。

鋤也。”《集成》指出，“鏒”字在先秦、秦漢乃至魏晉文獻都很罕見，無法確定帛書此處的“參”是否讀爲“鏒”，其用法待考。

［15］帛書此處殘損嚴重，致文義不明，故僅將釋文列出而不作句讀。“【□□□□□□□□□□□】”之缺文字數暫從整理小組，共計十一字。

［16］“受福”，劉樂賢釋爲“得福”。

［17］“血食”，劉樂賢指出古代祭祀時必須殺牲取血，故祭祀又名“血食”。劉樂賢指出，此句費解，疑有訛誤。《集成》指出，此處帛書有所殘缺，“被將血食”意義不明。

【疏證】

5.11“金星行度五”中關於“用兵象太白吉”這一原則，劉樂賢指出：

> 古人認爲太白是用兵之象，所以軍隊在外時必須密切觀測太白的動向，以與之保持一致。《開元占經》卷四十五“太白行度二”引石氏説：“太白，兵象也。行疾，用兵疾吉遲凶；行遲，用兵遲吉疾凶。”又説：“太白出則出兵，入則入兵，戰則有勝。用兵象太白吉，反之凶。”《漢書・天文志》也説，“太白，兵像也”，“象太白吉，反之凶”。帛書此段所論，就是“用兵象太白吉”的具體運用。

該段文字可分爲三個部分：

表 1－7　5.11“金星行度五”結構

第一部分	將軍在野，必視明（明）星之所在，明（明）星前，與之前；後，與之後。兵【□□□】，明（明）星左，與之左；【右，與之】右㇗。
第二部分	明（明）星【□】，將軍必鬭，均（苟）在西＝（西，西）軍勝；在東＝（東，東）軍勝；均（苟）在北＝（北，北）軍勝；在南＝（南，南）軍勝。
第三部分	均（苟）一開，夭〈夾〉如銚，其下被甲而朝；均（苟）二開，夾如鉈，其下流血；【苟三】開，夾如爹（參），當者【□□□□□□□□□□□】奮其廁（側），勝而受福；不能者正當其前，被將血食。

第一部分是據金星前、後、左、右之變占測用兵吉凶。第二部分是據金星在東、西、南、北這四方占測用兵吉凶。第三部分的天文現象“一開”“二開”“三

閈”是按等差數列排列的，“被甲而朝”“流血”作爲占測結果，其嚴重程度亦隨閈數增加而加重。但由於其關鍵術語“閈”之含義尚不清楚，文義暫難以理解。

傳世文獻中亦有與第二部分接近的説法：

- 《史記・天官書》：其出卯南，南勝北方；出卯北，北勝南方；正在卯，東國利。出酉北，北勝南方；出酉南，南勝北方；正在酉，西國勝。①
- 《乙巳占》卷六“太白占第三十四”：太白出南，南邦敗；出北，北邦敗。②
- 《開元占經》卷四十五“太白行度二”引《荆州占》：太白始出東方，西方之國不可以舉兵；始出西方，東方之國不可以舉兵。破軍殺將，其國大破敗。③
- 又引《荆州占》：凡出軍在外，必視太白。太白西，與之西；東，與之東；短，與之短；長，與之長；陰，與之陰；陽，與之陽；翕，與之翕；張，與之張。善馴其道以戰，大勝。當前戰者，軍破將死。④

5.12　金星變色芒角占一

本小節所討論的文字位於《集成》圖版第 48 行，是以金星形體變異及光色摇動爲占。按照傳世星占類文獻的分類原則，應屬“變色芒角”類。

【釋文】

大47下白小而動(動)[1]，兵起(起)。48上

【校注】

[1] “動”，劉樂賢(2004：67)指星體光色摇動。《乙巳占》卷三“占例第十

① [日]川原秀成、宮島一彦：《五星占》，山田慶兒編《新發現中國科學史資料の研究・譯注篇》，第15頁。
② 劉樂賢：《馬王堆天文書考釋》，第66頁。
③ 同上。
④ [日]川原秀成、宮島一彦：《五星占》，山田慶兒編《新發現中國科學史資料の研究・譯注篇》，第15頁。

六"："動者，光體摇動，興作不安之象。"《開元占經》卷六十四"順逆略例五"引郗萌："光耀摇艷爲動。"

【疏證】

5.12"金星變色芒角占一"占辭的類似説法，亦見於傳世文獻：

- 《史記·天官書》：小以角動，兵起。①
- 《開元占經》卷四十六"太白變異大小傍有小星四"引石氏：太白小以角動，兵起。②
- 又引郗萌：太白小以角動，不出三年，中央兵起。③
- 又引《荆州占》：太白色赤小以動，天下出兵，大將失地，以歸之，兵起。

5.13 五星相犯占四

本小節所討論的文字位於《集成》圖版第48—50行，是以水星犯金星的幾種情況爲占。按照傳世星占類文獻的分類原則，應屬"相犯占"類。

【釋文】

小白從其下ㄴ上抵之[1]，不入大白ㄴ，軍急。小白在大白前後左右[2]，□干48上【□□□□□□□□□□□□】大白未至[3]，去之甚亟[4]，則軍相去也[5]。小白出大白48下【之左】[6]，或出其右，去參尺[7]，軍小戰ㄴ。小白麻（摩）大白[8]，有數萬人之戰，主人吏死ㄴ。小白入大49上【白中】[9]，五日乃【出[10]，及】其入大白[11]，上出[12]，破軍殺將，客勝ㄴ；其下出[13]，亡地三百里[14]。49下小白來抵大白[15]，不去[16]，將軍死。50上

【校注】

[1] "小白"，川原秀成、宮島一彦（1986：16）、陳久金（2001：130）、席澤宗

① 劉樂賢：《馬王堆天文書考釋》，第67頁。
② ［日］川原秀成、宮島一彦：《五星占》，山田慶兒編《新發現中國科學史資料の研究・譯注篇》，第16頁。
③ 劉樂賢：《馬王堆天文書考釋》，第67頁。

(2002：182)、劉樂賢(2004：67—68)認爲應是辰星的異名。①

"抵",劉樂賢認爲指一星直行而至另一星之處。《乙巳占》卷三"占例第十六":"抵者,一動一静直相至。"《開元占經》卷六十四"順逆略例五"引郗萌:"直至爲抵。"

"之",劉樂賢指太白。

[2] "在"字原缺釋,《集成》(2014：232—234)據殘存筆畫 釋出。

[3] 帛書此處殘損嚴重,致文義不明,故僅將釋文列出而不作句讀。

"干"前之字"□"作 ,暫未能釋出。

"干",《集成》指出爲殘字,也有可能是其他字。

"【□□□□□□□□□□】"之缺文字數暫從整理小組(1978：4),共計十字。

[4] "亟",從劉樂賢釋爲疾。

[5] "去",從劉樂賢釋爲離去,這裏指軍隊撤離。

[6] "之左"二字原缺,整理小組據文義補。

[7] "去參尺",劉樂賢指小白與太白之間相距三尺遠。

[8] "麻",從劉樂賢釋,讀爲"磨"或"靡",古書又作"摩"。《乙巳占》卷三"占例第十六":"磨者,傍過而相切逼之。靡者,傍逼過而有間之。"

[9] "白中"二字原缺,《集成》據文義補。

[10] "五日乃"三字原缺釋,《集成》據殘存筆畫 、 、 釋出。

"出"字原缺,整理小組據文義補。

[11] "及"字原缺,整理小組據文義補。

[12] "上出",劉樂賢指辰星從太白的上面出來。

[13] "下出",劉樂賢指辰星從太白的下面出來。

[14] "里"字原缺釋,《集成》據殘存筆畫 釋出。

[15] "小白來"三字原缺釋,《集成》據殘存筆畫 、 、 釋出。

[16] "不去",劉樂賢指出傳世文獻或作"太白不去",故知其主語應爲"大白",指太白不離去。

① 此説亦見於劉樂賢:《簡帛數術文獻探論》,武漢:湖北教育出版社,2003 年,第 182 頁。劉先生指出,據《史記・天官書》,太白亦名"太(大)正",而辰星又叫"小正",太白和辰星的名字正好大、小相對。帛書將太白和辰星分别稱爲"大白""小白",乃是出於同樣的命名思路。

【疏證】

5.13“五星相犯占四”是以水星犯金星爲占，其内容可分爲六個部分：

表 1－8　5.13“五星相犯占四”結構

第一部分	小白從其下ᒻ上抵之，不入大白ᒻ，軍急。
第二部分	小白在大白前後左右，□干【□□□□□□□□□□□】大白未至，去之甚亟，則軍相去也。
第三部分	小白出大白【之左】，或出其右，去参尺，軍小戰ᒻ。
第四部分	小白麻(摩)大白，有數萬人之戰，主人吏死ᒻ。
第五部分	小白入大【白中】，五日乃【出，及】其入大白，上出，破軍殺將，客勝ᒻ；其下出，亡地三百里。
第六部分	小白來抵大白，不去，將軍死。

第一部分是以水星直至金星而不入爲占。第二部分缺字較多，難以判斷其前後部分的内容是否屬於一段占辭。據殘存文字判斷，前一部分似乎是以水星在金星的前、後、左、右爲占，後一部分似乎是以金星離水星而去爲占。第三部分是以水星在金星左、右三尺爲占。第四部分是以水星傍過金星并與之相切爲占。第五部分是以水星入金星而後出的上下方位爲占。第六部分是以水星直至金星而不離去爲占。其中，第六部分的内容還常與5.14“金星變色芒角占二”組成一段占辭，見載於傳世文獻中。此外，4.8“五星相犯占三”的“其入大白之中，若痲(摩)近繞環之，爲大戰，趮(躁)勝静也”句，亦以水星犯金星爲占，與本小節内容屬同一類占辭。

與這些占辭類似的説法，集中見於以下傳世文獻：

• 《史記・天官書》：其入太白中而上出，破軍殺將，客軍勝；下出，客亡地。辰星來抵太白，太白不去，將死。正旗上出，破軍殺將，客勝；下出，客亡地。視旗所指，以命破軍。其繞環太白，若與鬭，大戰，客勝。兔過太白，[1]閒可械劍，小戰，客勝。兔居太白前，軍罷；出太白左，小戰；摩

① “兔”亦作“免”，是水星的異名。

太白，有數萬人戰，主人吏死；出太白右，去三尺，軍急約戰。①

• 《漢書·天文志》：辰星入太白中，五日乃出，及入而上出，破軍殺將，客勝；下出，客亡地。辰星來抵太白，不去，將死。正其上出，破軍殺將，客勝；下出，客亡地。視其所指，以名破軍。辰星繞環太白，若鬭，大戰，客勝，主人吏死。辰星過太白，間可椷劍，小戰，客勝；居太白前，旬三日軍罷；出太白左，小戰；歷太白右，數萬人戰，主人吏死；出太白右，去三尺，軍急約戰。②

• 《晋書·天文志》：入太白中而上出，破軍殺將，客勝；下出，客亡地。視旗所指，以命破軍。環繞太白，若與鬭，大戰，客勝。

• 《乙巳占》卷六"太白占第三十四"：辰守太白不去，大將死。辰星居太白前，二日軍罷。辰星出太白，小戰；南三尺，軍約大戰。太白進，則兵進。

將以上諸條文獻列爲下表，可進行比較：

表1-9　五星相犯占對照

《五星占》	《史記》	《漢書》	《晋書》	《乙巳占》
其入大白之中，若麻(摩)近繞環之，爲大戰，趮(躁)勝静也。	其繞環太白，若與鬬，大戰，客勝。	辰星繞環太白，若鬬，大戰，客勝，主人吏死。	環繞太白，若與鬬，大戰，客勝。	
小白從其下└上抵之，不入大白└，軍急。				
小白在大白前後左右，□干【□□□□□□□□□□】大白未至，去之甚亟，則軍相去也。	免居太白前，軍罷；出太白左，小戰。	居太白前旬三日，軍罷；出太白左，小戰；歷太白右，數萬人戰，主人吏死。		辰星居太白前，二日軍罷。

① 席澤宗：《〈五星占〉釋文和注釋》，收入氏著《古新星新表與科學史探索》，西安：陝西師範大學出版社，2002年，第182頁。

② 同上。

续　表

《五星占》	《史記》	《漢書》	《晋書》	《乙巳占》
小白出大白【之左】，或出其右，去參尺，軍小戰└。	兔過太白，間可椷劍，小戰，客勝；出太白右，去三尺，軍急約戰。	辰星過太白，間可椷劍，小戰，客勝；出太白右，去三尺，軍急約戰。		辰星出太白，小戰；南三尺，軍約大戰。
小白麻（摩）大白，有數萬人之戰，主人吏死└。	摩太白，有數萬人戰，主人吏死。			
小白入大【白中】，五日乃【出，及】其入大白，上出，破軍殺將，客勝└；其下出，亡地三百里。	其入太白中而上出，破軍殺將，客軍勝；下出，客亡地。	辰星入太白中，五日乃出，及入而上出，破軍殺將，客勝；下出，客亡地。	入太白中而上出，破軍殺將，客勝；下出，客亡地。	
小白來抵大白，不去，將軍死。大白期（旗）出，破軍殺將，視期（旗）所鄉（向），以命破軍。	辰星來抵太白，太白不去，將死。正旗上出，破軍殺將，客勝；下出，客亡地。視旗所指，以命破軍。	辰星來抵，太白不去，將死。正其上出，破軍殺將，客勝；下出，客亡地。視其所指，以名破軍。	視旗所指，以命破軍。	辰守太白不去，大將死。

此外，以下文獻可與4.8“五星相犯占三”的“其入大白之中，若痳（摩）近繞環之，爲大戰，趮（躁）勝静也”句相參照：

- 《開元占經》卷二十二“太白與辰星相犯三”引《荆州占》：若辰星環繞太白，大戰，主人偏將死。
- 又引《荆州占》：太白環繞辰星，若與太白抵觸，一尺容劍，破軍殺將，主人勝。

以下文獻則可與占辭第二部分相參照：

- 《開元占經》卷二十二“太白與辰星相犯三”引《荆州占》：太白出

東方，辰星出其下，謂在太白東方；太白出西方，辰星出其後，謂在太白西方；太白、辰星，以初出爲先後。

- 又引《荆州占》：太白出，辰星右走居太白前，主人小利，逐入之主大利。太白出，辰星左走居太白前，客小利，逐入之客大利；留有兵，兵罷。
- 又引《荆州占》：太白出，辰星居其後，二十日兵起；辰星居其前，十五日兵罷；居其右，去之三尺，有軍必戰，客將死；居其左，兵…… 一人吏死。[1]
- 又引《荆州占》：辰星居太白前，則兵罷；居後，則兵起；居陽，則利客；居陰，則利主人。
- 又引石氏：辰星居太白前，旬三日，軍罷；出太白後，兵起。
- 又引《荆州占》：天下有兵，太白在東方，辰星居其前而不去，十五日若二十日而入，陰兵滅；不，大戰；辰星去，兵罷。又曰，天下有兵，辰星在西方，居太白之前，十五日若二十日而入，陽兵滅，客去。
- 又引《荆州占》：其從前，大病；從旁，小病。

以下文獻則可與占辭第三部分相參照：

- 《開元占經》卷二十二“太白與辰星相犯三”引《荆州占》：天下無兵，辰星太白俱出西方，辰星居太白之前，相近，間可槭劍，在西北，陰國有兵謀；在西南，陽國有兵謀；其不相近，兵官有滅者。
- 又引《荆州占》：太白與辰星相去二尺若一尺，破軍殺將。
- 又引《荆州占》：辰星與太白相近三尺四尺於西方，二十日至三十日，軍戰；辰星相遠，不戰。
- 又引郗萌：辰星隨太白於西方，天下無兵，兵起，期六月；天下有兵，客利。相去間可四尺，客兵愈相遠，不戰；兵軍未解，辰星退而罷。
- 又引《荆州占》：太白出，辰星從之急，相去一尺，兵起，大戰，光芒相及。

---

① 参見[日] 川原秀成、宫島一彦《五星占》，山田慶兒編《新發現中國科學史資料の研究・譯注篇》，第 16 頁。值得注意的是，本文所引“居其左，兵……”句，乃據四庫本；在川原、宫島先生的文章中，此處作“居其左，兵起小戰，主死”，應有不同的版本來源。

• 又引《春秋緯》：過太白，間可容劍，小戰；出太白右，軍急。

• 又引《荆州占》：辰星從太白，相守，其間可槭劍，有數萬人戰其下。

以下文獻則可與占辭第四部分相參照：

• 《開元占經》卷二十二"太白與辰星相犯三"引《荆州占》：與太白相薄，戰，其先起兵凶。

• 又引《荆州占》：若摩之其下，有數萬人戰，客勝，主人軍敗。

• 又引石氏：辰星摩太白左，大戰，主人與吏死；摩太白右，萬人戰，主人勝。

• 又引《文耀鈎》：辰星摩太白，入相傾。

以下文獻則可與占辭第五部分相參照：

• 《開元占經》卷二十二"太白與辰星相犯三"引石氏：免星入太白中，五日而出，反入而上出，破軍殺將，客勝；下出，客亡地三百里。①

• 又引《荆州占》：辰星入太白中復出，人君死。

以下文獻則可與占辭第六部分相參照：

• 《開元占經》卷二十二"太白與辰星相犯三"引《荆州占》：抵太白，主人大將死。

• 又引石氏：辰星來抵太白，不去，將死。正旗所出，破軍殺將，客勝。視旗所指，以命破軍。②

5.14 金星變色芒角占二

本小節所討論的文字位於《集成》圖版第50行，主要闡述了金星芒角時"視芒角所向"的用兵原則。按照傳世星占類文獻的分類原則，應屬"變色芒角"類。

① ［日］川原秀成、宮島一彦：《五星占》，山田慶兒編《新發現中國科學史資料の研究・譯注篇》，第16頁。

② 同上。

【釋文】

大白期(旗)出[1],破軍殺將,視期(旗)所鄉(向)[2],以命破軍。50上

【校注】

[1]"期",從劉樂賢(2004:68)釋,讀爲"旗"。太白光色芒角狀如旌旗,故名爲"旗"。《開元占經》卷四十五"太白光色芒角四"引《荆州占》:"太白之色赤,澤而有角,命曰大旗。旗長,取地長;旗短,取地短。"《史記・天官書》:"正旗上出,破軍殺將,客勝。"《索隱》:"旗蓋太白芒角,似旌旗。"

[2]"期",從整理小組(1978:4)釋,讀爲"旗"。劉樂賢指出,即前面的"太白旗"。

"鄉",從整理小組釋,讀爲"向"。

【疏證】

5.14"金星變色芒角占二"占辭中用兵原則的類似説法亦見於傳世文獻:

- 《史記・天官書》:順角所指,吉;反之,皆凶。
- 《漢書・天文志》:角,敢戰吉,不敢戰凶。擊角所指吉,逆之凶。①
- 《晋書・天文志》:視旗所指,以命破軍。
- 《開元占經》卷四十五"太白行度二"引石氏:太白出所直之辰,從其色而角,勝;其色害者,敗。
- "太白光色芒角四"引石氏:太白赤角,用兵敢戰,吉;不敢戰,凶。順角所指擊之,吉;逆之,凶。②
- 卷四十六"太白變異大小傍有小星四"引甘氏:太白獨行,赤則十五日戰,從芒之所指而擊者勝。③

此段占文還常與5.13"五星相犯占四"的末句"小白來抵大白,不去,將軍死"作爲一段出現在傳世文獻中:

① 劉樂賢:《馬王堆天文書考釋》,第70頁。
② [日]川原秀成、宮島一彥:《五星占》,山田慶兒編《新發現中國科學史資料の研究・譯注篇》,第17頁。
③ 同上。

- 《史記·天官書》：辰星來抵太白，太白不去，將死。正旗上出，破軍殺將，客勝；下出，客亡地。視旗所指，以命破軍。①
- 《漢書·天文志》：辰星來抵，太白不去，將死。正其上出，破軍殺將，客勝；下出，客亡地。視其所指，以名破軍。②
- 《開元占經》卷二十二"太白與辰星相犯三"引石氏：辰星來抵太白，不去，將死。正旗所出，破軍殺將，客勝。視旗所指，以命破軍。③

此外，與此段類似的説法，亦見於與火星、水星有關的文獻：

- 《乙巳占》卷六"辰星占第三十七"：金、水旗出，破軍殺將，客勝。視旗所指，以命破軍。
- 《開元占經》卷三十"熒惑光色芒角四"引甘氏：熒惑芒，名正旗；旗所指，破軍殺將，正旗而伐之，大勝。
- 卷五十三"辰星光色芒角四"引《荆州占》：辰星正旗而出，破軍殺將。視旗所指，順而擊之，大勝。④

5.15 五星相犯占五

本小節所討論的文字位於《集成》圖版第50行，是講水星與金星相犯或相合時二者的主、客之分。按照傳世星占類文獻的分類原則，應屬"相犯占"類。

【釋文】

小白50上【□大】白[1]，兵星【□□[2]，其】趮而能去就者[3]，客也；其静而不能去就者，【主人也】[4]。50下

【校注】

[1]"□"之缺文字數暫從整理小組（1978：4），共計一字。

---

① ［日］川原秀成、宫島一彦：《五星占》，山田慶兒編《新發現中國科學史資料の研究·譯注篇》，第16頁。
② 同上。
③ 同上。
④ 劉樂賢：《馬王堆天文書考釋》，第70頁。

“大”字原缺，整理小組據文義補。

［2］“星”，原釋“是”，從《集成》(2014：232—234)校改。《集成》指出，此字下部殘存兩横筆，與“是”不類，應是“星”字。《開元占經》卷六十五“招摇占四”引巫咸曰：“矛、楯，兵星，金官也。”卷八十五“五殘十三”引郗萌曰：“五殘，兵星也。”①

“【□□】”之缺文字數暫從整理小組，共計二字。《集成》指出，此處也很可能只缺一個字。

《集成》指出，此處缺字較多，文意不明，疑是講太白與小白都是兵星，是用兵者所象。

［3］“其”字原缺，整理小組據文義補。

“趮”，席澤宗(2002：182)指同“躁”，疾也，動也。《管子・心術》：“趮者不静。”劉樂賢(2004：69)指同“躁”，與後文的“静”相對。

“去就”，劉樂賢釋爲去留、進退。

［4］“主人也”三字原缺，《集成》據文義補。整理小組原補“主也”二字，《集成》指出，此處帛書殘缺的長度可容三字，故補“人”字，帛書在與“客”對言時，均稱“主人”，不稱“主”。②

【疏證】

5.15“五星相犯占五”記載占文的類似説法雖不見於傳世文獻，但關於水星與金星更迭出入時主客之分的説法可見於傳世文獻，詳參5.16“五星相犯占六”的“疏證”部分。

5.16　五星相犯占六

本小節所討論的文字位於《集成》圖版第51行，是講用兵在何種情況下取象水星，在何種情況下取象金星。按照傳世星占類文獻的分類原則，應屬“相犯占”類。

---

① 此説最早見於劉建民《馬王堆漢墓帛書〈五星占〉整理劄記》，《文史》2012年第2輯，第113頁。

② 以上説法最早見於劉釗、劉建民《馬王堆帛書〈五星占〉釋文校讀札記(七則)》，《古籍整理研究學刊》2011年第4期，第34頁。劉先生指出，帛書在與“客”對言時，都是説“主人”，没有説“主”的。因此帛書此處補“主也”二字不妥，應補“主人也”三字。

【釋文】

凡小白、大白兩星偕出[1]，用兵者象小白[2]；若大白獨出，用兵者象效大₌白₌（大白）[3]。51上

【校注】

[1]"偕"，劉樂賢(2004：69—70)釋爲"一同"。《詩·擊鼓》："執子之手，與子偕老。"毛傳："偕，俱也。"

"偕出"，劉樂賢指俱出，一同出現，與後文"獨出"相對。

[2]"象"，劉樂賢釋爲取象、效化。《廣雅·釋詁》："象，效也。"

[3]"象效"，劉樂賢釋爲取象、效化。《荀子·解蔽》："故學者，以聖王爲師，案以聖王之製爲法，法其法，以求其統類，以務象效其人。"

【疏證】

5.16"五星相犯占六"認爲，當水星和金星一同出現時，用兵應取象水星；當金星單獨出現時，用兵應取象金星。關於這一原則，劉樂賢指出，古代以辰星爲殺伐之氣，以太白爲用兵之象，二者都爲兵家所重。蓋辰星、太白雖同爲用兵之象，但辰星殺氣猶重於太白，故二者同時出現時須取向辰星。傳世文獻中類似説法多是講水星與金星更迭出入時的主客之分，與帛書此處有所不同：

- 《史記·天官書》：辰星不出，太白爲客；其出，太白爲主。出而與太白不相從，野雖有軍，不戰。①
- 《漢書·天文志》：辰星不出，太白爲客；辰星出，太白爲主人。辰星與太白不相從，雖有軍不戰。
- 《晋書·天文志》：辰星不出，太白爲客；其出，太白爲主。
- 《乙巳占》卷六"太白占第三十四"：太白出，辰星不出，太白爲客善，主人雖兵强，不戰；辰星出，即以太白爲主人，有主無憂，兵戰。
- 《開元占經》卷二十二"太白與辰星相犯三"引《天官書》：辰星不出，太白爲客；其出，太白爲主人。
- 又引《荆州占》：太白、辰星更迭出入，以爲主、客：太白出而辰星

① 劉樂賢：《馬王堆天文書考釋》，第69頁。

不出，太白爲客；辰星出而太白不出，辰星爲客；而金水俱不出，熒惑爲客。無主人有兵，雖盛不合戰。①

5.17　金星變色芒角占三

本小節所討論的文字位於《集成》圖版第51行，是以金星赤色而有芒角與黃色而圓相對爲占。按照傳世星占類文獻的分類原則，應屬"變色芒角"類。

【釋文】

大=白=(大白)赤51上【而】角勭(動)[1]，兵【起】[2]；其黄而員(圓)[3]，兵不用。51下

【校注】

［1］"赤"原缺釋，《集成》(2014：232—234)據殘存筆畫釋出。此字劉樂賢(2004：70)曾釋爲"干"。《集成》指出，《五星占》从"干"之字"干"旁的兩横筆均作上短下長，而此字殘筆上下兩横長度基本一致。此"赤"字殘筆，"赤"字上部不是很平直，略微下斜。但也有寫得較爲平直的情況。②

"而"字原缺，《集成》據文義補。

"角"原釋"亢"，從《集成》校改。《集成》指出，此殘筆確實與"亢"字下部很接近。但這樣的筆畫也見"央""青"或"角"等字的下部。據文意，此字應是"角"字。前文講熒惑時説"其赤而角動，殃甚"，可與此處對照。"赤而角"與"黄而圓"正相對。此句有了"角"字，下句説的"凡戰必擊旗所指"的"旗"字才能落實。《史記·天官書》："(太白)小以角動，兵起。"《開元占經》卷四十六"太白變異大小傍有小星四"引石氏曰："太白小以角動，兵起。"又引郗萌曰："太白小以角動，不出三年，中央兵起。"③

［2］"起"字原缺，鄭慧生(1995：188)據文義及傳世文獻補。

---

① 劉樂賢：《馬王堆天文書考釋》，第69頁。

② 此説最早見於劉建民《馬王堆漢墓帛書〈五星占〉整理劄記》，《文史》2012年第2輯，第113—115頁。

③ 同上。

[3]“其”,原釋“色”,《集成》據殘存筆畫[殘字圖]校改。①

“員”,從整理小組(1978：4)釋,讀爲“圓”。

【疏證】

5.17“金星變色芒角占三”中以金星赤色而有芒角的説法亦見於5.19“五星變色芒角占一”。傳世文獻中,以赤色或有芒角爲興兵之象、以黄色或圓爲偃兵之象的説法較爲常見：

- 《史記・天官書》：五星色白圜,爲喪旱;赤圜,則中不平,爲兵;青圜,爲憂水;黑圜,爲疾,多死;黄圜,則吉。赤角犯我城,黄角地之争,白角哭泣之聲,青角有兵憂,黑角則水。意,行窮兵之所終。五星同色,天下偃兵,百姓寧昌。春風秋雨,冬寒夏暑,動摇常以此。
- 《史記・天官書》：角,敢戰,動摇躁,躁。圜以静,静。
- 《史記・天官書》：其色大圜黄滜,可爲好事;其圜大赤,兵盛不戰。
- 《乙巳占》卷六“太白占第三十四”：太白色白而角,文也,不可以戰;金色赤而角,武,可以戰也。
- “太白占第三十四”：赤而戰,白而角爲喪。

5.18 金星變色芒角占四

本小節所討論的文字位於《集成》圖版第52行,主要闡述了金星芒角時“視芒角所向”的用兵原則。按照傳世星占類文獻的分類原則,應屬“變色芒角”類。

【釋文】

凡戰,必擊期(旗)所指[1],乃有功,迎【之左之】51下者敗└[2]。52上

【校注】

[1]“期”,從整理小組(1978：4)釋,讀爲“旗”。劉樂賢(2004：70)指出,應即前文所載之“太白旗”,指太白的旌旗狀芒角。

① 此説最早見於劉建民《馬王堆漢墓帛書〈五星占〉整理劄記》,《文史》2012年第2輯,第113—115頁。

［2］“迎”，原釋“禦”，從劉樂賢校改。

“之左之”三字原缺，整理小組據文義補。

【疏證】

5.18“金星變色芒角占四”的用兵原則，其類似内容亦見於 5.14“金星變色芒角占二”。相關討論，可參看 5.14“金星變色芒角占二”的“疏證”部分。

5.19　五星變色芒角占一

本小節所討論的文字位於《集成》圖版第 52—53 行，是以五星的顏色與芒角變化占測主、客雙方之勝負。按照傳世星占類文獻的分類原則，應屬“變色芒角”類。

【釋文】

巳（已）張軍[1]，所以智（知）客、主人勝者[2]：客星白澤[3]、黄澤，客勝；青黑萃[4]，客52上【不】勝[5]。所胃（謂）【□□□□】白（?）𦓤〈耕〉星【□□□】歲星、填星[6]，其色如客星【□□】52下也[7]，主人勝。大白、營（熒）或（惑）、耕（耕）星赤而角[8]，利以伐人，客勝；客不動（動）[9]，以爲主＝人＝（主人，主人）勝。53上

【校注】

［1］“巳”，原釋“已”，從《集成》（2014：232—234）校改，讀爲“已”。

［2］“智”，從劉樂賢（2004：71）釋，讀爲“知”。

“所以智客、主人勝者”，劉樂賢認爲指推知客、主雙方相勝的方法。①

［3］“客星”，劉樂賢指屬於客方的行星，與天文書中常見的“客星”含義不同。澤，指行星顏色光澤發亮。《史記·天官書》描述太白運行時説：“其色大圜黄滜，可爲好事。”“黄滜”即“黄澤”，澤字的用法與帛書一致。

［4］“萃”，劉樂賢釋爲聚集。

“青黑萃”，劉樂賢指行星青黑兩色相雜。

---

① 此説最早見於劉樂賢《簡帛數術文獻探論》，武漢：湖北教育出版社，2003 年，第 182—183 頁。劉先生指出，類似格式的文句，也見於帛書《刑德》乙篇卷後《星占書》第 79 行：“攻城圍邑，知客與主人相勝：以日軍，雲如雞雁相隨出日月軍（暈）中，主人勝；入而客勝。”

［5］“不”字原缺，《集成》據文義補。

“勝”字原缺釋，《集成》據殘存筆畫 釋出。

《集成》指出，“客”與“所謂”之間有兩個字位置，原整理小組釋文缺。《開元占經》卷八十三“客星犯文昌五十五”引石氏曰：“有星入司禄中，色黄若白，近臣有賜爵者。”又引郗萌曰：“客星入司禄，色青黑，近臣有奪爵者。”同卷“客星犯北斗五十六”引郗萌曰：“人主左右有囚者，色黄白，無故；色青黑，有憂，死不出；色赤，斬。”從上引文字可以看出，青黑色與黄、白的占驗結果往往是相反的，這類占測在文獻中還有很多。帛書“白澤、黄澤，客勝”，那“青黑萃”的結果應是客敗或客不勝。“所”上之字僅存右上方的殘筆，將其與同篇的“勝”和“敗”比較之後，認爲這是“勝”字之殘。據此，將此處釋爲“青黑萃，客【不】勝”。[1]

［6］“胃”，原釋“謂”，從《集成》校改。

“【□□□□】”之缺文字數暫從《集成》，共計四字。其中“胃”下之字僅存殘筆 ，《集成》懷疑可能是“客”字。[2]

“白”，原釋“曰”，劉樂賢懷疑也可能應視爲大白或小白之“白”。《集成》指出，此字與帛書《五星占》中所有的“曰”字都不類，劉氏認爲是“白”字可能是正確的。

“耕”，原釋“耕”，從《集成》校改。《集成》指出，此處“耕”字，从“東”从“井”，“東”似是“耒”之誤。

“耕星”，席澤宗（2002：182）認爲可能是辰星的别名。劉樂賢指出，應爲五星中某一行星的異名，惜因帛書殘缺嚴重，無從詳考。從下文耕星與太白、熒惑一同出現看，它應是歲星、填星、辰星三星中的一星。《集成》指出，從下文耕星與太白、熒惑一同出現看，它應是歲星、填星、辰星三星中的一星。此處耕星又與歲星、填星一同出現，若劉説成立，可排除耕星是歲星或填星的可能，耕星只能是辰星了。

［7］“【□□】”之缺文字數暫從整理小組（1978：5），共計二字。《集成》指出，實際上此處也很可能只缺一個字。

［8］“赤而角”，劉樂賢指行星顔色赤且有芒角。古代以星體光芒的長短或大小來區分芒、角，《開元占經》卷六十四“順逆略例五”引石氏：“光五寸以内

① 此説最早見於劉建民《馬王堆漢墓帛書〈五星占〉整理劄記》，《文史》2012年第2輯，第115頁。
② 同上。

爲芒。”又引巫咸：“光一尺以内爲角，歲星七寸以上謂之角。”《乙巳占》卷三“占例第十六”説：“角者，頭角長大於芒，興立誅伐之象。”

［9］“動”，原補爲“勝”，《集成》據殘存筆畫釋出。《集成》指出，補“勝”的話，“客不勝，以爲主人，主人勝”，文意不通。帛書前文已經提到區分主客的標準是“【其】趮而能去就者，客也；其静而不能去就者，主人也”（第50行下）。帛書此處是説客怎樣就成爲主人，據殘存筆畫，此字是“動（動）”，“客不動（動），以爲主人”，文從字順。

【疏證】

5.19“五星變色芒角占一”的内容可分爲三部分：

表1－10　5.19“五星變色芒角占一”結構

第一部分	巳（已）張軍，所以智（知）客、主人勝者。
第二部分	客星白澤、黄澤，客勝；青黑萃，客【不】勝。所胃（謂）【□□□□】白（?）耕〈耕〉星【□□□】歲星、填星，其色如客星【□□】也，主人勝。
第三部分	大白、營（熒）或（惑）、拼（耕）星赤而角，利以伐人，客勝；客不動（動），以爲主=人=（主人，主人）勝。

第一部分是統領後兩個部分的設問句。類似表述，劉樂賢指出亦見於馬王堆帛書《日月風雨雲氣占》：“攻城圍邑，智（知）客與主人相勝：以日軍（暈），雲如雍（鴻）鴈相隨，出日月軍（暈）中，主人勝；入而客勝。27”[①]

第二部分似以五星顔色爲占，以黄、白之色爲用兵之吉兆，以青、黑之色爲用兵之凶兆。傳世文獻中，以五星黄澤、白澤爲吉的説法較爲常見：

- 《史記・天官書》：……黄圜，則吉。……
- 《史記・天官書》：其色大圜黄滜，可爲好事；……
- 《漢書・天文志》：……黄吉。……
- 《晋書・天文志》：……黄爲吉。……
- 《乙巳占》卷四“星官占第二十三”：……黄員女主喜，白員爲喪與

① 裘錫圭主編：《長沙馬王堆漢墓簡帛集成（伍）》，北京：中華書局，2014年，第11頁。

兵，……

- “星官占第二十三”：……黄爲喜，白爲兵，……

- 《開元占經》卷十八“五星行度盈度失行二”引《海中占》：……黄爲喜，……

- “五星喜怒芒角變色冠珥三”引《天官書》：……黄圜，則吉。……

- 卷四十五“太白光色芒角四”引石氏：……其大而圜，黄而澤，可以爲好事；……太白色白圜、明潤，吉；黄圜和；……

- 又引《海中占》：……白，淳有喜；……

而傳世文獻中的青、黑二色多爲凶兆，青色多爲憂、獄之兆，黑色多爲喪、疾之兆。可參看1.15“木星變色芒角占一”、5.24“五星變色芒角占二”兩小節的“疏證”部分。

第三部分是以五星之中的金星、火星與水星赤色而有芒角占測主客雙方用兵之吉凶。傳世文獻中，關於金、火二星赤而角爲利於用兵之象的記載較爲常見：

- 《開元占經》卷三十“熒惑光色芒角四”引甘氏：熒惑色赤而芒角，其怒也昭昭然明大則軍戰，其國亦戰。[①]

- 卷四十五“太白光色芒角四”引石氏：太白赤角，用兵敢戰，吉；不敢戰，凶。順角所指擊之，吉；逆之，凶。[②]

- 又引《荆州占》：太白之色赤也，將者勝；其白無角，不勝；其剛也，破軍殺將；其柔也，勝，不殺將。太白赤而角者，武也，戰，不戰凶。[③]

此外，以金星赤色而有芒角爲占的占辭亦見於5.17“金星變色芒角占三”。相關討論，可參看5.17的“疏證”部分。

5.20 金星待考一

本小節的文字位於《集成》圖版第53行，因帛書此處殘損嚴重，致文義不明，暫存疑待考。

---

① 劉樂賢：《馬王堆天文書考釋》，第71—72頁。
② 劉樂賢：《馬王堆天文書考釋》，第71頁。
③ 同上。

【釋文】

大白稾【□□□】或當其【□□□】將歸(歸)[1],益主益尊[2]。53下

【校注】

[1] 帛書此處殘損嚴重,致文義不明,故僅將釋文列出而不作句讀。

"【□□□】"之缺文字數暫從《集成》(2014: 232),共計三字。

"【□□□】"之缺文字數暫從《集成》,共計三字。

[2] "益主益尊",劉樂賢(2004: 72)認爲可能是有益於主事者和尊貴者的意思。

5.21　金星失行占四

本小節所討論的文字位於《集成》圖版第 54 行,可能是以金星盈、縮而久處爲占。按照傳世星占類文獻的分類原則,應屬"失行占"類。

【釋文】

大白贏數[1],弗53下去[2],其兵强。54上

【校注】

[1] "贏",劉樂賢(2004: 72)指出,古書或作"盈",指五星早出,這裏指太白早出。

"數",劉樂賢指出或可讀爲"縮"。縮字古音在覺部生紐,數字古音在屋部心紐,二字讀音接近,可以通假。

"贏數",劉樂賢指出,似即古書習見的"贏縮"或"盈縮"。

[2] "去",謹按,釋爲"離去",指金星離去。《五星占》1.11"木星失行占三"曰:"【既已處之,又東西去之,其國凶,不可舉】事用兵∟。9下"

【疏證】

關於 5.21"金星失行占四"的大意,劉樂賢認爲可能是以金星盈縮失行占測用兵吉凶。謹按,此説未注意到"弗去"二字,此段可能是以金星盈、縮而久處爲占。

傳世文獻中，金星盈縮有兩種含義：其一是指金星早出與晚出。其二，盈是指金星在夏至時居於日南，在冬至時居於日北；縮是指金星在夏至時居於日北，在冬至時居於日南。詳參第二章《以五星運行爲占》。《五星占》此處“盈、縮”應取何義，暫難以判斷。

5.22　金星失行占五

本小節所討論的文字位於《集成》圖版第54行，是以金星上下跳動的失行狀況爲占。按照傳世星占類文獻的分類原則，應屬“失行占”類。

【釋文】

星蛹趯[1]，一上一下，其下也糴（糶）貴[2]。54上

【校注】

[1]“蛹趯”，劉樂賢（2004：72）指出，或作“踴躍”，是跳動的意思。

[2]“糴”，原釋“糶”，從劉樂賢校改，可讀爲“糶”。劉樂賢指出，糴，讀爲“糶”。粜，《説文解字》以爲是會意字。清代説文學家多認爲應是會意兼形聲字，可信。包山楚簡“粜種”之粜（糶），或作“糴”，或作“翟”，糶字確从“糴”得聲。糶貴，指物價昂貴。

【疏證】

5.22“金星失行占五”中占辭的類似説法，亦見於傳世文獻：

- 《開元占經》卷四十六“太白盈縮失行一”引《春秋緯文耀鈎》：太白躍沉浮①，主代提，天下更紀，世有名師。②

劉樂賢指出，《春秋緯文耀鈎》“躍沉浮”費解，疑是“踴躍沉浮”之脱。其占測主體，與帛書“星踴躍，一上一下”相類。

5.23　金星待考二

本小節的文字位於《集成》圖版第54行，因帛書此處殘損嚴重，致文義不

---

① “躍沉浮”，劉樂賢先生懷疑是“踴躍沉浮”之脱。參看劉樂賢：《馬王堆天文書考釋》，廣州：中山大學出版社，2004年，第72頁。

② 劉樂賢：《馬王堆天文書考釋》，第72頁。

明，暫存疑待考。

【釋文】

星如杍【□□】軍死其下[1]，半54上杍十萬【□□□□□□□□□】其下千里條[2]。54下

【校注】

[1] “杍”，原釋“郙”，從《集成》(2014：232—235)校改。《集成》指出，整理小組將此字右半所从看作“邑”旁，但是不能排除是“予”的可能：秦漢文字中“予”旁與“邑”旁往往寫的比較相近。將此字左半看作“市”則不確。“市”字下部作“巾”字形，與此字左半明顯不同，此字左半應是“木”旁。此字應釋爲“杍”。馬王堆帛書中，“杍”字又見《相馬經》及《天文氣象雜占》。①

“【□□】”之缺文字數暫從《集成》，共計二字。

[2] 帛書此處殘損嚴重，致文義不明，故僅將釋文列出而不作句讀。

“【□□□□□□□□□】”之缺文字數暫從《集成》，共計九字。

5.24　五星變色芒角占二

本小節所討論的文字位於《集成》圖版第54—56行，可能是以五星的顏色與芒角變化爲占。按照傳世星占類文獻的分類原則，應屬“變色芒角”類。

【釋文】

·凡矔(觀)五色，其黃而54下員(圓)則贏[1]，青而員(圓)則憂，凶央(殃)之白(迫)[2]，赤而員(圓)則中不平，白而員(圓)則福禄是55上聽[3]，黑而【圓則□□□□□□□】聽[4]。黃而角則地之争，青而角則55下國家懼，赤而角則犯伐〈我〉城[5]，白而角則得其衆。四角有功，五角取國，七角伐56上【王】[6]。黑而【角則□□□□□】[7]。56下

【校注】

[1] “員”，從整理小組(1978：5)釋，讀爲“圓”。

① 此説最早見於劉建民《馬王堆漢墓帛書〈五星占〉整理劄記》，《文史》2012年第2輯，第116頁。

［2］“之”，劉樂賢(2004：73)釋爲“至”。

“白”，從整理小組釋，讀爲“迫”。

“凶央之白”，劉樂賢指凶殃很快就至。

［3］在釋文中，“聽”和“黑”之間還有一“□”，表明尚有一字。劉樂賢指出，從文義看，“聽”和“黑”之間似不應有字。大概是此處“聽”字所从“心”旁的下部一筆拖得過長，一個字占用了兩個字的位置，故致使帛書整理小組誤以爲兩字。

［4］“而”字原缺釋，《集成》(2014：233)據殘存筆畫 釋出。

“圓則”二字原缺，整理小組據文義補。

【□□□□□□】之缺文字數暫從《集成》，共計六字。

“□”尚存殘筆 ，暫存疑。

“聽”，《集成》原據殘存筆畫釋爲“弱”。鄭健飛(2015：28—29)指出，其形右半部分與本篇 67 行上“其兵弱”之“弱”字作 明顯不類。雖然 字右半部分有些漫漶不清，但是據其整體輪廓不難判斷應是“聽”字，本篇 55 行下首字即爲“聽”字，其形作“ ”，可資對比。另外，將此字改釋爲“聽”字後，正與上下文“贏”“平”“聽”“争”“城”諸字叶韻，這也可以從側面證明改釋合理。

［5］“伐”，劉樂賢指出從傳世文獻看應是“我”字之訛。馬王堆帛書中“伐”“我”二字的寫法有時較爲接近，故易致訛。

［6］“王”字原缺，整理小組據文義補。

［7］“角則”二字原缺，整理小組據文義補。

【□□□□□】之缺文字數暫從《集成》，共計五字。

【疏證】

5.24“五星變色芒角占二”的内容可分爲兩部分：

表 1－11　5.24“五星變色芒角占二”結構

第一部分	・凡贚(觀)五色，其黄而員(圓)則贏，青而員(圓)則憂，凶央(殃)之白(迫)，赤而員(圓)則中不平，白而員(圓)則福禄是聽，黑而【圓則□□□□□□□】弱。黄而角則地之争，青而角則國家懼，赤而角則犯伐〈我〉城，白而角則得其衆。
第二部分	四角有功，五角取國，七角伐【王】。黑而【角則□□□□□】。

第一部分首先以變色而圓爲占，然後以變色而有芒角爲占。至於占測主體是單講金星還是合講五星，劉樂賢認爲尚可討論。結合下文所引傳世文獻，暫以占測主體爲五星，認爲這一部分是以五星變色而圓與變色而有芒角爲占。類似説法，亦見於傳世文獻：

- 《史記・天官書》：五星色白圜，爲喪旱；赤圜，則中不平，爲兵；青圜，爲憂水；黑圜，爲疾，多死；黄圜，則吉。赤角犯我城，黄角地之争，白角哭泣之聲，青角有兵憂，黑角則水。意，行窮兵之所終。五星同色，天下偃兵，百姓寧昌。春風秋雨，冬寒夏暑，動摇常以此。①

- 《漢書・天文志》：凡五星色：皆圜，白爲喪爲旱，赤中不平爲兵，青爲憂爲水，黑爲疾爲多死，黄吉；皆角，赤犯我城，黄地之争，白哭泣之聲，青有兵憂，黑水。五星同色，天下匽兵，百姓安寧，歌舞以行，不見灾疾，五穀蕃昌。②

- 《晋書・天文志》：凡五星色，皆圜，白爲喪，爲旱；赤中不平，爲兵；青爲憂，爲水；黑爲疾疫，爲多死；黄爲吉。皆角，赤，犯我城；黄，地之争；白，哭泣聲；青，有兵憂；黑，有水。五星同色，天下偃兵，百姓安寧，歌舞以行，不見灾疾，五穀蕃昌。

- 《乙巳占》卷四"星官占第二十三"：凡五星，色青員爲饑而憂，赤員多旱而争，黄員女主喜，白員爲喪與兵，黑員水而病。凡五星，黄角土地之争，赤角犯誤城，白角爲兵，青角爲憂，黑角死喪。凡五星，五色變常者，青爲憂，赤爲争、旱，黄爲喜，白爲兵，黑爲喪病。

- 《開元占經》卷十八"五星行度盈度失行二"引《海中占》：五星不當歷列宿，絶列星，有分國貴人有獄；抵列舍，其國有喪。以五色占其吉凶：黄爲喜，赤爲兵，白爲喪，蒼爲憂，黑爲水。

- "五星喜怒芒角變色冠珥三"引《天官書》：五星色：白圓，爲喪、旱；赤圓，則中不平，爲兵；青圓，爲憂、水；黑圓，爲疾，多死；黄圓，則吉。

- 又引《天官書》：五星色：赤角犯我城，黄角地之争，白角哭泣之聲，青角有兵憂，黑角則水。

---

① ［日］川原秀成、宫島一彦：《五星占》，山田慶兒編《新發現中國科學史資料の研究・譯注篇》，第17頁。

② 劉樂賢：《馬王堆天文書考釋》，2004年，第73頁。

以下文獻單以土星變色而圓與變色而有角爲占：

- 《開元占經》卷三十八“填星光色芒角四”引《天官書》：填星色青圓，憂病；一曰，憂水。青角有兵憂。
- 又引《天官書》：填星色白圓，有喪；若星赤圓，有兵；黄圓，則吉。
- 又引《荆州占》：填星居之分久而光明，人主吉昌。填星色，春青、夏赤、秋白、冬黑，色順四時，其國强，女主昌。填星色黑圓，多疾若水；黑而小，國有死王；赤爲兵；白爲喪；黄則吉。填星色黑黄圓，女主吉，有喜；赤圓，女主凶。填星色黄潤澤，即國有慶。

以下文獻單以水星變色而圓與變色而有角爲占：

- 《史記·天官書》：其色黄而小，出而易處，天下之文變而不善矣。兔五色，青圜憂，白圜喪，赤圜中不平，黑圜吉。赤角犯我城，黄角地之争，白角號泣之聲。

以下文獻單以金星變色而圓與變色而有角爲占：

- 《史記·天官書》：赤角，有戰；白角，有喪；黑圜角，憂，有水事；青圜小角，憂，有木事；黄圜和角，有土事，有年。
- 《史記·天官書》：其色大圜黄滜，可爲好事；其圜大赤，兵盛不戰。
- 《乙巳占》卷六“太白占第三十四”：太白赤角則兵戰，白角兵起，黑角兵罷，青角憂。太白圓有喪。芒角，隋〈隨〉芒所指，兵之所起。
- 《開元占經》卷四十五“太白光色芒角四”引石氏：太白色猛赤，次白而蒼，若悴而不光，是謂失色，雖得地位，擊之必克。其大而圓，黄而澤，可以爲好事；其圓大怒而赤，天下兵降而不戰。太白色白圓、明潤，吉；黄圓，和；黑圓，憂；青圓，小憂。
- 又引《荆州占》：太白青圓，爲水。
- 又引《海中占》：太白色赤淳，得食；白淳，有喜；蒼，憂；蒼黑，爲死。
- 又引巫咸：太白色黄，有角，其國疫；又色白，旱。
- 又引《荆州占》：太白蒼芒，有喪憂。
- 又引石氏：太白青角，有木事；黑角，有水事；白角，有喪；赤角，有戰。

- 又引石氏：太白赤角，用兵敢戰，吉；不敢戰，凶。順角所指擊之，吉；逆之，凶。
- 又引巫咸：太白赤而有角，將勝；赤而無角，將不勝。
- 又引《荆州占》：太白之色赤也，將者勝；其白無角，不勝；其剛也，破軍殺將；其柔也，勝不殺將；太白赤而角者，武也，戰，不戰凶。
- 又引《荆州占》：太白之色赤，澤而有角，命曰大旗：旗長，取地長；旗短，取地短。
- 又引《文曜鉤》：太白青角，棺槨貴。
- 又引《荆州占》：太白黄而角，有土功；色白而角，文，不可以戰，一曰哭泣之聲；色黑而角，大水，有兵，在外戰，吉；不戰，凶。

第二部分是以金星芒角之數爲占，"有功""取國""伐王"作爲占測結果，其嚴重程度隨芒角之數的增加而加重。程少軒先生提示，"取國"之"國"本當作"邦"，"功、邦、王"押東陽合韻。《五星占》中絶大多數"國"都是由"邦"所改。與第二部分相類似的説法，亦見於傳世文獻：

- 《開元占經》卷四十五"太白光色芒角四"引《海中占》：太白有五角，立將帥；六角，有取國地；七角，伐王。①
- 又引《荆州占》：太白四角者赦。②

5.25　金星行度六

本小節所討論的文字位於《集成》圖版第 56—59 行，主要闡述了"用兵象太白吉"的原則。按照傳世星占類文獻的分類原則，應屬"行度"類。

【釋文】

般出【東方】爲折陽[1]，卑、高以平明(明)度[2]；其56下出西方爲折陰(陰)[3]，卑、高以昏度[4]。其始出，行南˪，兵南˪；北[5]，兵北；其反亦然。其方上57上【□□□□□□□□□□□□□□□[6]。星】高[7]，用兵入人地深[8]；星卑，

---

① ［日］川原秀成、宫島一彦：《五星占》，山田慶兒編《新發現中國科學史資料の研究・譯注篇》，第17頁。

② 劉樂賢：《馬王堆天文書考釋》，第73頁。

用兵淺[9]；其57下反爲主人[10]，以起(起)兵，不能入人地└。其方上，利起(起)兵。其道留=(留[11]，留)所不利，以陽58上【□□□□□□□□□□□□□□□□】者在一方[12]，所在當利，少者空者58下不利。59上

【校注】

[1] “般出”二字原缺釋，《集成》(2014：233—235)在此處綴入一小殘塊後釋出。《集成》指出，“般”爲大白的異名。

“東方”二字原缺，整理小組(1978：5)據文義補。

“折陽”，席澤宗(2002：183)指出是金星出東方作爲晨星的異名，與“啓明”類似，在他書中未見。

[2] “卑高”，劉樂賢(2004：74)釋爲高低、高下。

“平明”，劉樂賢指出是古代時段名稱之一，指天剛亮的時候。

[3] “折陰”，席澤宗指金星出西方作爲昏星的異名，與“長庚”類似，在其他書中未見過。

[4] “昏”，劉樂賢指古代時段名稱之一，指天黑的時候。

[5] “北”，劉樂賢指出是“行北”之省。

[6] 帛書此處殘損嚴重，致文義不明，故僅將釋文列出而不作句讀。

“【□□□□□□□□□□□□】”之缺文字數暫從《集成》，共計十二字。

[7] “星”字原缺，整理小組據文義補。

“高”字原缺釋，《集成》據殘存筆畫 釋出。

[8] “用”字原缺釋，《集成》據殘存筆畫 釋出。

[9] “用兵淺”，劉樂賢指是“用兵入人地淺”之省。

[10] “主人”，劉樂賢認爲似是指防守的一方。

[11] “道”，整理小組認爲是“逆”字之訛。

席澤宗指出，這裏似已有“逆”(自東向西)和“留”(看上去不動)的概念。留的概念過去認爲在太初曆中才有。

[12] 帛書此處殘損嚴重，致文義不明，故僅將釋文列出而不作句讀。

“【□□□□□□□□□□□□□□□□】”之缺文字數暫從整理小組，共計十六字。

《集成》指出，圖版此處往上有兩個小殘片，位置無法確定，未釋出。

【疏證】

5.25“金星行度六”的占文，根據文義似可分爲四個部分：

表 1－12　5.25“金星行度六”結構

第一部分	殷出【東方】爲折陽，卑、高以平明(明)度；其出西方爲折陰(陰)，卑、高以昏度。
第二部分	其始出，行南└，兵南└；北，兵北；其反亦然。
第三部分	其方上【□□□□□□□□□□□□□。星】高，用兵入人地深；星卑，用兵淺；其反爲主人，以起(起)兵，不能入人地└。其方上，利起(起)兵。
第四部分	其道留=(留，留)所不利，以陽【□□□□□□□□□□□□□□□□□□】者在一方，所在當利，少者空者不利。

第一部分介紹了“折陽”與“折陰”的概念，即金星出東方爲“折陽”，出西方爲“折陰”；還介紹了推知金星高、低的方法，即根據平明度與昏度這兩種時刻的金星位置。

關於“折陰”的含義，劉樂賢指出，折字古有屈從之義。《廣雅・釋詁》：“折，下也。”帛書的“折陰”，可能是陽屈從或折服於陰的意思。關於“折陽”與“折陰”，傳世文獻中亦有與之接近的説法：

- 《史記・天官書》：出西方，昏而出陰，陰兵彊；暮食出，小弱；夜半出，中弱；雞鳴出，大弱。是謂陰陷於陽。其在東方，乘明而出陽，陽兵之彊；雞鳴出，小弱；夜半出，中弱；昏出，大弱。是謂陽陷於陰。[①]
- 《開元占經》卷四十六“太白盈縮失行一”引《天官書》：太白暮食而出，小弱；夜半而出，中弱；雞鳴而出，大弱。是陰陷於陽。
- 又引巫咸：太白在東方，平旦而出，東方、南方以舉兵，天下不能當；平明而出，東方陽國之兵强；雞鳴而出，其國大弱；黄昏而出，中弱。是謂陽陷於陰。

上述文獻關於金星出東方、西方的術語有所不同，正如表 1－13 所示：

① 劉樂賢：《馬王堆天文書考釋》，第 74 頁。

表 1－13　文獻所載金星出東、西方術語結構

文　獻	金星出東方	金星出西方
5.25“金星行度六”	折　陽	折　陰
《史記・天官書》	陽陷於陰	陰陷於陽
《開元占經》引《天官書》		陰陷於陽
巫　咸		陽陷於陰

據上表可知，《天官書》與巫咸關於金星出西方的術語有所不同。從上下文義判斷，不論是《天官書》之“陰陷於陽”，還是巫咸之“陽陷於陰”，所表達的含義是一致的，即陽屈從或折服於陰。

第二部分是據金星在南、北占測用兵吉凶。相關討論，詳見 5.11“金星行度五”的“疏證”部分。

第三部分或是據金星高、低占測主、客雙方的勝負。根據文義，“其反”爲主方，則“其方上”當爲客方。類似説法，亦見於以下傳世文獻：

- 《史記・天官書》：出高，用兵深吉，淺凶；庳，淺吉，深凶。①
- 《漢書・天文志》：太白，兵象也。出而高，用兵深吉，淺凶；埤，淺吉，深凶。②
- 《乙巳占》卷六“太白占第三十四”：太白出高，用兵，深入吉，淺入凶，先起勝；太白出下，淺入吉，深入凶，後起吉。
- 《乙巳占》卷六“太白占第三十四”：太白出未高，敵深入者可敵，去勿追。太白出高，敵深入境勿與戰，去亦勿追。
- 《開元占經》卷四十五“太白行度二”引石氏：太白出高，用兵深吉、淺凶；出卑，淺吉、深凶。③

① ［日］川原秀成、宮島一彦：《五星占》，山田慶兒編《新發現中國科學史資料の研究・譯注篇》，第17—18頁。
② 劉樂賢：《馬王堆天文書考釋》，第74—75頁。
③ ［日］川原秀成、宮島一彦：《五星占》，山田慶兒編《新發現中國科學史資料の研究・譯注篇》，第17—18頁。

- 又引《荆州占》：太白凡見東方二百三十日，而伏不見四十六日，名少罰。太白與歲星爲雄、雌。出於東方、西方高三舍，爲太白柔；又高三舍，爲太白剛。用兵象也，剛則入地深吉、淺凶；柔則入地淺吉、深凶。①
- 又引《荆州占》：太白遠日爲兵深，其將强；近日爲兵淺，其將弱。
- 又引《魏武帝兵法》：太白巳〈已〉出高，賊深入人境，可擊，必勝；去勿追，雖見其利，必有後害。

這些文獻的含義較爲一致，即金星出而高利於深入用兵，金星出而低不利於深入用兵。

第四部分缺字較多，含義不詳。此部分或是據金星"所在"與"少者空者"這兩種情況占測用兵吉凶，或與以下文獻所述接近：

- 《開元占經》卷四十五"太白行度二"引石氏：太白所居久，其鄉利；所居易，其鄉凶。
- 《開元占經》卷四十六"太白盈縮失行一"引石氏：所居久，其國利。
- 又引《荆州占》：居宿如度，其鄉利；易，其鄉凶。

5.26 月與它星相犯占二

本小節所討論的文字位於《集成》圖版第59行，是以月與金星相合時二者的南、北位置關係占測陰國、陽國的用兵吉凶。按照傳世星占類文獻的分類原則，應屬"相犯占"類。

【釋文】

月與星相過也[1]：月出大白南，陽國受兵[2]；月出其北，隂(陰)國受兵[3]。59上

---

① ［日］川原秀成、宮島一彦：《五星占》，山田慶兒編《新發現中國科學史資料の研究・譯注篇》，第17—18頁。

【校注】

［1］“過”，原釋“遇”，從劉樂賢（2004：75）校改。劉樂賢釋爲“經過”。①

［2］“陽國”，劉樂賢指出，與“陰國”相對，指位於東南方的國家。“受兵”，劉樂賢釋爲“遇兵”。

［3］“陰國”，劉樂賢指出，與“陽國”相對，指位於西北方的國家。

【疏證】

5.26“月與它星相犯占二”的占文中，類似説法亦見於傳世文獻：

- 《乙巳占》卷二“月與五星相干犯占第八”：太白在西方始見，在月北爲得行，在月南爲失行，西方先起兵者敗。
- “月與五星相干犯占第八”：太白出東方，在月南，中國勝；在月北，中國敗。出西方，在月北，負海國勝；在月南，負海國敗。
- 卷六“太白占第三十四”：太白出東方，月盡三日，太白在月北，負海國不勝；在月南，中國勝；在月北，中邦敗。
- “太白占第三十四”：月生三日，太白在月北，負海戰勝；在月南，負海戰敗。
- 《開元占經》卷十二“月與五星合宿同光芒相陵三”引《河圖帝覽嬉》：月與太白相過，月出其南，陽國受兵；月出其北，陰國受兵。②
- 又引《巫咸占》：月不盡三日，候太白，出東方，在月南，中國勝；在月北，中國不勝。
- 又引《巫咸占》：月入月三日，太白出西方，在月南，皆海國敗；在月北，皆海國勝。
- 又引《荆州占》：月入月三日，太白失行，而月在北，太白在南，秦戰不勝。

① 此説最早見於劉樂賢《簡帛數術文獻探論》，武漢：湖北教育出版社，2003年，第183—184頁。劉先生指出，從《馬王堆帛書藝術》第176頁所載《五星占》照片看，此字實爲“過”。與傳世文獻相對照，知帛書該字確應釋爲“過”，整理小組釋爲“遇”是不對的。

② ［日］川原秀成、宮島一彦：《五星占》，山田慶兒編《新發現中國科學史資料の研究・譯注篇》，第18頁。

5.27　月與它星相犯占三

本小節所討論的文字位於《集成》圖版第59—60行，是以月與金星相合時二者的距離爲占。按照傳世星占類文獻的分類原則，應屬“相犯占”類。

【釋文】

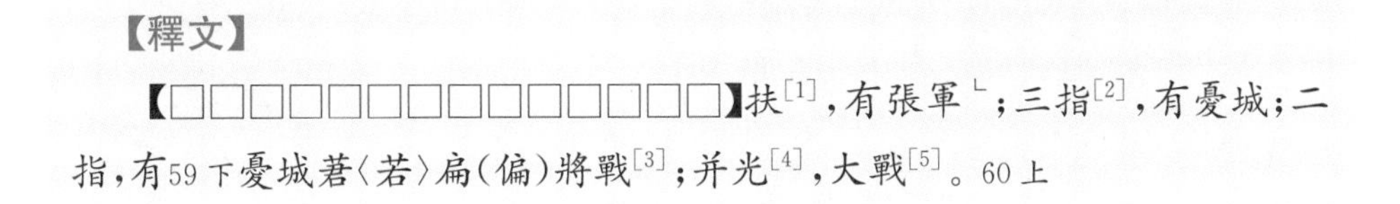
【□□□□□□□□□□□□□□】扶[1]，有張軍└；三指[2]，有憂城；二指，有59下憂城莙〈若〉扁（偏）將戰[3]；并光[4]，大戰[5]。60上

【校注】

[1] 帛書此處殘損嚴重，致文義不明，故僅將釋文列出而不作句讀。

“【□□□□□□□□□□□□□□】”之缺文字數暫從《集成》（2014：233—235），共計十四字。

“扶”，鄭慧生（1995：195）釋爲四寸。《禮記·投壺》：“籌，室中五扶，堂上七扶，庭中九扶。”鄭玄《注》：“鋪四指曰扶，一指案寸。”劉樂賢（2003：75—76）指出，作量詞用時，相當於四指的距離。《廣韻·虞韻》：“《公羊傳》云：扶寸而合。注云：側手曰扶，案指曰寸。”

[2] “指”，席澤宗（2002：183）指出，用來表示角度，這裏也是初次出現。劉樂賢指出，爲量詞，一個指頭的寬度，相當於一寸。

[3] “憂城”原缺釋，《集成》據圖版釋出。《集成》指出，第60行前幾字帛書的復原有些問題，如“將”字、“光”字末筆所在的帛塊就有粘反的情況。此行首二字僅存殘筆，第一字懷疑是“憂”字，同樣存在小帛塊拼粘不確的情況；第二字僅存“土”旁，懷疑可能是“城”字。

“莙”，《集成》認爲是“若”字之誤。

關於此句，《集成》指出，應釋爲“二指，有憂城若偏將戰”。《乙巳占》卷六“太白占第三十四”説：“太白與月相夾，有兵。容三指，有兵憂；容二指，有憂城，有偏將之戰”，《開元占經》卷十二“月與五星相犯蝕五”引《荆州占》曰：“太白與月交并，軍大戰，相去一寸，有拔城；二寸，有憂城；三寸，有憂軍。”其中《乙巳占》所載與釋文意思基本一致。另外，第59行上半開頭幾字左側留有第60行前幾字的殘筆，但由於帛書殘損嚴重，無法將其拼接完整。

“扁將”，劉樂賢讀爲“偏將”，釋爲偏師之將。

[4]“并光”，劉樂賢認爲指兩種星體一同發出光芒。《開元占經》卷二十“歲星與太白相犯三”引《荊州占》：“太白犯歲星，爲旱爲兵。若環繞與之并光，有兵，戰，破軍殺將。”《開元占經》卷二十二“填星與太白相犯一”引《荊州占》：“填星與太白合一舍，太白在上，填星在下，名日并光，逆也，不出三年，有兵民流。”又，“并光”似與天文書中常見的“同光”意思相同。《開元占經》卷六十四“順逆略例”引石氏：“星月相近，俱隆明，爲同光。”

[5]“大”，原釋“方”，劉樂賢據文義校改。

【疏證】

5.27“月與它星相犯占三”前一部分因帛書殘損而多有缺字。後一部分是以月與金星相犯時二者的距離爲占。席澤宗結合傳世文獻指出，金星與月亮，只能同時於月初夕見於西方，或於月末同時晨見於東方，不能一在東，一在西，因爲金星與大陽的角距離最大只有 48 度。後一部分內容的占測，月與金星相距越近，戰爭的規模就越大。類似說法，亦見於傳世文獻：

• 《乙巳占》卷二“月與五星相干犯占第八”：太白與月相去三尺，有憂軍。與月相去二尺，有憂城。與月相去一尺，有拔城。

• “月與五星相干犯占第八”：金火與月相近，其間六寸，天下有兵；間一尺，天下憂；尺五已來，無害。

• “月與五星相干犯占第八”：太白出西方似月，三日候之，與月并出。間容一指，軍在外，期十日，有破軍死將，客勝。容二指，期十五日，有破軍死將，主人小勝。容三指，期二十日，有破軍死將，客軍大勝，主人亡地。容四指，期二十五日，客軍入境，主人不勝。容五指，期三十日，軍陣不戰。

• “月與五星相干犯占第八”：太白以月未盡一日，晨出東方，與月并出，候之以指。容一指，十日，有破軍死將，主人不勝。容二指，十五日，客大破，主人得地。容三指，期二十日，有破軍死將，主者亡地。容四指，期二十五日，客軍大敗。容五指，期三十日，軍陣不戰。

- 卷六"太白占第三十四"：太白與月相夾，有兵；容三指，有兵憂；容二指，有憂城，有偏將之戰。[①]

- "太白占第三十四"：太白在東方，與月并出，准之指間。容一指，期入十日，有軍，軍破將死，主人不勝；容二指，期十二日，軍大敗，主人亡地；容三指，期十六日，破軍死將，王者亡地；容四指，期二十五日，客軍大敗；容五指，期三十日，軍陣不戰。太白夕出西方，月始出三日，與月并出。其間容一指，軍在外，期十日，有破軍，將死客勝；容二指，期十五日，有破軍死將，主人勝；容三指，期二十日，有破軍死將，客軍大勝，主人亡地；容四指，期二十五日，客入境，主人不勝；容五指，期三十日，軍陣不戰。并出者占，不并出者不占。

- 《開元占經》卷十二"月與五星相犯蝕四"引《郗萌占》：金、火與月相近，其間六寸，天下有兵；間尺，天下憂兵；五尺，無害。

- 又引巫咸占：月不盡三日，候太白出東方，與月并准之。其間容一指，則八月有破軍死將，主人不勝；容二指，期十三日，客軍不破，主人亡地；容三指，期二十日，有破軍死將，主人亡地；容四指，期八十日，客大敗；容五指，期三十日，軍起而不戰。[②]

- 又引巫咸：入月三日，候太白與并准之。其間容一指，軍在外，期十日，有破軍死將，客勝；容二指，期十五日，破軍死將，主人勝；容三指，期十八日，有破軍死將，客軍大勝，主人亡地；容四指，期二十五日，客軍入境，主人不勝；容五指，期三十日，軍陣不戰。

- 又引《荆州占》：太白與月光并，軍大戰。相去一寸，有拔城；二寸，有憂城；三寸，有憂軍。[③]

- 又引《郗萌占》：西方先起軍者，即太白與月相去三尺，有憂軍；相去二尺，有憂城；相去一尺，有拔城。

此段占辭的占測邏輯具有普遍性。《漢書・天文志》等文獻指出，天體之間的距離越近，則灾異危害性越大：

---

① 劉樂賢：《馬王堆天文書考釋》，第 76 頁。
② 同上。
③ 同上。

- 《漢書·天文志》：二星相近者其殃大，二星相遠者殃無傷也，從七寸以内必之。
- 《晋書·天文志》：二星相近，其殃大；相遠，毋傷，七寸以内必之。

5.28 月與它星相犯占四

本小節所討論的文字位於《集成》圖版第60行，首句是以月犯金星爲占，次句是以火星犯月爲占。按照傳世星占類文獻的分類原則，皆應屬"相犯占"類。

【釋文】

月啗大白[1]，有【亡】國[2]；營(熒)或(惑)貫月[3]，陰(陰)國可伐也[4]。60上

【校注】

[1]"啗"，席澤宗(2002：186)釋爲"食"。劉樂賢(2004：76)指出，或作"啖"，《説文解字》："啖，食也。"

"月啗大白"，劉樂賢指出古書多作"月食太白"或"月蝕太白"。

[2]"亡"字原缺，整理小組(1978：7)據文義補。

[3]"貫月"二字原缺，《集成》(2014：233—235)新綴入帛塊後釋出。此處整理小組原補作"以亂"。《集成》指出，此處綴入一小帛塊後，原來的空缺處實爲"貫月"二字。《開元占經》卷十二"月與五星相犯蝕四"曰："熒惑貫月，陰國可伐……"卷十三"月與列星相犯"引《帝覽嬉》曰："列星貫月，陰國可伐也……"皆可與帛書此處對照。①

[4]"陰國"，劉樂賢指出，與"陽國"相對，指位於西北方的國家。

---

① 以上説法最早見於劉釗、劉建民《馬王堆帛書〈五星占〉釋文校讀札記(七則)》，《古籍整理研究學刊》2011年第4期，第34頁。劉先生指出，《帝覽嬉》的"熒惑貫月，陰國可伐"，與帛書"熒惑□□陰國可伐也"可以對照。二者應該是一致的，帛書前文説"月啖大白"，與月有關，此處若説"熒惑貫月"，文意上也十分通順。彩色照片第71行在"戌"字上有一小殘片，原整理小組未釋。劉樂賢先生已指出此殘片拼綴在這裏可能有誤。此殘片實際上是"貫月"二字："月"字完整清晰，"貫"字上部殘去，下部的"貝"旁完整。此"貫月"殘片應拼綴到帛書第61行"熒惑"之下的殘缺處，這樣的話第61行此處就完整。

【疏證】

5.28“月與它星相犯占四”的首句的相關討論可參看1.14“月與它星相犯占一”的“疏證”部分。次句的占測結果是“陰國可伐”。傳世文獻中，火星犯月多爲内憂之兆，則與《五星占》所述有所不同：

- 《乙巳占》卷二“月與五星相干犯占第八”：熒惑蝕月，讒臣貴，後宫女有害主者。
- 《開元占經》卷十二“月與五星相犯蝕四”引《河圖帝覽嬉》：熒惑入月中，憂在宫中，非賊乃盜也。有亂臣死相，若有戮者。
- 又引《海中占》：熒惑入月中，臣以戰不勝，内臣死。
- 又引《荆州占》：火星入月中，臣賊其主。
- 又引《帝覽嬉》：熒惑貫月，陰國可伐。期不出三年，其國亂，貴人兵死；近期不出五年，其國受兵；遠期不出十年，而以兵亂亡也。

5.29　月與它星相犯占五(五星變色芒角占三)

本小節所討論的文字位於《集成》圖版第60行，是以月暈犯五星時五星的光色芒角情況占測主、客雙方的勝負。按照傳世星占類文獻的分類原則，皆應屬“相犯占”類；該占辭還與光色芒角有關，應屬“變色芒角”類。

【釋文】

月軍(暈)60上圍【□□□□□□□□□□□[1]，其色】恶不明(明)[2]，客敗[3]。其色明(明)而角，客勝[4]。大60下白猶是也[5]。60上

【校注】

[1] 帛書此處殘損嚴重，致文義不明，故僅將釋文列出而不作句讀。

“軍”原缺釋，《集成》(2014：233—235)據新綴殘片釋出。

“月軍”，從《集成》釋，讀爲“月暈”。

“圍”原缺釋，《集成》據新綴殘片釋出。

“【□□□□□□□□□□□】”之缺文字數暫從《集成》，共計十一字。

[2] “其色”二字原缺，《集成》據上下文文義補。

［3］“客”原缺釋，鄭慧生(1995：200)據文義釋出。

［4］“其色惡不明(明)，客敗。其色明而角，客勝”，《集成》指出，《開元占經》卷十五“月暈五星五”引《帝覽嬉》曰：“月暈回熒惑，其色惡不明，客敗，其色明如角，則客勝。”又引《荆州占》曰：“月暈太白，入暈，其色惡不明，則客敗，其色明而有角，客勝：其色如暈，與月合，人主憂從中宫起。”又引《甘氏占》曰：“月暈太白，色不明，主人勝客，明，客勝主人。”上引皆可與帛書此處對照。

［5］“猶是”，劉樂賢(2004：77)釋爲“如此”。

【疏證】

5.29“月與它星相犯占五”由於中間部分缺字較多，早期研究者皆不明其義。《集成》據新綴殘片釋出“軍圍”二字，從而明確了前一部分的内容是以月暈爲占；據相關傳世文獻將前後兩部分的内容聯繫在一起，從而明確這段占辭的具体内容。類似説法，亦見於傳世文獻：

- 《開元占經》卷十五“月暈五星五”引《甘氏占》：月暈歲星，色不明，主人勝客；明，客勝主人。
- 又引《帝覽嬉》：月暈回熒惑，其色惡不明，客敗；其色明如角，則客勝。
- 又引《甘氏占》：月暈填星，色不明，主人勝客；明，客勝主人。
- 又引《甘氏占》：月暈太白，色不明，主人勝客；明，客勝主人。
- 又引《荆州占》：月暈太白，入暈，其色惡不明，則客敗；其色明而有角，客勝；其色如暈，與月合，人主憂從中宫起。
- 又引《甘氏占》：月暈辰星，色不明，主人勝客；明，客勝主人。

5.30　五星相犯占七(五星變色芒角占四)

本小節所討論的文字位於《集成》圖版第61—62行，是以金星與木星相遇占測主、客雙方的勝負。按照傳世星占類文獻的分類原則，應屬“相犯占”類；占辭第一部分還以金星與木星相遇時兩星發出的强烈光芒爲占，應屬“變色芒角”類。

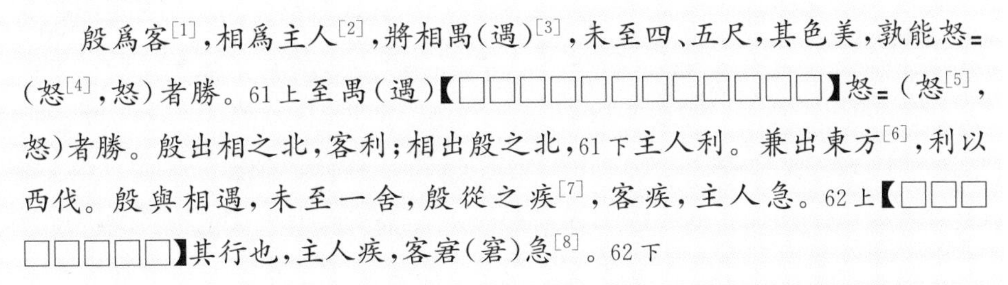

【釋文】

殷爲客[1]，相爲主人[2]，將相禺(遇)[3]，未至四、五尺，其色美，孰能怒=(怒[4]，怒)者勝。61上至禺(遇)【□□□□□□□□□□□□】怒=(怒[5]，怒)者勝。殷出相之北，客利；相出殷之北，61下主人利。兼出東方[6]，利以西伐。殷與相遇，未至一舍，殷從之疾[7]，客疾，主人急。62上【□□□□□□□□□】其行也，主人疾，客窘(窘)急[8]。62下

【校注】

[1]“殷”，劉樂賢(2004：77)指出是金星(太白)的異名。

[2]“相”，劉樂賢指出是木星(歲星)的異名。

[3]“禺”，原釋“遇”，從劉樂賢校改，讀爲“遇”。

“將相禺”，劉樂賢認爲指金、木二星將要相遇。

[4]“孰”，劉樂賢釋爲“誰”。

“怒”，劉樂賢指星體發出的光芒强烈。《開元占經》卷六十四“順逆略例五”引石氏：“五星光芒隆謂之怒。”又引郗萌：“壯大色强爲怒。”

[5]帛書此處殘損嚴重，致文義不明，故僅將釋文列出而不作句讀。

“至禺”二字原缺釋，《集成》(2014：233—235)據新綴殘片釋出。

“【□□□□□□□□□□□□】”之缺文字數暫從《集成》，共計十二字。

“怒”原缺釋，《集成》據殘存筆畫釋出。

[6]“兼出東方”，劉樂賢認爲指金、木二星皆出現於東方。

[7]“疾”，原釋“卻”，從《集成》校改。《集成》指出，“之”後之字右側模糊不清，似乎是帛書粘接不正確造成的(有一“於”字附在其上)。據此字左側殘筆及文意判斷，應是“疾”字。《開元占經》卷二十“歲星與太白相犯三”引《荆州占》曰：“太白與歲星合，未至，太白從歲星疾，主人急憂，失城；歲星從太白疾，客急。”可與帛書此處大致對照。

[8]“其行也，主人疾，客窘(窘)急”，《集成》原據新綴殘片釋作“☐其行也，主人疾，【客】急。合☐主人疾，客窘(窘)急”。《集成》指出，“其行也，主人疾，【客】急。合”根據文意應在此行，其上下共缺九字左右。但其準確位置無法確定，可能需要上移或下移。鄭健飛(2015：91—94)在查看相關圖版後認

爲,《集成》將此句歸入此行的意見正確可從,但是在"疾"與"急"二字間補一"客"字則似不妥。實際上此處殘片綴合有誤,應將與"毋兵"二字所在殘片剔除,并更改的位置,從而將圖版調整爲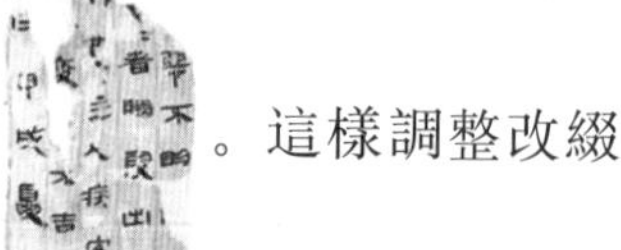。這樣調整改綴後,62行"也""主""人""疾"字和63行"不"字筆畫都極爲密合,同時朱絲欄綫亦能接續,可證這一改綴意見正確無疑。據此綴合意見,鄭先生將此處釋文校改爲"其行也,主人疾,客宭(窘)急"。

"【□□□□□□□□】"之缺文字數暫從鄭健飛,共計八字。

"宭",原釋"窘",從劉樂賢校改,從整理小組(1978：8)讀爲"窘"。

【疏證】

5.30"五星相犯占七"是以金星與木星相合爲占,其内容可分爲三個部分：

表 1－14　5.30"五星相犯占七"結構

第一部分	殷爲客,相爲主人,將相禺(遇),未至四、五尺,其色美,孰能怒₌(怒,怒)者勝。至禺(遇)【□□□□□□□□□□□□□□】怒₌(怒,怒)者勝。
第二部分	殷出相之北,客利;相出殷之北,主人利。兼出東方,利以西伐。
第三部分	殷與相遇,未至一舍,殷從之疾,客疾,主人急。【□□□□□□□□□】其行也,主人疾,客宭(窘)急。

第一部分是以金星與木星相遇時兩星發出的强烈光芒占測主、客雙方的勝負。兩星發出的强烈光芒,帛書謂之"怒"。傳世文獻中,五星"怒"亦爲興兵之象：

• 《晋書·天文志》：其出色赤怒,逆行成鉤己,戰凶,有圍軍;鉤己,有芒角如鋒刃,人主無出官,下有伏兵;芒大則人衆怒。

• 《乙巳占》卷三“占例第十六”：怒者，光芒盛，色重大不潤亹逆，則伐鬬異之象。

• 卷五“熒惑占第二十八”：其示罰，灾旱凶禍并至，怒動芒角，爲大兵起，盜賊不止，國將死亡。

• 《開元占經》卷十八“五星喜怒芒角變色冠珥三”引巫咸：凡五星之起怒，芒角四達，其形未變，是謂誠兵；其星形變，而鋭上向下，大小狀如拔劍，是謂成形，不可救復。急堅甲勵兵，以待不祥。

• 卷三十“熒惑光色芒角四”引《荆州占》：熒惑出，色赤怒，逆行，爲兵，成鈎以戰，凶有圍軍。

• 又引甘氏：熒惑色赤而芒角，其怒也；昭昭然明大，則軍戰，其國亦戰。

• “熒惑盈縮失行五”引《荆州占》：熒惑逆行，色赤而怒，有兵。

• 卷四十五“太白光色芒角四”引石氏：其圓大怒而赤，天下兵降而不戰。

• 卷四十六“太白變異大小傍有小星四”引石氏：太白圓大，怒而赤，天下有兵，盛而不戰。

第二部分是以金星與木星相遇時的南、北位置關係占測主、客雙方的勝負，并以此二星同出東方爲占。類似説法，亦見於傳世文獻：

• 《開元占經》卷二十“歲星與太白相犯三”引《海中占》：太白出歲星北，客利；歲星出太白北，主人利。①

第三部分可能是以金星與木星相遇時兩星相從的位置關係占測主、客雙方用兵的緩急。類似説法，亦見於傳世文獻：

• 《開元占經》卷二十“歲星與太白相犯三”引甘氏：歲星所在，太白從之，伐者利，有功；太白所在，歲星從之，伐者不利，無功。

• 又引《荆州占》：太白與歲星合，未至，太白從歲星疾，主人急，憂

① ［日］川原秀成、宫島一彦：《五星占》，山田慶兒編《新發現中國科學史資料の研究・譯注篇》，第30頁。

失城；歲星從太白疾，客急。①

5.31 五星相犯占八

本小節所討論的文字位於《集成》圖版第63行，介紹了五星相合與相遇的頻率，并以之爲占。按照傳世星占類文獻的分類原則，應屬“相犯占”類。

【釋文】

凡五星五歲而一合[1]，三歲而遇[2]。其遇也美〈美〉[3]，則白衣之遇也[4]；其遇惡[5]，則【□】[6]63上☑[7]63下

【校注】

[1] “合”，劉樂賢(2004：78)認爲指兩星同處一宿。《乙巳占》卷三“占例第十六”：“合者，二星相逮，同處一宿之中。和順而合則吉，乖逆而合則凶。”《開元占經》卷六十四“順逆略例五”引甘氏：“日月五星與宿星同舍爲合。”又引石氏：“星光曜相逮爲合。”

[2] “遇”，劉樂賢指兩星相遇。

[3] “美”，劉樂賢指星體相遇的狀態和順。

[4] “白衣”，鄭慧生(1995：204)疑指平民。漢代官吏著皂，白衣爲平民、賤役者所服。劉樂賢亦認爲指平民。

“白衣之遇”，古書或作“白衣之會”“白衣之聚”。陳偉先生認爲“白衣之會”是指帝王或配偶的喪事。② 劉樂賢指平民相聚，亦即“聚衆”。③《集成》(2014：236)指出，《開元占經》卷八十四“客星占八”引《黄帝占》曰：“客星守鱉星，有白衣之會。”《海中占》曰：“客星出守鱉星，有白衣之衆聚，若天下有水，水物不成，期百八十日，遠一年。”卷八十“客星占四”引《荊州占》曰：“客星犯守

① ［日］川原秀成、宫島一彦：《五星占》，山田慶兒編《新發現中國科學史資料の研究・譯注篇》，第30頁。

② 陳偉：《讀沙市周家臺秦簡札記》，《楚文化研究論集》第5集，合肥：黄山書社，2003年6月，第340頁。

③ 劉樂賢先生亦已指出，“白衣”多見於星占書，的確可以指平民。白衣之遇，即平民聚會，亦即“聚衆”。參看劉樂賢《簡帛數術文獻探論》，第186頁。

昴，讒諛賊臣在内，諸侯謀上；一曰：有白衣徒聚謀慮。”比較上面的引文可知，“白衣之會”即“白衣之衆聚”，也就是“白衣徒聚謀慮”的意思。

［5］“惡”，劉樂賢指星體相遇的狀態乖逆。

［6］“【□】”，原釋“下”，《集成》指出，根據殘筆及文意無法確定此字是“下”。

［7］此處“則【□】”與下一段“吉”之間的缺文字數，鄭健飛（2015：91—94）認爲共計七字。

【疏證】

5.31“五星相犯占八”的前一部分介紹了五星相合與相遇的頻率。“遇”，劉樂賢認爲指兩星相遇，可從。“遇”在此處應指兩星同出一宿。在《五星占》的占文中，“遇”經常用來形容兩星之間的位置關係：

- 凡占相遇，【歲星】在北方，命曰牝牡，年穀則【□□□□□□□】17上【□□□□，年或】有或无。17下
- 其與它星遇而25上【□□□□□。】在其南└、在其北，皆爲死亡。25下
- 大白與營（熒）或（惑）遇，金、火也，命曰樂（鑠），不可用兵。65上
- 營（熒）或（惑）與辰星遇，水、火65上也，名曰【焠，不可用兵舉】事，大敗。65下

關於“合”的含義，傳世文獻有多種説法，但互有出入：

- 《乙巳占》卷三“占例第十六”：合者，二星相逮，同處一宿之中。和順而合則吉，乖逆而合則凶。
- 卷四“星官占第二十三”：凡五星之内，有三星已上同宿，爲合。凡聚合之宿，相生則吉事興，相克則凶事起。宿之行性，并於當方爲定，兼之宿占，而察其事焉。
- 《開元占經》卷六十四“順逆略例五”引甘氏：同形，爲入。日月五星與宿星同舍，爲合。
- 又引石氏：芒角相及，同光，爲合。
- 又引巫咸：諸舍精相沓，爲合。
- 又引《荆州占》：相去一尺内，爲合。
- 又引孟康：合，同舍也。

- 又引石氏：星光曜相逮，爲合。
- 又引郗萌：留三日，爲合。

結合對“遇”作出的解釋，“合”當如《乙巳占》“星官占第二十三”所説，是指三星以上同出一宿。

綜上所論，5.31 的前一部分是説，三星以上同出一宿的現象會在五年發生一次，兩星同出一宿的現象會在三年發生一次。

5.31 後一部分的内容是以兩星相遇時的狀態爲占。劉樂賢指出，《乙巳占》卷三“占例第十六”説：“合者，二星相逮，同處一宿之中。和順而合則吉，乖逆而合則凶。”其“和順而合”“乖逆而合”，可以幫助理解帛書的“其遇也美”“其遇惡”。謹按，上引《乙巳占》“星官占第二十三”的“凡聚合之宿，相生則吉事興，相克則凶事起”句亦可幫助理解帛書的這兩句話。

5.32　五星待考一

本小節的文字位於《集成》圖版第 63 行，因帛書此處殘損嚴重，致文義不明，暫存疑待考。

【釋文】

⧄吉[1]，相□般□[2]，不吉。63 下

【校注】

[1] 鄭健飛(2015：91—94)將此處圖版調整爲，參看 5.30 校注[8]。

“吉”字原缺釋，鄭健飛據其殘缺字形和綴合後 63 行上下文的文義釋出。此字可與吉(45 行下)、吉(63 行下)等形相比較。

[2] “相”字原缺釋，《集成》(2014：235)據新綴殘片釋出。

“□”尚存殘筆，暫存疑。

“殷”字原缺釋,《集成》據新綴殘片釋出。

“【□】”之缺文字數暫從鄭健飛,共計一字。

5.33　五星相犯占九

本小節所討論的文字位於《集成》圖版第63—64行,是以金星與木星相犯爲占。按照傳世星占類文獻的分類原則,應屬“相犯占”類。

【釋文】

視其相犯也[1]:相者木63下也[2],殷者金[3],金與木相正[4],故相與殷相犯,天下必遇兵。64上

【校注】

[1]“犯”,劉樂賢(2004:78—79)指星體相凌犯。《乙巳占》卷三“占例第十六”:“犯者,月及五星同在列宿之位,光耀自下迫上,侵犯之象,七寸以下爲犯,月與太白一尺爲犯。”《開元占經》卷六十四“順逆略例五”引郗萌:“五星所犯,木、火、土、水同度,去之七寸爲犯,太白一尺以内爲犯。”又引韋昭:“自下往觸之爲犯。”

[2]“相者木也”,鄭慧生(1995:204)、陳久金(2001:130)、劉樂賢指出,相是木星(歲星)的異名。

[3]“殷者金”,鄭慧生、陳久金、劉樂賢指出,殷是金星(太白)的異名。

[4]“正”,劉樂賢讀“征”。金與木相正(征),是金與木相征伐即相克的意思。《開元占經》卷二十“歲星與太白相犯三”引甘氏:“太白與歲星過,木、金也,命曰伐,其野戰。入太白中次中,大將必死。”甘氏以木、金相過爲“伐”,帛書以金、木相犯爲“征”,可互相印證。①

【疏證】

5.33“五星相犯占九”,劉樂賢指出,是據金、木相克,推斷金星與木星相犯時,天下必定會遭遇兵事。傳世文獻中,金星與木星相犯的現象亦多爲兵事之兆:

- 《史記·天官書》:與太白鬬,其野有破軍。

① 此説亦見於劉樂賢:《簡帛數術文獻探論》,第186頁。

• 《史記・天官書》：金、木星合，光，其下戰不合，兵雖起而不鬬；合相毁，野有破軍。

• 《乙巳占》卷四"歲星占第二十四"：〔歲星〕與太白合鬬，有大兵；與太白相犯，有兵大戰。

• 卷六"太白占第三十四"：太白與木合光，戰。

• 《開元占經》卷二十"歲星與太白相犯三"引甘氏：太白與歲星過，木、金也，命曰伐，其野戰。入太白中次中，大將必死。①

• 又引《黄帝占》：歲星與太白合，爲飢、爲疾、爲内兵。

• 又引《文耀鈎》：太白與木合光，大戰不勝，兵雖起，不成。

• 又引《荆州占》：歲星太白合光，所合之野謀兵。

• 又引《荆州占》：歲星與太白合，其分兵起。②

• 又引司馬彪《天文志》：歲星與太白鬬，其野有破軍，國有内亂。

• 又引《荆州占》：歲星與太白鬬西方，八日兵起，不則八歲兵起，有流血其下。

• 又引《文耀鈎》：太白與歲星鬬，將軍殺；若軍在外，破軍殺將；有夷狄害。

• 又引巫咸：太白與歲星斗，名雄，無戈兵。

• 又引巫咸：太白與木星合鬬，兵在外爲亂。

• 又引《荆州占》：太白與歲星合鬬於東方，有兵於外，必有戰鬬；於西方，必有亡國死王白衣之會。

5.34 五星相犯占十

本小節所討論的文字位於《集成》圖版第64行，據殘存文字判斷是以金星與某星相犯爲占。按照傳世星占類文獻的分類原則，應屬"相犯占"類。

【釋文】

【般】者金也[1]，故般64上【□□□□□□□□□□】[2]64下

① 劉樂賢：《馬王堆天文書考釋》，第79頁。
② 同上。

【校注】

[1]“殷”字原缺，劉樂賢(2004：79)據文義補。

[2]“【□□□□□□□□】”之缺文字數暫從鄭健飛(2015：91—94)，共計八字。

5.35　五星待考二

本小節的文字位於《集成》圖版第65行，介紹了四季與四天干的對應關係。因上文缺字較多，而這段内容又與上下文無明顯關聯，暫存疑待考。

【釋文】

【春】必於甲戌[1]，夏必丙戌，秋必庚戌，冬必64下壬戌└。65上

【校注】

[1]鄭健飛(2015：91—94)將此處圖版調整爲，參看5.30校注[8]。

“於”，整理小組(1978：8)原釋“必”，《集成》(2014：235)原釋“日”，此從鄭健飛校改。鄭健飛指出，所謂“日”字當是“於”字誤釋。此字作，《五星占》中“日”字作(6行)、(34行)、(45行)，“於”字作(69行)、(72行)、(27行)。對比上引諸形，“日”字左下恒作封閉之形，而此字殘存的兩横筆與左側豎筆之間則存在較大的空隙，這一點正是“於”字的筆畫特徵。需要特别指出的是，五星占-14中有如下一塊單獨粘裱的帛片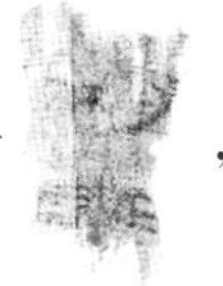，據水平翻轉後圖版，此帛片上半部分二字分别對應此處的“必”與5.32的

“相”。“必”下一字作，從其上部筆畫的弧形特徵來看，也顯然是“於”字，而非“日”字，這進一步證實了這一改釋意見。“【春】必於甲戌”與下文“夏必丙戌”“秋必庚戌”“冬必壬戌”正相對應，“必”字并無實際意義，因此在句子中可有可無。本篇 35 行“而反入於東方”和 36 行“而反入西方”、69 行“大白出辰└，陽國傷；【出】於巳，殺【大將】”等句中“於”字的性質和用法都與此相近，可互相參考。

5.36　五星相犯占十一

本小節所討論的文字位於《集成》圖版第 65 行，是以金星與火星相合爲占。按照傳世星占類文獻的分類原則，應屬“相犯占”類。

【釋文】

大白與營(熒)或(惑)遇，金、火也，命曰樂(鑠)[1]，不可用兵。65 上

【校注】

[1] “樂”，從整理小組(1978：8)釋，讀爲“鑠”。劉樂賢(2004：79)釋爲銷熔、熔化。《説文解字》：“鑠，銷金也。”火能化金，故帛書將金星、火星相遇叫作“鑠”。

【疏證】

5.36“五星相犯占十一”中“鑠”是用來描述金星與火星相合的專用術語。傳世文獻中，金星與木星相合的現象亦多爲用兵之凶兆：

- 《史記・天官書》：火與水合爲焠，與金合爲鑠，爲喪，皆不可舉事用兵，大敗。①
- 《漢書・天文志》：火與水合爲淬，與金合爲鑠，不可舉事用兵。②
- 《晉書・天文志》：火與金合，爲爍，爲喪，不可舉事用兵。
- 《開元占經》卷二十一“熒惑與太白相犯二”引《荆州占》：熒惑太白相犯，爲兵喪，爲逆謀。

---

① ［日］川原秀成、宫島一彦：《五星占》，山田慶兒編《新發現中國科學史資料の研究・譯注篇》，第 33 頁。

② 劉樂賢：《馬王堆天文書考釋》，第 79 頁。

• 又引石氏：熒惑與太白會，爲鑠。①

• 又引《荆州占》：太白、熒惑合，去之一尺，曰鑠，其下之國不可舉事用兵，必受其殃。②

• 又引《海中占》：熒惑太白合，野有破軍，將死。

• 又引《荆州占》：熒惑與太白合，主人兵不勝。又曰，所合國野有殃。二旬四五日，兵過其野；三旬四五日，兵宿其野；三月不去，其國亡。

• 又引《荆州占》：熒惑秋與太白合，其國不可以舉兵，反受其殃。

5.37　五星相犯占十二

本小節所討論的文字位於《集成》圖版第 65 行，是以火星與水星相合爲占。按照傳世星占類文獻的分類原則，應屬"相犯占"類。

【釋文】

營（熒）或（惑）與辰星遇，水、火65上也[1]，名曰【焠[2]，不可用兵舉】事[3]，大敗。65下

【校注】

[1]"也"字原缺釋，《集成》(2014：235)據新綴殘片釋出。

[2]"名曰"二字原缺釋，《集成》據新綴殘片釋出。

"焠"字原缺，整理小組(1978：8)據傳世文獻并參照帛書文例補。劉樂賢(2004：79—80)指出，或作"淬"，將熱金屬浸入水中的一種工藝。《玉篇・火部》："焠，火入水也。"熒惑和辰星相遇有如火入水中，故稱爲"焠"。

[3]"不可用兵舉"五字原缺，劉樂賢據傳世文獻補。劉樂賢指出，用兵舉事，即"舉事用兵"。

【疏證】

5.37"五星相犯占十二"中"焠"是用來描述火星與水星相合的專用術語。

---

① ［日］川原秀成、宮島一彦：《五星占》，山田慶兒編《新發現中國科學史資料の研究・譯注篇》，第33頁。

② 劉樂賢：《馬王堆天文書考釋》，第79頁。

傳世文獻中，火星與水星相合的現象亦多爲用兵之凶兆：

- 《史記·天官書》：火與水合爲焠，與金合爲鑠，爲喪，皆不可舉事用兵，大敗。①
- 《漢書·天文志》：火與水合爲淬，與金合爲鑠，不可舉事用兵。②
- 《晉書·天文志》：一曰，火與水合，爲焠，不可舉事用兵。
- 《開元占經》卷二十一"熒惑與辰星相犯三"引劉向《洪範傳》：火、水合於斗，不可舉事用兵，必受其殃。
- 又引《荆州占》：熒惑與辰星秋合，有兵；冬合，有喪。
- 又引石氏：熒惑與辰星合，爲水，必飢，舉事用兵，有内亂。
- 又引石氏：免星與熒惑會，冬爲刑，他時爲淬，其下之國不可舉事用兵，必受其殃。③
- 又引陳卓：熒惑與辰星相過，是謂不祥，不可用兵，命曰自伐。一曰野有兵，不戰；兵在外，亦罷。
- 又引《荆州占》：熒惑與辰星合鬬，其國内亂，有兵起，其分凶。

5.38 五星相犯占十三

本小節所討論的文字位於《集成》圖版第 65—66 行，是以木星、火星與金星相犯爲占。按照傳世星占類文獻的分類原則，應屬"相犯占"類。

【釋文】

歲【星、熒惑】與〈與〉大白斲（鬬）[1]，殺大將，用之[2]、搏（薄）之[3]、貫 65 下之[4]，殺扁（偏）將[5]。66 上

【校注】

[1] "歲"原缺釋，《集成》(2014：235—237)據殘存筆畫 釋出。

① 席澤宗：《〈五星占〉釋文和注釋》，收入氏著《古新星新表與科學史探索》，西安：陝西師範大學出版社，2002 年，第 187 頁。
② 同上。
③ [日] 川原秀成、宮島一彦：《五星占》，山田慶兒編《新發現中國科學史資料の研究·譯注篇》，第 33 頁。

“星熒惑”三字原缺,《集成》據文義補。《集成》指出,“興〈與〉”字與上句“敗”字之間,整理小組釋文只補一“歲”字。二字之間實際上有四字的空缺。《開元占經》卷二十“歲星與辰星相犯四”引郗萌曰:“歲星辰星鬬,滅之,殺大將;薄之、貫之,殺偏將。”整理小組據此認爲帛書此處也是講“歲星辰星鬬”,故將“大白”改爲“小白”(辰星異名)。這種改法不可取。《開元占經》卷十九“三星相犯三”引郗萌曰:“歲星與熒惑、太白鬬,殺大將;近環之,貫之,殺邊將。”亦與帛書此處所記相近,而且就作“太白”。上面已經提到此處缺四字,故將此處補爲“歲【星、熒惑】與太白鬬”,即不改動帛書原文,又與文獻基本一致。“敗”下之字僅存殘筆,可確認是“歲”字之殘,將“歲”字直接釋出。

“興”,原釋“與”,從《集成》校改,爲“與”之誤字。

“斲”,原釋“鬬”,從劉樂賢(2004:80)校改。劉樂賢認爲指星體相凌或相擊。《開元占經》卷六十四“順逆略例五”引石氏:“相陵爲鬬。”又引甘氏:“倚視,離而復合,合復離爲鬬。”又引韋昭:“星相擊爲鬬。”

[2]“用”之含義待考。劉樂賢認爲也可以釋爲“甬”。用或甬,都可以讀爲“通”,在這裏是“穿過”“貫通”的意思。《集成》指出,此說不確,下文有“貫之”,是貫穿的意思,“用”應讀爲何字,待考。

“之”,劉樂賢認爲似是指“大(小)白”,而不是指“大將”。

[3]“搏”,從《集成》釋,讀爲“薄”。劉樂賢指出,“搏”是“擊”“鬬”的意思。又,“搏”也可以讀爲“薄”。《開元占經》卷六十四“順逆略例五”引巫咸:“兩體相著爲薄。”又引韋昭:“氣往迫之爲薄。”

[4]“貫”,劉樂賢釋爲穿過、貫穿。《乙巳占》卷三“占例第十六”:“貫者,直經中過。”《開元占經》卷六十四“順逆略例五”引石氏:“西入東出爲貫。”

[5]“扁”,原釋“偏”,從劉樂賢校改,讀爲“偏”。

“偏將”,劉樂賢釋爲偏師之將。

【疏證】

5.38“五星相犯占十三”記載内容的類似説法,亦見於傳世文獻:

• 《開元占經》卷十九"三星相犯三"引郗萌：歲星與熒惑、太白鬭，殺大將；近環之、貫之，殺邊將。

• 卷二十"歲星與熒惑相犯一"引《海中占》：熒惑貫歲星，弑小將。

• "歲星與辰星相犯四"引郗萌：歲星、辰星鬭，滅之，殺大將；薄之、貫之，殺偏將。①

• 卷二十一"熒惑與太白相犯二"引《荆州占》：太白貫熒惑，亡偏將。

• "熒惑與辰星相犯三"引《荆州占》：熒惑薄辰星，抵之、貫之，殺偏將。

• 卷三十"熒惑變異吐舌七"引《荆州占》曰：熒惑貫小星，殺小將。

據上引文獻可知，傳世文獻中，與 5.38 類似的占文多集中在木、火、金、水這四星之間。

5.39 五星相犯占十四

本小節所討論的文字位於《集成》圖版第 66 行，是以火星與金星相合或相犯爲占。按照傳世星占類文獻的分類原則，應屬"相犯占"類。

【釋文】

營(熒)或(惑)從大白└[1]，軍憂；蘺(離)之[2]，軍【□】[3]；出其陰(陰)[4]，有分軍└；出其陽[5]，有扁(偏)66上將之戰[6]。【當其】行└[7]，大白還之[8]，【破軍】殺將└[9]。66下

【校注】

[1] "從"，劉樂賢(2004：81)認爲是"跟隨、跟從"的意思。

[2] "離之"，劉樂賢指熒惑離開太白。

[3] "【□】"，整理小組(1978：8)曾補作"卻"，今暫存疑。

[4] "出其陰"，劉樂賢指熒惑出現於太白之陰。

① [日] 川原秀成、宮島一彦：《五星占》，山田慶兒編《新發現中國科學史資料の研究・譯注篇》，第33頁。

［5］“出其陽”，劉樂賢指熒惑出現於太白之陽。

［6］“扁將之戰”四字原缺釋，《集成》(2014：236)據新綴殘片釋出。

“扁將”，從《集成》釋，讀爲“偏將”。

［7］“當其”二字原缺，整理小組據傳世文獻補。

［8］“遝”原讀爲“逮”，從劉樂賢校改。劉先生指出，遝字古音緝部定紐，逮字古音月部定紐，聲紐雖同，韻部卻有距離。《廣雅·釋言》：“遝，及也。”遝、逮二字古代皆有“及”義，故常可互用。《開元占經》卷二十一“熒惑與太白相犯二”引《荆州占》：“太白居熒惑之後，而相及，破軍殺將。”相遝、相逮、相及，三者意思相同，但遝、逮不一定要解釋爲通假關係。

［9］“破軍”二字原缺，整理小組據傳世文獻補。

“殺”原缺釋，《集成》據殘存筆畫 [illegible] 釋出。

【疏證】

5.39“五星相犯占十四”的内容可分爲三個部分：

表 1－15　5.39“五星相犯占十四”結構

第一部分	營(熒)或(惑)從大白ㄴ，軍憂；離(離)之，軍【□】。
第二部分	出其陰(陰)，有分軍ㄴ；出其陽，有扁(偏)將之戰。
第三部分	【當其】行ㄴ，大白遝之，【破軍】殺將ㄴ。

第一部分是以火星與金星相從與相離相對爲占；第二部分是以火星與金星的陰陽位置關係爲占；第三部分是以火星前行而金星相及爲占。類似説法亦見於傳世文獻：

- 《史記·天官書》：熒惑從太白，軍憂；離之，軍卻。出太白陰，有分軍；行其陽，有偏將戰。當其行，太白逮之，破軍殺將。①

- 《漢書·天文志》：太白者，猶軍也，而熒惑，憂也。故熒惑從太白，軍憂；離之，軍舒。出太白之陰，有分軍；出其陽，有偏將之戰。當其

① ［日］川原秀成、宫島一彦：《五星占》，山田慶兒編《新發現中國科學史資料の研究·譯注篇》，第33頁。

行，太白還之，破軍殺將。①

- 《晉書·天文志》：從軍，爲軍憂；離之，軍却。出太白陰，分宅；出其陽，偏將戰。

- 《開元占經》卷二十一"熒惑與太白相犯二"引《文耀鉤》：熒惑從太白，軍憂；離之，軍卻。出太白之陰，有分軍；出其陽，有偏將之戰。當其行，太白逮之，破軍殺將。②

- 又引《荆州占》：熒惑與太白合同舍，其分有兵戰，相離則軍離。

- 又引《黄帝兵法》：熒惑出太白之陰，若不有分軍，必有他急分大軍也。③

- 又引郗萌：太白乘熒惑，軍敗；隨熒惑，軍憂。

- 又引《荆州占》：太白居熒惑之後而相及，破軍殺將。④

- 又引《荆州占》：太白與熒惑鬬，大將戰死。⑤

5.40 五星相犯占十五

本小節所討論的文字位於《集成》圖版第 66 行，介紹了五星相犯爲必戰之兆的原則。按照傳世星占類文獻的分類原則，應屬"相犯占"類。

【釋文】

凡大星趨相犯也[1]，必戰。66 下

【校注】

[1] "大星"，劉樂賢(2004：81)指行星(即五星)。

"趨"，劉樂賢釋爲急速。《廣雅·釋詁》："趨，疾也。"

---

① 劉樂賢指出，"還"字，王念孫認爲是"遝"的訛誤；"舒"字，王先謙據《天官書》等文獻的記載懷疑是"卻"的訛誤。帛書《五星占》作"遝"，完全證實了王念孫的説法。可惜帛書與"卻"或"舒"相對應的字已殘，不能據以驗證王先謙的看法。從文義看，王先謙的意見是可取的。

② 劉樂賢：《馬王堆天文書考釋》，第 81 頁。

③ [日] 川原秀成、宮島一彦：《五星占》，山田慶兒編《新發現中國科學史資料の研究·譯注篇》，第 33 頁。

④ 同上。

⑤ 劉樂賢：《馬王堆天文書考釋》，第 81 頁。

"犯",劉樂賢釋爲凌犯。《乙巳占》卷三"占例第十六":"犯者,月及五星同在列宿之位,光耀自下迫上,侵犯之象,七寸以下爲犯,月與太白一尺爲犯。"

【疏證】

5.40"五星相犯占十五"占文的類似説法亦見於傳世文獻:

- 《史記・天官書》:其與列星相犯,小戰;五星,大戰。
- 《乙巳占》卷六"太白占第三十四":太白與列宿相犯,爲小戰;與五星相犯,爲大戰。
- "太白占第三十四":太白犯五星,有大兵;犯列宿,爲小兵。
- 《開元占經》卷十九"五星相犯一"引《天官書》曰:太白與五星相犯,大戰:出其南,南國敗;出其北,北國敗;行疾,武;不行,文。
- 又引郗萌:五星一相抵觸,軍半破;再相抵觸,軍大破。
- 又引郗萌:五精星相薄,天下大戰,相去二三尺,破軍殺將,流血滂滂,天下飢荒。
- 又引郗萌:五星鬭,相貫抵觸,光耀相及,有兵大戰,覆軍殺將。

5.41　金星變色芒角占五

本小節所討論的文字位於《集成》圖版第66—67行,是以金星在國日的顏色占測用兵吉凶。按照傳世星占類文獻的分類原則,應屬"失行占"類。

【釋文】

大白66下始出,以其國日贚(觀)其色=(色[1],色)美者勝[2]。67上

【校注】

[1]"國日",川原秀成、宮島一彦(1986:33)指出,《史記・天官書》曰:"甲乙,海外,日月不占。丙丁,江淮海岱。……"《開元占經》卷六十四"日辰占邦三"引石氏:"甲爲齊,乙爲東海,丙爲楚;丁爲南蠻……"劉樂賢(2003:82)指出,據後部分"當其國日"看,此處"國日"似不能分開讀,應依"合注本"將其連讀。《乙巳占》卷三"日辰占第十七"説:"然灾祥發見,國俗不同。事藉日辰以辨其所居,以知其分次,是以有歲有月有日有時有所,各占其分。"劉樂賢指

出，具體意思不詳，疑與後文以陰國、中國、陽國與每月上、中、下三旬對應之類的説法有關。謹按，“國日”或與金星“所出所直之辰”有關。《漢書・天文志》曰：“凡太白所出所直之辰，其國爲得位，得位者戰勝。”

[2] “色美”，劉樂賢指太白的光色柔和美麗。

【疏證】

5.41“金星變色芒角占五”占文的類似説法，亦見於傳世文獻：

• 《漢書・天文志》：凡太白所出所直之辰，其國爲得位，得位者戰勝。所直之辰順其色而角者勝，其色害者敗。

• 《晋書・天文志》：所行所直之辰，順其色而有角者勝，其色害者敗。

• 《開元占經》卷四十五“太白行度二”引石氏：太白出所直之辰，從其色而角，勝；其色害者，敗。

• “太白光色芒角四”引班固《天文志》：太白所直之辰，其國爲得位，得位者戰勝。所有之辰，順其色，白角者勝；其色害者，敗。

• 又引《荆州占》：太白始出，色黄，其國吉；赤，有兵而不傷其國；色白，歲熟；色黑，有水。①

5.42 金星失行占六

本小節所討論的文字位於《集成》圖版第67行，是以金星在國日不出現的次數占測所當之國的吉凶。按照傳世星占類文獻的分類原則，應屬“失行占”類。

【釋文】

當其國日[1]，獨不見，其兵弱；三有此[2]，其國67上【□□】也[3]。67下

【校注】

[1] “當其國日”，劉樂賢(2004：82)釋爲“值其國日”。

[2] “三有此”，劉樂賢指三次出現“當其國日獨不見”的現象，也可能是泛

① 劉樂賢：《馬王堆天文書考釋》，第82頁。

指多次出現。

［3］"【□□】"之缺文字數暫從《集成》(2014：236—237)，共計二字。《集成》指出，《開元占經》卷四十六"太白盈縮失行一"引《荆州占》曰："太白出，至其國之日而獨不見，其兵弱；若有此，可擊，必能得其將。"整理小組據上引文獻在"其國"後補"可擊，必得其將"。今調整圖版後，帛書此處的空缺只能容納兩個字，或可補"可擊"二字。

"也"字原缺釋，《集成》據新綴殘片釋出。

【疏證】

5.42"金星失行占六"占辭的類似説法，亦見於傳世文獻：

- 《開元占經》卷四十六"太白盈縮失行一"引《荆州占》：太白出，至其國之日而獨不見，其兵弱。若有此，可擊，必能得其將。①

此外，以下文獻以金星按時出現爲國昌之兆，可從反面印證 5.42 的説法：

- 《史記・天官書》：其當期出也，其國昌。
- 《漢書・天文志》：當期而出，其國昌。

5.43　金星失行占七

本小節所討論的文字位於《集成》圖版第 67—68 行，是以金星在國日不當伏而伏的日數占測所當之國的吉凶。按照傳世星占類文獻的分類原則，應屬"失行占"類。

【釋文】

未【滿】其數而入₌(入[1]，入)而【復出[2]，當】其入日者國兵死[3]：入一日，其兵死67下十日[4]；入十日，其兵死百日[5]。68上

【校注】

［1］"未"字原缺釋，《集成》(2014：236—237)據新綴殘片釋出。《集成》指

① ［日］川原秀成、宫島一彦：《五星占》，山田慶兒編《新發現中國科學史資料の研究・譯注篇》，第33—34頁。

出，整理小組原釋文作“不”。從文意方面考慮，整理小組補“不”字是可以的。但調整圖版後，“也”字之後的字存有殘畫，與“不”不類，與“未”較爲接近，故暫釋作“未”。

“滿”字原缺，《集成》據文義補。

［2］“復出”二字原缺，整理小組(1978：8)據文義補。

［3］“當”字原缺，《集成》據文義補。《集成》指出，“入而”之後的缺文，整理小組釋文原補作“【復出】□□”。今圖版調整後，此處實際只可容納三字，因此據文意在“出”後補“當”。《開元占經》卷四十六“太白盈縮失行一”引《荆州占》曰：“太白不滿其日數入，入而復出，入一日，十日而兵死；入五日，五十日而兵死；入十日，百日而兵死。當其日，以命其國。”可與帛書對照。

此句，劉樂賢(2004：82)認爲似乎根據太白所入之日數可以推算出其國“兵死”的日期。

［4］“其兵死十日”，劉樂賢認爲是“十日而其兵死”的意思。

［5］“其兵死百日”，劉樂賢認爲是“百日而其兵死”的意思。

【疏證】

5.43“金星失行占七”占辭的類似説法，亦見於傳世文獻：

- 《開元占經》卷四十六“太白盈縮失行一”引《荆州占》：太白不滿其日數入，入而復出，入一日，十日而兵死；入五日，五十日而兵死；入十日，百日而兵死。當其日，以命其國。①

此外，以下文獻亦以金星不當伏而伏的日數爲占，可與5.43相參照：

- 《史記·天官書》：其已出三日而復，有微入，入三日乃復盛出，是謂耎，其下國有軍敗將北。其已入三日又復微出，出三日而復盛入，其下國有憂。師有糧食兵革，遺人用之；卒雖衆，將爲人虜。
- 《漢書·天文志》：入七日復出，將軍戰死。入十日復出，相死之。入又復出，人君惡之。已出三日而復微入，三日乃復盛出，是爲耎而伏，其下國有軍，其衆敗將北。已入三日，又復微出，三日乃復盛入，其下國有

① 劉樂賢：《馬王堆天文書考釋》，第83頁。

憂，帥師雖衆，敵食其糧，用其兵，虜其帥。

• 《乙巳占》卷六"太白占第三十四"：太白始入，入十四日而复出，军戰死；入七日而复出，相死也。

• 《開元占經》卷四十六"太白盈縮失行一"引石氏：太白巳〈已〉出三日而復微入，三日乃復盛出，是謂懦而伏，其下之國有軍，其衆敗，其將死。

• 又引石氏：太白入三日而復微出，三日乃復盛入，其下國有憂，其師有糧遺人食，有兵革遣人用之；士卒雖衆，將軍爲人所虜。

• 又引《文曜鉤》：太白已入，三日復出，師憂將慮，主大遇。

• 又引《荆州占》：太白巳〈已〉出三日而復入，入三日而復出，是謂逆伏，其下之國有敗軍死將，不出其年；今日入，明日出，其君死之。

• 又引《荆州占》：太白出西方，三日而反入，其將軍虜。

• 又引石氏：太白入七日復出，相死；入十日復出，將軍戰死；入又復出，人君死。

• 又引《兵勢要秘術》：太白出三日而復入，入三日乃出，其國有軍，軍敗，所謂出國；若是巳〈已〉國，戒勿動，有挑戰，勿應之，雖戒勿動，密嚴可也，軍出，乃爲動耳。

5.44　金星失行占八

本小節所討論的文字位於《集成》圖版第68—69行，是以金星在國日的變異大小，以及所處東、西方位，占測所當之國的吉凶。按照傳世星占類文獻的分類原則，應屬"失行占"類。

【釋文】

當其日而大，以其大日利└[1]；當其日而小，以小之68上【日】不利[2]。當【其】日而陽[3]，以其陽之日利└[4]。當其日而隂（陰）[5]，以隂（陰）日不利[6]。【上旬】68下爲陽國[7]，中旬爲中國└，下旬爲隂（陰）國[8]。審隂（陰）陽，占其國兵[9]。69上

【校注】

［1］此句，劉樂賢（2004：83）認爲可能是説，太白如值其“國日”而變大了，則在其變大的那一天利於用兵。

［2］“日”字原缺，整理小組（1978：8）據文義補。

“不利”二字原缺釋，《集成》（2014：236—237）據新綴殘片釋出。

此句，劉樂賢認爲可能是説，太白如值其“國日”而變小了，則在其變小的那一天不利於用兵。

［3］“當”字原缺釋，《集成》據新綴殘片釋出。

“其”字原缺，劉樂賢據文義補。

“陽”，謹按，應爲金星的運行狀態，或可解釋爲東方。5.9“金星行度三”謂：“太白晨入東方，濡（浸）行百廿（二十）日，其六十日爲陽，其六十日爲陰（陰）ㄴ。……其入西方，伏廿（二十）日，其旬爲陰（陰），其旬爲陽。……”5.25“金星行度六”謂：“殷出【東方】爲折陽，卑、高以平明（明）度；其出西方爲折陰（陰），卑、高以昏度。”

［4］劉樂賢認爲此句可能是説，太白如值其“國日”而到了陽國，則在其到陽國的那一天利於用兵。謹按，應理解爲“金星如值其國日而到了東方，則在其到東方的那一天利於用兵”。

［5］“陰”，謹按，或可釋爲西方。參看本小節校注［3］。

［6］劉樂賢認爲此句可能是説，太白如值其“國日”而到了陰國，則在其到陰國的那一天不利於用兵。謹按，應理解爲“金星如值其國日而到了西方，則在其到西方的那一天利於用兵”。

劉樂賢指出，這一行與下一行末端的拼綴可能有誤。《集成》亦指出，“不利”之下有一涉及兩行文字的小殘片，其位置無法確定，故釋文未釋。

［7］“上旬”二字原缺，《集成》據文義補。

［8］劉樂賢指出，此處陰國、中國、陽國三者同見，似與他處只以陰國、陽國對占者有别。

［9］“占其國兵”，劉樂賢認爲指占測陰國和陽國的作戰情況。

【疏證】

5.44“金星失行占八”可分爲三個部分：

表 1－16　5.44“金星失行占八”結構

第一部分	當其日而大，以其大日利└；當其日而小，以小之【日】不利。
第二部分	當【其】日而陽，以其陽之日利└。當其日而陰(陰)，以陰(陰)日不利。
第三部分	【上旬】爲陽國，中旬爲中國└，下旬爲陰(陰)國。審陰(陰)陽，占其國兵。

第一部分是以金星在國日的變異大小爲占。第二部分是以金星在國日所處東、西方位爲占。第三部分對“國日”，即陰國、中國、陽國與每月上、中、下三旬對應的規則予以説明。

以金星之大小爲占的説法，亦見於傳世文獻：

• 《史記・天官書》：始出大，後小，兵弱；出小，後大，兵强。

• 《乙巳占》卷六“太白占第三十四”：太白始出小，後大，兵强。

• 《開元占經》卷四十六“太白變異大小傍有小星四”引巫咸：太白出而大，兵革將興，旌旗相望，兩敵相當，大將行。

• 又引甘氏：太白始出大而後小，其國兵弱；始出小而後大，其國兵强。

• 又引《荆州占》：太白出小而後大，大兵起；東方爲陽國，西方爲陰國。又曰始出微細不明，後大而光者，戰兵初弱、後勝。

• 又引《荆州占》：太白始出大而後小，出東方，爲陽國；出西方，爲陰國。又曰始出大而生光，後小不明，戰，兵初勝後亡。

• 又引巫咸：太白出小，有城其將不能守，有兵而不戰。

• 又引巫咸：太白微小不明，天下盜賊多，不明亮者，所居之國尤甚。

• 又引《荆州占》：太白小、色黑、角短，歲熟；一曰飢旱，主卑，將軍辱，戰不勝。

川原秀成、宮島一彦(1986：34)、席澤宗(2002：187)、劉樂賢指出，類似説法在《開元占經》的熒惑占中有幾乎完全一致的記載，值得研究：

• 《開元占經》卷三十“熒惑變異吐舌七”引《荆州占》：兩敵相當，熒惑當其日而大，以其大之日利；當其日而小，以其小之日不利。上旬爲陽國，中旬爲中國，下旬爲陰國。

5.45 金星失行占九

本小節所討論的文字位於《集成》圖版第69—72行，是以金星的出入方位占測陰國、陽國的吉凶。按照傳世星占類文獻的分類原則，應屬"失行占"類。

【釋文】

大白出辰ㄴ，陽國傷；69上【出】於巳[1]，殺【大將】[2]；出東南【維[3]，在】日月之陽＝（陽[4]，陽）國之將陽（傷），在其陰（陰），利[5]。大【白出69下於午】[6]，是胃（謂）犯地刑ㄴ，絶天維[7]，行過，爲圍小，暴兵將多ㄴ[8]。大白出於未，陽國傷；70上出【於申[9]，陽國】傷[10]；【出】西南維[11]，在日月之陽＝（陽，陽）國之將傷，在其陰（陰），【利[12]。大白70下出於】戌[13]，陰（陰）國傷；出亥，亡扁（偏）地[14]；出西北維，在日月之陰【＝】（陰，陰）國之將傷ㄴ，在其陽，利。71上【必不能出於子】[15]。大白出於丑[16]，亡扁（偏）地；出東北維，在日月之陰＝（陰，陰）國【之】71下將傷ㄴ[17]，在其陽，利；出寅，陰（陰）國傷。大白出於酉入卯[18]，而兵【起[19]，利其所】在[20]，從〈徙〉之南[21]，72上【陽國傷】[22]；【若徙】之北[23]，陰（陰）國傷。72下

【校注】

[1] "出"字原缺，整理小組（1978：8）據文義補。

"於巳"二字原缺釋，《集成》（2014：236—237）據新綴殘片釋出。

[2] "殺"原缺釋，《集成》據新綴殘片釋出。

"大將"二字原缺，《集成》據文義補。《集成》指出，整理小組原釋文作"亡偏地"。今將圖版調整後，此處有一"殺"之殘字，可將其直接釋出。《開元占經》卷四十六"太白盈縮失行一"《荆州占》曰："太白出於巳，殺大將。出於未，陽國傷。"可與帛書對照。

[3] "出東南"三字原缺釋，劉樂賢（2004：83—84）釋出。

"維"字原缺，整理小組據文義補。

"東南維"，劉樂賢認爲指東南隅或東南角，即東南方向。

[4] "在"字原缺，整理小組據文義補。

“日月”二字原缺釋，《集成》釋出。

［5］“利”字原缺釋，《集成》釋出。

［6］“白出於午”四字原缺，程少軒先生據文義及傳世文獻補，參看“疏證”部分。此處整理小組原據《開元占經》卷四十六“太白盈縮失行一”引郗萌曰“太白出戌入未，是謂犯地行刑，絶天維，國大小，暴兵將多傷”補作“出戌入未”四字。《集成》指出，從帛書殘缺長度來看，69 行末尾及 70 行開頭，都只缺兩個字的長度，而整理小組的補文共有五字。程少軒（2019B）指出，徑直據《開元占經》補出缺文“出戌入未”仍是不可取的。一則“出戌入未”文意根本不通。二則細審圖版，第 69 行末尾“大”後僅餘兩字空間，第 70 行開頭“是”前亦僅容兩字。補出“大白”之“白”字，尚餘三字，“出戌入未”超出字數，無論如何也塞不進去。

［7］“犯”，原釋“反”，從劉樂賢校改。

“刑”，原釋“邢”，從劉樂賢校改。

“地刑”，劉樂賢認爲似可讀爲“地經”。刑、經二字古音接近，可以通假。地經，地之經紀。《六韜・文韜・寧國》：“盈則藏，藏則復起，莫知所終，莫知所始。聖人配之，以爲天地經紀。”《靈樞・癰疽第八十一》：“岐伯曰：‘經脈留行不止，與天同度，與地合紀。故天宿失度，日月薄蝕，地經失紀，水道流溢，草萓不成，五穀不殖，徑路不通，民不往來，巷聚邑居，則别離異處，血氣猶然。’”

“天維”，劉樂賢釋爲“天之綱紀”。《文選・西京賦》：“爾乃振天維，衍地絡。”注：“維，綱也。絡，網也。謂其大如天地矣。”

“犯地刑，絶天維”，劉樂賢認爲是觸犯或滅絶天地綱紀的意思。

［8］“爲”，劉樂賢釋爲“若”。

“國”，劉樂賢認爲可能是“國”字的誤釋，也可能是“國”字的誤抄。

“暴兵”，劉樂賢釋爲暴虐之兵。《吕氏春秋・仲夏紀》：“仲夏行冬令，則雹霰傷穀，道路不通，暴兵來至。”

“行過，爲國小，暴兵將多”，劉樂賢認爲大概是説，太白運行時經過的國家若小，則暴兵將多。

［9］“出”原缺釋，《集成》據新綴殘片釋出。

“於申”二字原缺，《集成》據文義補。

［10］“傷”原缺釋，《集成》據反印文釋出。

“陽國”二字原缺，程少軒先生據上下文文義補。此處整理小組（1978：8）原補作“出申，亡偏地”。《集成》在將“傷”字釋出後，認爲“申”後缺三字。程少軒先生指出，“申”後尚缺三字恐不妥。細察圖版，缺損之處僅餘兩字空間。

［11］“出”字原缺，整理小組據文義補。

“西”原缺釋，《集成》據殘存筆畫釋出。

［12］“利”字原缺，整理小組據文義補。

［13］“大白”二字原缺，整理小組據文義補。

“出於”二字原缺，《集成》據文義補。

［14］“扁地”，劉樂賢讀爲“偏地”，指偏遠或偏僻之地。

［15］“【必不能出於子】”六字原缺，程少軒先生據文義及傳世文獻補，參看“疏證”部分。此處缺文字數原共計七字，程少軒先生細察圖版後指出，此處缺損字數當在七至九字，未必一定是七字。

［16］“出”原缺釋，《集成》據反印文釋出。

［17］“國”原缺釋，《集成》據反印文釋出。

“之”字原缺，劉樂賢據文義補。

［18］“大白出於酉入卯”，程少軒先生指出顯係“出於卯入酉”的誤抄。

［19］“起”字原缺，程少軒先生據文義及傳世文獻補，參看“疏證”部分。

［20］“利其所”三字原缺，程少軒先生據文義及傳世文獻補，參看“疏證”部分。

［21］“從”，程少軒先生指出當爲“徙”之誤抄。秦漢出土文獻中“徙”與“從”字形相近，常相訛混。

［22］“陽國傷”三字原缺，程少軒先生據文義及傳世文獻補，參看“疏證”部分。

［23］“若徙”二字原缺，程少軒先生據文義及傳世文獻補，參看“疏證”部分。

【疏證】

5.45“金星失行占九”是雜糅了“黄緯占”與“黄經占”的複合占辭。該段占辭經程少軒先生《利用圖文轉換思維解析出土數術文獻》一文的研究，已得到合理解讀。按照程先生的意見,這段占辭的内容可分爲三類。

一類是以太白出四維爲占的占辭:

出東南維,在日月之陽,陽國之將傷,在其陰,利。
出西南維,在日月之陽,陽國之將傷,在其陰,利。
出西北維,在日月之陰,陰國之將傷,在其陽,利。
出東北維,在日月之陰,陰國之將傷,在其陽,利。

川原秀成、宮島一彦(1986:34)指出,類似占辭亦見於《荆州占》:

• 《開元占經》卷四十六"太白盈縮失行一"引《荆州占》:太白以仲冬出東方若西方,以伐利。太白始出東南維,在日月之陽,陽國之將傷;在其陰,利。始出東北維,在日月之陰,陰國凶;在陽,吉。出西南維,在日月之陽,陽國凶;在其陰,吉。出西北維,在日月之陰,陰國之將傷;在其陽,利。

第二類是以八地支方位爲占的占辭:

大白出辰,陽國傷;出於巳,殺大將。
大白出於未,陽國傷;出於申,陽國傷。
大白出於戌,陰國傷;出亥,亡偏地。
大白出於丑,亡偏地;出寅,陰國傷。

程先生指出,其原理與《五星占》5.46"金星行度七"相似,類似説法亦見於《乙巳占》:

• 《乙巳占》卷六"太白占地三十四":太白出南,南邦敗;出北,北邦敗。

此外,與巳、未二位的占辭類似的説法還見於《荆州占》:

• 《開元占經》卷四十六"太白盈縮失行一"引《荆州占》:太白出於巳,殺大將;出於未,陽國傷。①

第三類占辭待考,《集成》釋文作:

---

① [日]川原秀成、宮島一彦:《五星占》,山田慶兒編《新發現中國科學史資料の研究・譯注篇》,第34頁。

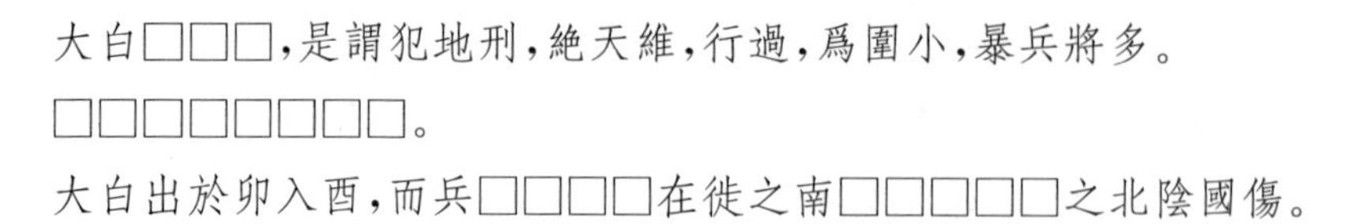

大白□□□，是謂犯地刑，絶天維，行過，爲圍小，暴兵將多。

□□□□□□□□。

大白出於卯入酉，而兵□□□□在徙之南□□□□□之北陰國傷。

程先生指出，這段占辭應該是據一幅十二地支位與四維俱全的數術圖像改編的，底本數術圖像的結構當如下圖所示：

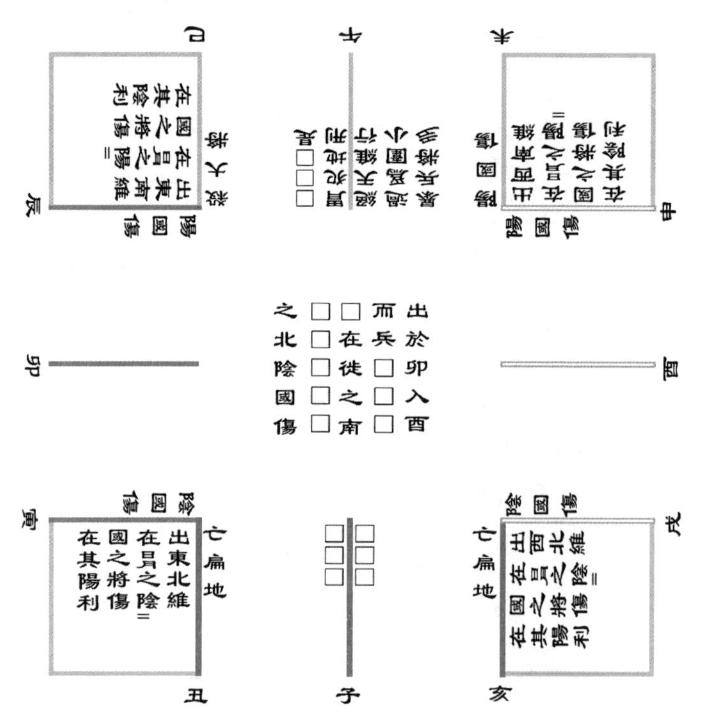

圖 1-2　5.45“金星失行占九”結構(程少軒先生復原)

關於此數術圖像的邏輯結構，程先生指出：

(1) 正中書寫的文字，敘述金星出於卯酉的情況，并總論金星偏離卯酉綫而偏南或偏北兩種情況的基本原則；(2) 四周書寫的文字，是按不同方位敘述金星在不同位置出現時的情況；(3) 金星位於四角時，符合正中文字所論基本原則；(4) 位於正南午位的天象即“太白經天”，犯地刑絶天維，情況最壞；(5) 位於正北的子位，金星不可能到達。

按照這一思路,程先生將午位的文字補作"大白出於午,是謂犯地刑,絶天維,行過,爲圍小,暴兵將多";[①]將子位的文字補作"必不能出於子";據《荆州占》"太白以仲冬出東方若西方,以伐利"將圖像中間文字的前半部分補作"大白出於卯入酉,而兵起,利其所在";據《乙巳占》"太白出南,南邦敗;出北,北邦敗"將圖像中間文字的後半部分補作"徙之南,陽國傷;若徙之北,陰國傷"。

程先生指出,《五星占》文本的一些細節,可以印證這段占辭係據圖像轉抄的假設:

> 第一,前文以"大白"爲起始關鍵字,將占辭分爲七組。據圖像可知,文字抄寫在圖像的七個不同位置,分組係據文字在圖像中的位置分佈,七個"大白"均是抄手在圖像轉文字時補加。
>
> 第二,帛書東南維占辭中"日月"寫作合文。這是因爲,底本圖像有刻意追求抄寫齊整的傾向,四維的文本應當每行抄寫四字。但"在日月之陽(或陰)"多出一字,所以底本的抄手將"日月"寫作合文以利對齊。《五星占》的抄手在轉抄時,第一次遇見日月合文仍按合文抄寫,隨後發覺圖像轉文字後,已無將二字寫作合文的必要,遂將後三處"日月"正常書寫。
>
> 第三,帛書占辭中的符號"ㄴ"共存六處,即"辰ㄴ"、"犯地刑ㄴ"、"暴兵將多ㄴ"、"出西南維ㄴ"以及兩處"陰國之將傷"。單從文字來看,這些符號添加毫無規律可循,而據圖像可知,這些符號皆出現在文字換行處。
>
> 第四,據帛書東南、西南、西北三維的抄寫順序看,東北維本應先抄丑,再抄寅,最後抄東北維。但由於在圖像中順時針方向依次是丑、東北維、寅,因此抄手順手錯抄了占辭的次序。
>
> 第五,四角地支位的占辭,本來的邏輯應該是"大白在辰與巳,陽國傷,殺大將"、"大白在申與未,陽國傷,殺大將"、"大白在戌與亥,陰國傷,亡偏地"、"大白在丑與寅,陰國傷,亡偏地"。但由於圖像文字佈局的原因,轉成文字後每組兩個地支被分開了。未位原本寫的應該是"殺大將",但抄手在旋轉抄寫時誤寫成了"陽國傷"。

---

① 此段文字與《開元占經》卷四十六"太白盈縮失行一"引郗萌"太白出戌入未,是謂犯地行刑,絶天維,國大小暴,兵將多傷"説法類似。參見[日]川原秀成、宮島一彦《五星占》,山田慶兒編《新發現中國科學史資料の研究·譯注篇》,第34頁。

綜上，程先生將《五星占》這段占辭所據底本復原作（圖 1－3 引自程先生之文）：

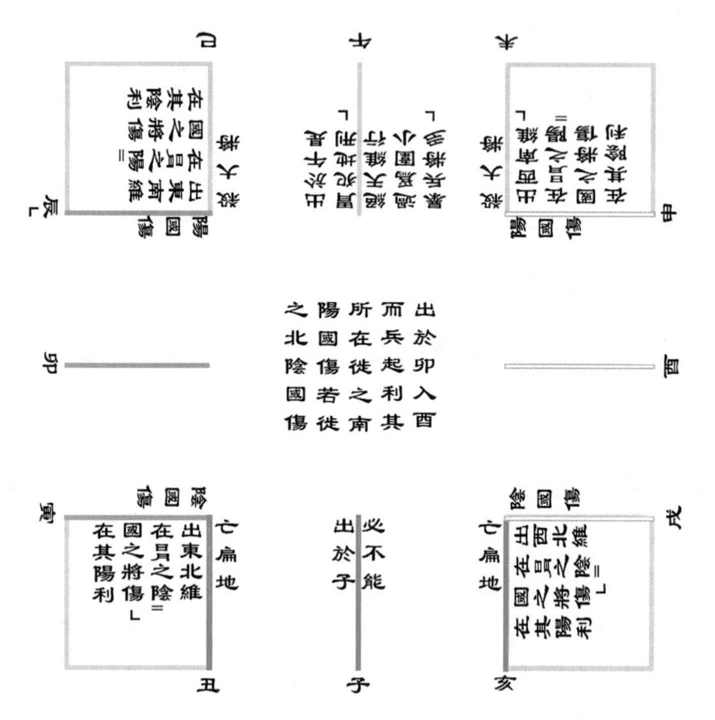

圖 1－3　5.45"金星失行占九"復原（程少軒先生復原）

關於這段占辭的原理，程先生指出是一種經過設計的複合占辭，雜糅了兩類金星占：

> 一類是金星黄緯占。單純的金星黄緯占只與金星在日南或日北有關。這類占卜以黄道爲卯酉綫，金星隨黄緯變化，有日南和日北兩種狀態，再結合晨東出與夕西出兩種會合周期狀態，可能出現正東、正西、東南、西南、西北、東北六種狀態。這六種狀態，又可用兩套坐標表示。方位坐標，即東向、西向、東南維、西南維、西北維、東北維。干支坐標，在帛書中爲卯、酉、辰巳、未申、戌亥、丑寅。《五行占》的占辭同時采用了兩套坐標體系。
>
> 另一類是金星黄經占。單純的金星黄經占只與金星在黄道的經度有關。這類占卜以二分節氣日出、日落連綫爲卯酉綫，以正午、子夜連綫爲子午綫，黄道以十二支平分，每支主 30 度。金星隨黄經變化，按今日之天

文學常識,其東西大距不過46度,至多在辰巳、申未之間,不會越過巳、未,更不會到達午位。但古代星占書中屢見金星越過巳、未甚至到達午位的記載,即所謂“太白經天”。

兩類星占雖然原理不同,選用坐標體系之性質亦迥異,但由於皆可用地支作爲坐標,形式上有共通之處,因此被雜糅在一起,合并編入同一張數術圖像中。

5.46　金星行度七

本小節所討論的文字位於《集成》圖版第72—73行,是據二分二至時金星黄緯度數之正負來占測陰國、陽國之勝負。按照傳世星占類文獻的分類原則,應屬“行度”類。

【釋文】

日冬至[1],在日北[2],至日夜分[3],陽國勝;春分[4],在72下日南[5],陽國勝;夏分〈至〉[6],在日南[7],至日夜分[8],陽國勝└[9];秋分[10],在日南[11],隂(陰)國勝。73上

【校注】

[1]“冬至”,劉樂賢(2004: 85)指出,爲古代二十四節氣之一。

[2]“在日北”,劉樂賢指出,是“大白在日北”的意思,“大白”承上文省。本段描述太白在二至、二分的位置時,都省略了主語“大白”。帛書整理小組釋文於“在”字前補“大白”二字,似無必要,也與書的實際情況不符。

[3]“日夜分”,整理小組(1978: 9)釋爲“春分”。何幼琦(1979: 80)反對此説并指出,“日至”指冬至和夏至,“夜分”(音忿)指午夜。釋文在冬至的“至日夜分”下加注了(春分)二字,在夏至的“至日夜分”下加注了(秋分)二字,非常明顯,這是將“至”當作到,將“日”字連下讀,讀成“日夜分”,并且將“分”字讀爲平聲,於是此不必加注。劉樂賢贊同何説并指出,古書確可將冬至或夏至稱爲“至日”。《易・復・象》:“雷在地中,復,先王以至日閉關,商旅不行,后不省方。”《漢書・律曆志》:“推至日,以中法乘中元餘,盈元法得一,名曰積日,不盈

者名曰小餘。小餘盈二千五百九十七以上，中大。數除積日如法，算外，則東至也。”《齊民要術·種麻第八》：“夏至前十日爲上時，至日爲中時，至後十日爲下時。”夜分，指夜半。《後漢書·光武帝紀》：“每旦視朝，日仄乃罷。數引公卿、郎、將講論經理，夜分乃寐。”李賢注：“分猶半也。”因此，這裏的“至日夜分”，是指冬至日的夜半。程少軒反對何、劉兩位先生的說法，指出金星是地內行星，與太陽的最大張角（東西大距）不會超過50°，夜半的時候金星早已没入地下，不可能被觀測到。將夜半與金星相聯繫，是很彆扭的。而且按此理解，冬夏二至兩句占辭，取勝的時間都是“夜半”這種“點時間”，而春秋分兩句占辭取勝的時間則是“當日”這種“段時間”，兩類占辭體例不統一，這也是很奇怪的。程先生認爲，仍當從整理小組理解爲“春分”和“秋分”。

［4］“春分”，劉樂賢指爲古代二十四節氣之一。

［5］“在日南”，劉樂賢指是“大白在日南”之省。

［6］“分”，整理小組認爲是“至”字之訛。

“夏至”，劉樂賢指出，爲古代二十四節氣之一。

［7］“在日南”，劉樂賢指出，是“大白在日南”之省。

［8］“日夜分”，整理小組釋爲“秋分”。

［9］“陽國”，原釋“陰國”，從劉樂賢校改。

［10］“秋分”，劉樂賢指出，爲古代二十四節氣之一。

［11］“南”原缺釋，程少軒先生據殘存筆畫 及整段占辭的占卜邏輯釋出。此處整理小組原補作“北”字。程先生指出，細審圖版可知，補“北”字其實不妥。該字尚存左上角殘筆，若是“北”字，則殘存筆畫當爲其左横畫，那左上應可見左豎筆的痕迹。然而其上偏左帛片纖維保存較完整，卻不見任何筆畫殘留。此處殘字實當爲“南”字，殘留横畫是其上部之横，字之左豎筆亦有一點殘留。

【疏證】

5.46“金星行度七”的占辭經程少軒先生《馬王堆〈五星占〉“金星黄緯占”解析》一文的研究，已得到較全面的解讀。按照程先生的意見，這段占辭的釋文可整理作：

日冬至，在日北，至日夜分，陽國勝；

春分，在日南，陽國勝；

夏分〈至〉，在日南，至日夜分，陽國勝；

秋分，在日【南】，陰國勝└。

關於占辭中關鍵術語“北”和“南”的含義，程先生認爲是指緯度，金星“在日北”是指黄緯度數爲正，“在日南”是指黄緯度數爲負：

> 我們認爲，理解這段占辭的關鍵，是正確理解金星“在日北”和“在日南”的意義。中國古代星占中，描述日月五星等天體位置的“北”和“南”，一般是指緯度，朝向北天極爲“北”，反之爲“南”。輔之以現代天文學坐標，金星相對於太陽的南北位置可用黄緯表示。太陽中心黄緯爲0°，金星“在日北”，則黄緯度數爲正；“在日南”，則黄緯度數爲負。金星公轉軌道平面與黄道面有約3.4°的夾角。因此金星的黄緯會隨其公轉在－3.4°至3.4°之間變化，過程爲：起於升交點，與日齊平，黄緯0°，“向北”移動，張角不斷變大，直至極值黄緯3.4°，轉“向南”移動，張角不斷變小，至降交點，又與日齊平，黄緯0°，繼續“向南”移動，張角不斷變大，直至負極值黄緯－3.4°，轉“向北”移動，張角不斷變小，回到升交點，與日齊平，進入下一個周期。金星的公轉周期約爲224.70日(公轉周期19 414 139.6秒，平均升交點周期19 413 981.4秒，平均降交點周期19 413 981.7秒，交點周期較之公轉實際周期少不到3分鐘，肉眼難以察覺，在本文討論中可以忽略不計)。

關於這段占辭的天文原理，程先生認爲是金星5個會合周期、13個公轉周期及8個回歸年的時間十分相近：

> 在一個公轉周期中，金星“在日北”與“在日南”各有約112.35日。金星公轉13周共歷時8年。
>
> 金星的會合周期約583.92日，5個會合周期恰好與8個回歸年的長度十分相近，僅相差不到半天。
>
> 《五星占》所用金星會合周期是584.4日，在此周期内，金星晨見於東方224日，没入日光之中浸行120日，夕見於西方224日，再没入日光之中伏16.4日，之後再次晨見於東方。如此循環5次，總時間完全等於當時行用之四分曆8個歲實的長度。

正因爲金星有如此奇巧的運動規律，所以以8個回歸年爲周期自然成爲觀測金星的最佳選擇：其間金星公轉13周，黄緯在正負3.4°之間周期性變化13次；金星視運動依“晨見東方—浸行—夕見西方—伏”的規律周期性變化5次；地球公轉8周，太陽經過冬至點、春分點、夏至點、秋分點各8次，每次經過相應節氣點時與金星的位置關係均不一樣。

關於這段占辭的占測原理，程先生認爲是將一年分成從春分到秋分的上半年和秋分到下一個春分的下半年。上半年，金星在日南，利陽國；下半年，金星在日南，利陰國：

金星在八年的32個節氣點，出現在日南和日北均爲16次，而且分佈均勻，冬至、春分、夏至、秋分均各有4次日南和4次日北。金星公轉次數13和回歸年數8互質，所以金星於二分二至出現在日南日北的隨機概率必然爲50%。該模型配以陰國和陽國這對二元對立的元素，構成一個看似無序實則隨機概率爲50%的占卜模型，這一模型直接取自天文現象，堪稱完美。

文中出現了三次“在日南”和三次“陽國勝”，看起來似乎打破了50%概率，不合邏輯。這其實只是因爲秋分之句形式上顛倒了——前三句均舉陽國勝的條件爲例，該句則舉陰國勝的條件爲例。造成這種情況的原因可略作推測。很可能占辭所據底本寫得比較詳細，每一句均列出了“在日南”和“在日北”兩種情況，而《五星占》的編寫者明白只要抄録其中一種情況，另一種自可據邏輯推得，因此略去其半，但在抄寫時前三句均取前半，第四句卻取了後半，所以形式上并不整飭。只要把秋分變换一種表達，寫成“秋分，在日北，陽國勝”，整段占辭就形式與邏輯雙雙齊整了。

這種占卜的根本邏輯是，將一年分成從春分到秋分的上半年和秋分到下一個春分的下半年(沿卯酉綫南北二分)：上半年，金星在日南，利陽國；下半年，金星在日南，利陰國。觀測時間取二分二至四個節氣點，每次觀測管三個月。

時間的性質由曆法確定，地點的性質由方位確定，星宿的位置取自天文觀測，占測戰爭的結果取决於確定時間方位下看似隨機的天象。這段占辭雖然不長，但蘊涵的數術原理還是頗爲精巧的。

傳世文獻亦有據二至時金星黄緯度數進行占測的例子，但其占測原理與本小節所論占辭有所不同，是將金星的位置區分爲盈、縮兩種情况，用來占測侯王之吉凶：

- 《史記·天官書》：日方南金居其南，日方北金居其北，曰贏，侯王不寧，用兵進吉退凶。日方南金居其北，日方北金居其南，曰縮，侯王有憂，用兵退吉進凶。
- 《漢書·天文志》：日方南太白居其南，日方北太白居其北，爲贏，侯王不寧，用兵進吉退凶。日方南太白居其北，日方北太白居其南，爲縮，侯王有憂，用兵退吉進凶。①
- 《開元占經》卷四十六"太白盈縮失行一"引石氏：日方南，太白居其南，日方北②，太白居其北，曰盈，侯王不寧，用兵進吉退凶；日方南，太白居其北，日方北，太白居其南，曰縮，侯王憂，用兵退吉進凶，遲吉疾凶。③

5.47　占例一

本小節所討論的文字位於《集成》圖版第73—74行，解釋了何爲陰國、陽國。按照傳世星占類文獻的分類原則，應屬"占例"類。

【釋文】

越、齊73上【□□□□者】[1]，荆秦之陽也└[2]；齊者，燕、趙、魏(魏)之陽也[3]；魏(魏)者，韓(韓)、趙之陽也；73下韓(韓)者，秦、趙之陽也；秦者，翟(狄)之陽也[4]，以南北進退占之└[5]。74上

【校注】

[1]"【□□□□】"之缺文字數暫從《集成》(2014：236—237)，共計四字。

① 席澤宗：《〈五星占〉釋文和注釋》，收入氏著《古新星新表與科學史探索》，西安：陝西師範大學出版社，2002年，第187頁。
② 瞿曇悉達指出："日方南謂夏至後也，日方北謂冬至後也。"
③ 席澤宗：《〈五星占〉釋文和注釋》，收入氏著《古新星新表與科學史探索》，第187頁。

此處整理小組(1978：9)曾補作"韓、趙、魏"。《集成》指出，韓、趙、魏不可能是荆之陽，整理小組所補不確。帛書所述還有以下規律：下一句所説的某者(即陽國)，都是上一句所説陰國；每一個短句所述的某者(即陽國)都與其陰國接壤。此處應缺五字左右，究竟該如何補，有待進一步研究。

"者"字原缺，整理小組據文義補。

[2] "荆"，劉樂賢(2004：86)指出即"楚"。

[3] "嶌"，劉樂賢指出，該字下部略殘，只存"魏"形，據後文"巍者，韓、趙之陽也"可知，此處亦應寫作"巍"。該字"山"旁書於"魏"的下部，秦漢文字的"巍"字多如此作。巍，從"魏"得聲，故可讀爲"魏"。

[4] "翟"，從整理小組釋，讀爲"狄"。劉樂賢認爲指北方少數民族，這裏指北方少數民族所建立的政權。

[5] "以南北進退占之"，劉樂賢認爲是説根據太白的南北進退可以占測陰國和陽國的吉凶。

【疏證】

5.47"占例一"中出現的國名判斷，是一套行用於戰國時代的規則。劉樂賢(2003：314—321)對此規則進行了歸納：

> 越和齊、韓、趙、魏位於楚和秦之東南，故爲楚和秦之陽；齊位於燕、趙、魏的東南，故爲燕、趙、魏之陽；魏位於韓、趙的東南，故爲韓、趙之陽；韓位於秦、趙的東南，故爲秦、趙之陽；秦位於翟的東南，故爲翟之陽。

類似説法，亦見於傳世文獻：

> • 《史記・天官書》：及秦并吞三晋、燕、代，自河、山以南者中國。中國於四海内則在東南，爲陽，陽則日、歲星、熒惑、填星，占於街南，畢主之。其西北則胡、貉、月氏旃裘引弓之民，爲陰，陰則月、太白、辰星，占於街北，昴主之。

> • 《漢書・天文志》：及秦并吞三晋、燕、代，自河、山以南者中國。中國於四海内則在東南，爲陽，陽則日、歲星、熒惑、填星，占於街南，畢主之。其西北則胡、貉、月氏旃裘引弓之民，爲陰，陰則月、太白、辰星，占於

街北，昴主之。

由"及秦并吞三晉、燕、代"句可知，《史》《漢》所載是一套行用於秦兼并列國而統一天下之後的規則。按此規則，河、山以南爲中國，屬陽；河、山以北爲夷狄，屬陰。

劉樂賢據上述文獻指出：

> 星占學的陰國、陽國是一組相對的概念：如甲國位於乙國之東南，則甲國爲陽國，乙國爲陰國；在四海之内，"中國"位於東南爲陽國，夷狄之國位於西北爲陰國。很顯然，陰國、陽國是根據陰陽學説來劃分的。

5.48　金星行度八

本小節所討論的文字位於《集成》圖版第 74 行，介紹了金星經常出入在"辰戌丑未"四支這一運行規律。按照傳世星占類文獻的分類原則，應屬"行度"類。

【釋文】

大白出，恒以丑未[1]，74 上**入[2]，恒以辰戌[3]，以此候之不失[4]。**74 下

【校注】

[1] "丑"原缺釋，《集成》(2014：236—237)釋出。

"未"原缺釋，《集成》釋出。《集成》指出，該字粘在第 45 行上半最末處。

[2] "入"原缺釋，《集成》據反印文釋出。

[3] "恒以辰"三字原缺釋，《集成》據反印文釋出。

"戌"原缺釋，《集成》據殘存筆畫 及反印文釋出。

[4] "以此"二字原缺釋，《集成》據殘存筆畫 、 及反印文釋出。

【疏證】

5.48"金星行度八"占文的類似説法，亦見於傳世文獻：

- 《淮南子・天文》：〔太白〕出以辰戌，入以丑未。

• 《史記・天官書》：〔太白〕出以辰戌，入以丑未。①

• 《開元占經》卷四十五“太白行度二”引石氏：太白出以辰戌，入以丑未，出入必以風。②

• 《淮南子・天文》：辰星正四時，常以二月春分效奎、婁，以五月下以五月夏至效東井、輿鬼，以八月秋分效角、亢，以十一月冬至效斗、牽牛。出以辰戌，入以丑未，出二旬而入。

• 《史記・天官書》：〔辰星〕是正四時：仲春春分，夕出郊奎、婁、胃東五舍，爲齊；仲夏夏至，夕出郊東井、輿鬼、柳東七舍，爲楚；仲秋秋分，夕出郊角、亢、氐、房東四舍，爲漢；仲冬冬至，晨出郊東方，與尾、箕、斗、牽牛俱西，爲中國。其出入常以辰、戌、丑、未。

• 《史記・天官書》：“察日辰之會。”《史記正義》引晋灼曰：“〔辰星〕常以二月春分見奎、婁，五月夏至見東井，八月秋分見角、亢，十一月冬至見牽牛。出以辰、戌，入以丑、未，二旬而入。晨候之東方，夕候之西方也。”

• 《開元占經》卷五十三“辰星行度二”引《春秋緯》：辰星出四仲，爲初紀。春分，夕出；夏至，夕出；秋分，夕出；冬至，晨出。其出常自辰戌入丑未。

• 又引皇甫謐《年曆》：辰星春分立卯之月，夕效於奎、婁；夏至立午之月，夕效於東井；秋分立酉之月，夕效於角、亢；冬至立子之月，晨效於斗、牛。出以辰戌，入以丑未。

通過分析可知，水星諸句與“正四時之法”有關，其中術語“辰戌丑未”是水星四仲躔宿的指代符號；與金星有關的《五星占》等句則應源自水星諸句，在傳抄過程中被轉寫到專論金星的章節中。這一情況集中反映出數術文獻的“雜抄”性質。相關討論，詳見第三章《談馬王堆帛書〈五星占〉“金星占”中的“出恒以丑未，入恒以辰戌”句及相關問題》。

---

① 席澤宗：《〈五星占〉釋文和注釋》，收入氏著《古新星新表與科學史探索》，第187頁。

② ［日］川原秀成、宮島一彥：《五星占》，山田慶兒編《新發現中國科學史資料の研究・譯注篇》，第34頁。

5.49　金星名主三

本小節所討論的文字位於《集成》圖版第75行，記載的是與金星對應的“時”“月位”“日”和“方位”。按照傳世星占類文獻的分類原則，應屬“名主”類。

【釋文】

其時秋，其日庚辛，月立(位)失(昳)[1]，西方國有74下之└[2]。75上

【校注】

[1]“立”，從劉樂賢(2004：86)釋，讀爲“位”。

“失”，從劉樂賢釋，讀爲“昳”，指太陽偏西時的位置。《集韻・屑韻》：“昳，日側。”

謹按，與五星相對應的“月位”，是按照月亮東升西落時“東方—隅中—正中—昳—西方”的順序排列的。此處謂“月位昳”，是以金星與昳對應。

[2]“西方國”，劉樂賢認爲即“西方之國”。

【疏證】

5.49“金星名主三”占辭的類似説法，見於以下傳世文獻：

- 《開元占經》卷四十五“太白名主一”引吴龔《天官星占》：太一位在西方，白帝之子，大將之象，一名天相，一名大臣，一名太皓。
- 又引石氏：太白主秋，主西維，主金，主兵，於日主庚辛。主殺，殺失者，罰出太白。太白之失行，是失秋政者也。以其舍命國。
- 又引《五行傳》：太白者，西方金精也。于五常爲義，舉動得宜；於五事爲言，號令民從。義虧言失，逆秋令，則太白爲變動、爲兵、爲殺。

關於五星的“五行配屬”，傳世文獻亦有較爲系統的記載。相關討論，詳見第二章《五星名主》。

5.50　金星名主四

本小節所討論的文字位於《集成》圖版第75行，介紹了金星所司的事項，并列舉了與金星相對應的“加殃者”“咎”。按照傳世星占類文獻的分類原則，

應屬"名主"類。

【釋文】

司失獻[1]，不教之國【□】駕(加)之央(殃)[2]，其咎亡師。75上

【校注】

[1] "失"，原釋"天"，從《集成》(2014：236)校改。

"獻"，鄭慧生(1995：206)釋爲"儀"。謹按，或與"義"有關。《史記・天官書》："禮、德、義、殺、刑盡失，而填星乃爲之動摇。"《五星占》以木星司獄，以火星司樂，土星司兵，水星司德。據此可以推測，金星應司義。"獻"或可釋爲進獻、進奉。《周禮・天官・内府》："凡四方之幣獻之金玉、齒革、兵器，凡良貨賄入焉。"鄭玄注："諸侯朝覲所獻國珍。"

[2] "不教之國"，劉樂賢(2004：87)釋爲不進行教化的國家。

"【□】"之缺文字數暫從《集成》，共計一字。

"駕"，從劉樂賢釋，讀爲"加"。

"央"，從整理小組(1978：9)釋，讀爲"殃"。

【疏證】

5.50"金星名主四"主要講金星司"獻"，而傳世文獻多以木星司"兵"：

- 《史記・天官書》：主殺。殺失者，罰出太白。
- 《乙巳占》卷六"太白占第三十四"：是故太白主兵，爲大將，爲威勢，爲斷割，爲殺害，故用兵必占。
- 《開元占經》卷四十五"太白名主一"引石氏：太白主秋，主西維，主金，主兵，於日主庚辛。主殺，殺失者，罰出太白。太白之失行，是失秋政者也；以其舍命國。
- 又引巫咸：太白主兵革誅伐，正刑法。
- 又引《五行傳》：太白者，西方金精也。于五常爲義，舉動得宜；於五事爲言，號令民從；義虧言失，逆秋令，則太白爲變動、爲兵、爲殺。
- 又引石氏：太白司兵喪奸凶不時禁不祥，或出東方，或出西方。

關於五星所司事項的對比，詳見第二章《五星名主》。

第六節　木星行度表

本節是《五星占》的第六部分，主要由"木星行度表"及相關説明文字組成。

6.1　木星行度表

本小節所討論的文字位於《集成》圖版第76—87行，記載了自秦始皇元年至漢文帝三年這七十年間的木星公轉周期，但亦雜糅了會合周期。按照傳世星占類文獻的分類原則，應屬"行度"類。

【釋文】

相與營₌(營室)晨出東方[1]	秦始皇帝元・[2]	三	五	七	九 76上	【二】[3] 76下
與東辟(壁)晨出東方[4]	二	四	六	【八・張楚】[5]	【十】[6] 77上	【三】[7] 77下
與婁晨出東方[8]	三	五	七	【九】[9]	【一】[10] 78上	【四】[11] 78下
與畢晨出東方[12]	四	六	八	【卌】[13]	【二】[14] 79上	【五】[15] 79下
與東井晨出東方[16]	五	七	九・	漢元[17]・	孝惠【元】[18] 80上	【六】[19] 80下
與柳晨出東方[20]	六	八	卅(三十)	二	二 81上	【七】[21] 81下
與張晨出東方[22]	七	九	一	三	【三】[23] 82上	【八】[24] 82下
與軫晨出東方[25]	八	廿(二十)	二	【四】[26]	四 83上	【元】[27] 83下
與亢晨出東方[28]	九	一	三	五	五 84上	二 84下
與心晨出東方[29]	十	二	四	六	六 85上	三 85下
與斗晨出東方[30]	一	三	五	七	七 86上	86下
與婺₌(婺女)晨出東方[31]	二	四	六	八・	代皇[32] 87上	87下

【校注】

[1]"相"，劉樂賢(2004：87—88)釋爲歲星的異名。以前多以"相與"爲

一詞，認爲“相與營室晨出東方”是“與營室晨出東方”的意思。據考察，在古代漢語中，“相與”的後面一般直接接動詞，似未見有“相與＋名詞＋動詞”的用例。因此，以“相與”爲一詞的讀法并不合適。這裏的“相”字是名詞，“相與營室晨出東方”，是“歲星與營室晨出東方”的意思。

“營室”，劉樂賢指出是二十八宿之一。

[2] “秦始皇帝元”，劉樂賢認爲指秦始皇元年，即公元前 246 年。

[3] “二”字原缺，整理小組(1974：37)據文義補。

[4] “東辟”從劉樂賢釋，讀爲“東壁”，二十八宿之一。

[5] “八”字原缺，整理小組據文義補。

“張楚”二字原缺，《集成》(2014：238)據文義補。

[6] “十”字原缺，整理小組據文義補。

[7] “三”字原缺，整理小組據文義補。

[8] “婁”，劉樂賢指出是二十八宿之一。

[9] “九”字原缺，整理小組據文義補。

[10] “一”字原缺，整理小組據文義補。

[11] “四”字原缺，整理小組據文義補。

[12] “畢”，劉樂賢指出是二十八宿之一。

[13] “卌”字原缺，整理小組據文義補。劉樂賢釋爲“四十”。

[14] “二”字原缺，整理小組據文義補。

[15] “五”字原缺，整理小組據文義補。

[16] “東井”，劉樂賢指出是二十八宿之一。

[17] “漢元”，劉樂賢認爲指漢高祖元年，即公元前 206 年。

[18] “元”字原缺，整理小組據文義補。

“孝惠元”，劉樂賢認爲指漢惠帝元年，即公元前 194 年。

[19] “六”字原缺，整理小組據文義補。

[20] “柳”，劉樂賢指出是二十八宿之一。

[21] “七”字原缺，整理小組據文義補。

[22] “張”，劉樂賢指出是二十八宿之一。

[23] “三”字原缺，整理小組據文義補。

［24］“八”字原缺，整理小組據文義補。

［25］“軫”，劉樂賢指出是二十八宿之一。

［26］“四”字原缺，劉樂賢據文義補。

［27］“元”字原缺，整理小組據文義補。劉樂賢認爲指漢文帝元年，即公元前 179 年。《五星占》抄寫於漢文帝三年，漢文帝是所謂“今上”或“今皇帝”，其元年只注“元”字即可，如第九八行、第一三〇行作“元”即是其例。“陳譯”在“元”字處補“文帝元”三字，不可信。《五星占》抄寫於文帝之世，没有使用“文帝”謚號的可能。

［28］“亢”，劉樂賢指出是二十八宿之一。

［29］“心”，劉樂賢指出是二十八宿之一。

［30］“斗”，劉樂賢指出是二十八宿之一。

［31］“婺女”，劉樂賢指出是二十八宿之一。

［32］“代皇”，劉樂賢認爲指漢高祖之后吕雉執政元年，即公元前 187 年，他處作“高皇后”（第一三〇行）或“高皇后元”（第一二〇行）。

【疏證】

相關討論，詳見第二章《五星運行周期》。

6.2　木星行度表説明文字

本小節所討論的文字位於《集成》圖版第 88—89 行，介紹了木星會合周期、公轉周期及運行速度等信息。按照傳世星占類文獻的分類原則，應屬“行度”類。

【釋文】

秦始皇帝元年正月，歲星日行廿（二十）分，十二日而行一度，終【歲】行卅（三十）度百五分[1]，見三88上【百六十五日而夕入西方】[2]，伏卅（三十）日[3]，【凡】三百九十五日而復出東方[4]。【十】二歲一周天[5]，廿（二十）四歲一與大88下【白】合營=（營室）[6]。89上

【校注】

[1] “歲”字原缺，整理小組(1978：10)據文義補。

“行廿”二字原缺釋，《集成》(2014：238)據殘存筆畫 、 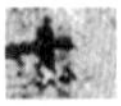 釋出。

“終歲行三十度百五分”，劉樂賢(2004：88)指出，帛書説歲星每日行 20/240 度，一年按 365 日又 1/4 日算，則一年共計行 30 又 105/240 度。

[2] “見”，劉樂賢指出同“現”。

“百六十五日而夕入西方”十字原缺，整理小組(1974：37)據 1.4 木星行度(二)相關文字“皆出三百六十五日而夕入西方”補。

[3] “伏”原缺釋，劉樂賢據殘存筆畫  釋出。

[4] “凡”字原缺，陳劍(2016：295)據反印文及文義補。陳先生指出，印文“三百”上之字殘存末長筆，據文例結合字形可肯定是“凡”字。上舉原帛“伏廿日”所在帛片本爲一塊獨立的小殘片，與下方大帛并不相連。據反印文可知不應直接如此拼合，而是要再略往上提，留出已殘失的“凡”字及其下“三”字最上長横筆的位置。本篇第 5 行講歲星十二年一周的周期，謂“皆出三百六十五日而夕入西方，伏廿(三十)日而晨出東方，凡三百九十五日百五分日而復出東方”，有關文例及“凡”字與此同。

“三百九十五日”，劉樂賢指出前文“木星”部分(謹按，即 1.4)作“三百九十五日百五分”，此處蓋只取整數。

[5] “十”字原缺，整理小組 1974 據文義補。

“二”原缺釋，《集成》據殘存筆畫  釋出。

[6] “白”字原缺，整理小組 1978 據文義補。

“合”，劉樂賢釋爲“會合”。

陳久金(2001：135)指出，木星的會合周期爲十二年，金星會合周期爲八年，二十四爲十二與八的公倍數，故曰“廿四歲一與大白合營室”。席澤宗(2002：188)指出，木星的恒星周期爲 12 年，金星的五個會合周期爲 8 年，8 與 12 的最小公倍數爲 24，即今年正月若金星和木星與營室晨出東方，則 24 年以後又會發生同一現象。

【疏證】

相關討論，詳見第二章《五星運行周期》。

第七節　土星行度表

本節是《五星占》的第七部分，主要由"土星行度表"及相關説明文字組成。

7.1　土星行度表

本小節所討論的文字位於《集成》圖版第 90—119 行，記載了自秦始皇元年至漢文帝三年這七十年間的土星公轉周期，但亦雜糅了會合周期。按照傳世星占類文獻的分類原則，應屬"行度"類。

【釋文】

【□】與營=(營室)晨出東方[1]	元・秦始皇[2]	一	二 90上
與營=(營室)晨出東方	二	二	三 91上
與東辟(壁)晨出東方[3]	三	三	四 92上
與畦(奎)晨〖出〗東方[4]	四	四	五 93上
與婁晨出東方[5]	五	五	六 94上
與胃晨出東方[6]	六	六	七 95上
與茅(昴)晨出東方[7]	七	七	八 96上
與畢晨出東方[8]	八	八・張楚[9]・	元[10] 97上
與觜=(觜觿)晨出東方[11]	九	九	二 98上
與伐晨出東方[12]	十	卌(四十)	三 99上
與東井晨出東方[13]	一	・漢元[14]	100上
與東井晨出東方[15]	二	二	101上
與=(與與—輿輿)鬼晨出東方[16]	三	三	102上
與柳晨出東方[17]	四	四	103上
與七星晨出東方[18]	五	五	104上
與張星〈晨〉出東方[19]	六	六	105上

续 表

與翼(翼)晨出東方[20]	七	七	106 上
與軫晨出東方[21]	八	八	107 上
與角晨出東方[22]	九	九	108 上
與亢晨出東方[23]	廿(二十)	十	109 上
與氐晨出東方[24]	一	一	110 上
與房晨出東方[25]	二	二	111 上
【與】心晨出東方[26]	三	·孝惠元[27]	112 上
與尾晨出東方[28]	四	二	113 上
與箕晨出東方[29]	五	三	114 上
與斗晨出東方[30]	六	四	115 上
與牽₌(牽牛)晨出東方[31]	七	五	116 上
與婺₌(婺女)晨出東方[32]	八	六	117 上
與虛晨出東方[33]	九	七	118 上
與危晨出東方[34]	卅(三十)	·高皇后元[35]	119 上

【校注】

[1] “【□】”，原釋“相”，從《集成》(2014：239—240)校改。劉樂賢(2004：89—91)指出，第77行(謹按，即76行)的“相”是歲星的異名，以往將“相與”當作一詞是不對的。從文例推測，此處缺字或爲“填”，或爲填星的其他異名。

[2] “元”，劉樂賢指元年，從下注有“秦始皇”三字可知，這是指秦始皇的元年。

[3] “東辟”，從整理小組(1974：37)釋，讀爲“東壁”，劉樂賢指出是二十八宿之一。

[4] “畦”，從整理小組(1978：10)釋，讀爲“奎”，劉樂賢指出是二十八宿之一。

[5] “婁”，劉樂賢指出是二十八宿之一。

［6］“胃”,劉樂賢指出是二十八宿之一。

［7］“茅”,從整理小組 1978 釋,讀爲“昴”,劉樂賢指出是二十八宿之一。

［8］“畢”,劉樂賢指出是二十八宿之一。

［9］“張楚”,劉樂賢指出,亦見於帛書《刑德》甲、乙篇的大陰刑德歲徙圖,是陳勝起義後所建政權的國號。

［10］“元”,劉樂賢認爲指漢文帝元年。

［11］“[illegible]”,《集成》認爲可能是“觜觽”二字的合文,也可能是“此巂”合文。但都應讀爲“觜觽”。劉樂賢指出是二十八宿之一。

［12］“伐”,劉樂賢指出或作“罰”,本指參宿中的伐星,這裏用來指代參宿。

［13］“東井”,劉樂賢指出是二十八宿之一。

［14］“漢元”,劉樂賢認爲指漢高祖元年。

［15］“與東”二字原缺釋,《集成》據殘存筆畫、釋出。

［16］“與₌鬼”,原釋“與鬼”,從劉樂賢校改,讀爲“與輿鬼”。劉樂賢指出,從照片看,“鬼”字之上只有一字,只存少量筆迹。結合文義考慮,此字應爲“與”,并且其下可能有一個重文符號,故可釋作“與與”。第 138 行“與與鬼”亦如此作,可參看。

［17］“柳”,劉樂賢指出是二十八宿之一。

［18］“七星”,劉樂賢指出是二十八宿之一。

［19］“張”,劉樂賢指出是二十八宿之一。

“星”,《集成》指出是“晨”之誤字。

［20］“翼”,劉樂賢指出是二十八宿之一。

［21］“軫”,劉樂賢指出是二十八宿之一。

［22］“角”,劉樂賢指出是二十八宿之一。

［23］“亢”,劉樂賢指出是二十八宿之一。

［24］“氐”,劉樂賢指出是二十八宿之一。

［25］“房”,劉樂賢指出是二十八宿之一。

［26］“與”字原缺,整理小組 1974 據文義補。

“心”,劉樂賢指出是二十八宿之一。

［27］“孝惠元”,劉樂賢指出是漢孝惠帝元年。

［28］“與”原缺釋，《集成》據殘存筆畫 釋出。

“尾”，劉樂賢指出是二十八宿之一。

［29］“箕”，劉樂賢指出是二十八宿之一。

［30］“斗”，劉樂賢指出是二十八宿之一。

［31］“牽牛”，劉樂賢指出是二十八宿之一。

［32］“婺女”，劉樂賢指出是二十八宿之一。

［33］“虛”，劉樂賢指出是二十八宿之一。

［34］“危”，劉樂賢指出是二十八宿之一。

［35］“高皇后元”，劉樂賢認爲指漢高祖之后吕雉執政元年。

【疏證】

7.1“土星行度表”，共有三十行文字描述，該表體現了土星的公轉周期（今測值爲 29.46 日）；據“與某宿晨出東方”的描述可知，該表亦在描述會合周期。

關於此表排列的原理，陳久金（2001：138—139）指出，由於井宿位置較寬，配爲兩年，其餘一年配在第一年營室。其實際的考慮是，按周期巡行來説，第一年在營室，最後一年也在營室，這是較爲切合實際的處理方法。墨子涵先生指出，此表排列的原理十分明顯：它等於是 30 年一周，除在宿度較寬的營室（20 度）和東井（29 度）二宿留兩年外，一年行一宿，終而復始。這明顯是引申於當時流行“一年徙一宿”的簡單規律。① 關於“歲填一宿”，詳參 3.2“土星名主二”的“疏證”部分。

7.2　土星行度表説明文字

本小節所討論的文字位於《集成》圖版第 120—121 行，介紹了土星會合周期、公轉周期及運行速度等信息。按照傳世星占類文獻的分類原則，應屬“行度”類。

【釋文】

秦始皇帝元年正月，填星在營₌（營室），日行八分，卌（三十）日而行一度，終歲行十【二度四十二分[1]。120上見三百四十五】日[2]，伏卌（三十）二

① ［美］墨子涵：《從周家臺〈日書〉與馬王堆〈五星占〉談日書與秦漢天文學的互相影響》，《簡帛》第6輯，上海：上海古籍出版社，2011年，第 113—138 頁。

日[3]，凡{見}三百七十七日而復出東方[4]。卌(三十)歲一周於天，廿(二十)120下歲與歲星合[5]，爲大陰(陰)之紀[6]。121上

【校注】

[1]"歲"原缺釋，劉樂賢(2004：91)據殘存筆畫 釋出。

"十"原缺釋，《集成》(2014：240)據殘存筆畫 釋出。

"二度卌二分"五字原缺，整理小組(1978：11)據文義補。

"行十二度四十二分"，劉樂賢指出，帛書説填星日行8/240度，一年按365又1/4日算，則一年共計行12又42/420度。

[2]"見三百四十五"六字原缺，整理小組1978據文義補。

[3]"伏"，劉樂賢釋爲隱伏不見。《史記・天官書》："法，出東行十六舍而止；逆行二舍；六旬，復東行，自所止數十舍，十月而入西方；伏行五月，出東方。"《集解》引晋灼："伏，不見。"

[4]"見"，陳劍(2016：295)認爲應爲衍文，系涉前文以及本篇他處多見之"見若干日"的説法而誤衍。此文與前引行88下皆先分别言"見"與"伏"各若干日(第5行則分别言"出"與"伏"各若干日)，然後再統計而爲"凡若干日"。作"凡見"則不可通。

"七十七"，最初由整理小組(1974：38)釋出，但整理小組1978改釋爲"七七"。劉樂賢指出，從照片看，前面爲"七十"合文，後面爲"七"字，故應釋爲"七十七"。帛書《五星占》中"七十"皆作合文，如第127行、第134行的"七十"就是合文。馬王堆其他帛書的"七十"也多寫成合文。

[5]"合"，劉樂賢釋爲"會合"。

[6]"大陰"，劉樂賢指出即"太陰"。

"大陰之紀"，M. 馬林諾斯基(馬克)先生認爲或與太陰紀年有關。①

【疏證】

相關討論，詳見第二章《五星運行周期》。

---

① M. 馬林諾斯基(馬克)：《馬王堆帛書〈刑德〉試探》(方玲譯)，《華學》第1輯，廣州：中山大學出版社，1995年，第82—110頁。

第八節　金星行度表

本節是《五星占》的第八部分，主要由“金星行度表”及相關説明文字組成。

8.1　金星行度表

本小節所討論的文字位於《集成》圖版第122—141行，記載了自秦始皇元年至漢文帝三年這七十年間的金星會合周期。按照傳世星占類文獻的分類原則，應屬“行度”類。

【釋文】

正月與營（營室）星〈晨〉出東方，二百廿（二十）四日，以八月與角晨入東方。[1]	【秦始皇帝元】[2]122上	【九】[3]	七[4]	五	三	·漢元[5]	九	五	六122下
浸（浸）行百廿（二十）日[6]，以十二月與虛夕出西方，取廿（二十）一於下[7]。123上									
與虛夕出西方，二百廿（二十）四日，以八月與翼（翼）夕入西方。	【二】[8]124上	【十】[9]	【八】[10]	六	四	二	十	六	七124下
伏十六日九十六分，與軫晨出東方。125上									
以八月與軫晨出東方，二百廿（二十）四日，以三月與茅（昴）晨入東方[11]，余（餘）七十八[12]。■126上									

续　表

浔(浸)行百廿日，以九月與【翼】夕出西方[13]。	三127上	【一】[14]	九	七	五	三	一	七	八127下
以八月與翼(翼)夕出西方[15]，二百廿(二十)四日，以二月與婁夕入西方，余(餘)五十七。128上									
伏十六日九十六分，以三月與茅(昴)晨出東方。	四129上	【二】[16]	廿	八	六	四	二	【高】皇后[17]	·元[18]129下
以三月與茅(昴)晨出東方，二百廿(二十)四日，以十一月與箕晨【入東】方[19]。130上									
浔(浸)行百廿(二十)日，以三月與婁夕出西方，余(餘)五十二。131上									
【以三】月與婁夕出西方[20]，二百廿(二十)四日，以十月與心夕入西方。	五132上	【三】[21]	【一】[22]	九	七	五	·惠元[23]	二	二132下
【伏】十六日九十六分[24]，以十一月與箕晨出東方，取七十三下。133上									
以十一月與箕晨出東方，二百廿(二十)四日，以六月與柳晨入東方。	六134上	【四】[25]	【二】[26]	【卌】[27]	【八】[28]	六	二	三	三134下

续 表

浸(浸)行百廿(二十)日,以九月與心夕出西方,取九十四下。135上									
以九月與心夕出西方,二百廿(二十)四日,以五月與東井夕入西方。	七136上	【五】[29]	【三】[30]	【一】[31]	【九】[32]	【七】[33]	三	四	136下
伏十六日九十六分,以九〈六〉月與=(與與—輿)鬼晨出東方[34]。137上									
以六月與輿鬼晨出東方,二百廿(二十)四日,以正月與西辟(壁)晨入東方[35],余(餘)五。138上									
浸(浸)行百廿(二十)日,以五月與東井夕西出西方。	八139上	【六】[36]	【四】[37]	【二】[38]	【卌】[39]	【八】[40]	四	五	139下
以五月與東井夕出西方,二百廿(二十)四日,以十二月與虚夕入西方。140上									
【伏十】六日九十六分[41],以正月與東辟(壁)晨出東方[42]。141上									

【校注】

[1]“營室”,劉樂賢(2004：92—94)指出,《五星占》多作合文(第77行、第90行、第91行、第92行、第93行、第121行),也有不作合文者(第

50 行、18 行、145 行)，此處則作合文而無合文符號，較爲特别。類似寫法亦見於《九店楚簡》第七八簡，可參看。

"星"，原釋"晨"，從《集成》(2014：240—243)校改，爲"晨"之誤字。

［2］"秦始皇帝元"五字原缺，劉樂賢據文義補，指出爲秦始皇元年。

［3］"九"字原缺，整理小組(1974：38—39)據文義補。

［4］"七"原缺釋，《集成》據殘存筆畫 釋出。

［5］"漢元"，劉樂賢指爲漢高祖元年。

［6］"濡行"，劉樂賢讀爲"潛行"。

［7］"取"，劉樂賢釋爲取用、拿來。

"取二十一於下"，席澤宗(2002：190—191)認爲即一年的日數(365.25 日)減去晨出東方的日數 224 日，再減去浸行日數 120 日，剩 21.25 日，其整數爲 21，歸於下一年進行計算。劉樂賢認爲指從下一年拿來 21 日。太白運行的第一年中，太白與營室晨出東方開始，過 224 日後以八月與角宿晨入東方，再潛行 120 日至十二月與虚夕出西方結束，共計 224＋120＝344 日，比一年的日數尚差 21 日，故帛書説從下一年拿來 21 日。謹按，席説較爲合理，應解釋爲"歸於下一年進行計算"。

［8］"二"字原缺，整理小組 1974 據文義補。

［9］"十"字原缺，整理小組 1974 據文義補。

［10］"八"字原缺，整理小組 1974 據文義補。

［11］"茅"，從劉樂賢釋，讀爲"昴"，二十八宿之一。

［12］"余"，從《集成》釋，讀爲"餘"。劉樂賢釋爲剩餘、多餘，與上文"取"字相對。

"餘七十八"，席澤宗認爲是指第一年内兩個動態的日數和第二年内三個動態的日數加起來，比兩年的日數多餘 78 天，要挪用下一年的才行；也就是説，第二年最後一個動戀完了時就到三年三月了，故曰"三月與昴晨入東方"。劉樂賢認爲指剩餘 78 日。太白運行至第二年，共計 344＋224＋16.4＋224＝808.4 日，這比兩年的日數 730 日剩餘 78.4 日，故帛書説剩餘 78 日。謹按，當以席説爲是。

［13］"翼"字原缺，整理小組(1978：12)據文義補。

“夕”原缺釋，《集成》據殘存筆畫釋出。

[14] “一”字原缺，整理小組 1974 據文義補。

[15] “八月”，鄭慧生(1995：210—211)、席澤宗、劉樂賢認爲從上下文推算，此行“八月”與上一行的“九月”均是“七月”之誤。《集成》指出，如劉氏所説，仍與此處的“九月”矛盾。帛書此處的矛盾，究竟應怎樣調和，仍需考察。

“翼”，原釋“翼”，從《集成》校改，讀爲“翼”。

[16] “二”字原缺，整理小組 1974 據文義補。

[17] “高”字原缺，整理小組 1978 據文義補。

“高皇后”，劉樂賢認爲指漢高祖之后吕雉執政元年，即公元前 187 年。

[18] “元”，劉樂賢認爲指漢文帝元年，即公元前 179 年。

[19] “入東”二字原缺，整理小組 1974 據文義補。

[20] “以三”二字原缺，整理小組 1978 據文義補。

“月”原缺釋，劉樂賢據殘存筆畫釋出。

[21] “三”字原缺，整理小組 1974 據文義補。

[22] “一”字原缺，整理小組 1974 據文義補。

[23] “惠元”，劉樂賢認爲指漢惠帝元年。

[24] “伏”字原缺，整理小組 1974 據文義補。

劉樂賢(2004：94)指出，從上下文看，此處“分”前應脱一“六”字。

[25] “四”字原缺，整理小組 1974 據文義補。

[26] “二”字原缺，整理小組 1974 據文義補。

[27] “卌”字原缺，整理小組 1974 據文義補。

[28] “八”字原缺，整理小組 1974 據文義補。

[29] “五”字原缺，整理小組 1974 據文義補。

[30] “三”字原缺，整理小組 1974 據文義補。

[31] “一”字原缺，整理小組 1974 據文義補。

[32] “九”字原缺，整理小組 1974 據文義補。

[33] “七”字原缺，整理小組 1974 據文義補。

[34] “九月”，鄭慧生、席澤宗認爲應是“六月”之訛。劉樂賢指出，秦漢時期“九”“六”二字的寫法接近，容易致混。

“與₌鬼”,原釋“與輿鬼”,從劉樂賢校改,讀爲“與輿鬼”。

［35］“西壁”,席澤宗先生認爲即營室,參見校注［42］。鄭慧生認爲即營室,以其在東壁之西而得名。劉樂賢認爲是營室的異名。《開元占經》卷六十一“營室占六”引郗萌:“營室,西壁也。”

［36］“六”字原缺,整理小組 1974 據文義補。

［37］“四”字原缺,整理小組 1974 據文義補。

［38］“二”字原缺,整理小組 1974 據文義補。

［39］“卌”字原缺,整理小組 1974 據文義補。

［40］“八”字原缺,整理小組 1974 據文義補。

［41］“伏十”二字原缺,整理小組 1974 據文義補。

［42］“東壁”,席澤宗先生認爲,營室最早包括四個星,後來分成東壁和西壁,而專以西壁叫營室,這個金星位置表中還在混用。① 鄭慧生認爲,此處“東”是“西”字之訛。劉樂賢認爲,從上下文看,此處“東壁”應指“西壁”,即“營室”。

【疏證】

8.1“金星行度表”比較複雜,不易看清,陳久金(2001: 144)、劉樂賢、《集成》皆製作了簡化版的表格。我們引《集成》表格於下:

表 1－17　8.1“金星行度表”結構(引自《集成》)

正月與營室(東壁)晨出東方以十二月與虚夕出西方	【秦始皇帝元】	【九】	【七】	五	三	漢元	九	五	六
以八月與軫晨出東方	【二】	【十】	【八】	六	四	二	十	六	七
以八月與翼夕出西方	三	【一】	九	七	五	三	一	七	八

① 劉云友(即席澤宗):《中國天文史上的一個重要發現——馬王堆漢墓帛書中的〈五星占〉》,《文物》1974 年第 11 期,第 28—36 頁;又載於《中國天文學史文集》第 1 集,北京: 科學出版社,1978 年,第 14—33 頁;又以《馬王堆漢墓帛書中的〈五星占〉》,載於《中國古代天文文物論集》,北京: 文物出版社,1989 年,第 46—58 頁;後收入氏著《古新星新表與科學史探索》,西安: 陜西師範大學出版社,2002 年,第 166—176 頁。

续　表

以三月與昴晨出東方	四	【二】	廿	八	六	四	二	【高】皇后	元
以三月與婁夕出西方以十一月與箕晨出東方	五	【三】	【一】	九	七	五	惠元	二	二
以九月與心夕出西方	六	【四】	【二】	【卅】	【八】	六	二	三	三
以六月與輿鬼晨出東方	七	【五】	【三】	【一】	【九】	【七】	三	四	
以五月與東井夕出西方	八	【六】	【四】	【二】	【卌】	【八】	四	五	

陳久金指出，由於金星的會合周期爲 584.4 日，約需 19 個半月才能完成一周，故不可能每年晨出，也不可能都在正月晨出。從簡排的表可以看出，在八年的周期中，第一年在正月晨出，第二年在八月，第四年在三月，第五年在十一月，第七年在九月（謹按，當爲“六月”），至第九年之正月再最出，完成一個循環周期。

8.2　金星行度表説明文字

本小節所討論的文字位於《集成》圖版第 142—145 行，介紹了金星會合周期，還提到了金星出入五次、爲日八歲的運行規律。按照傳世星占類文獻的分類原則，應屬“行度”類。

【釋文】

秦始皇帝元年正月，大白出東方，【日】行百廿（二十）分[1]，百日。上極[2]，其【日行一度[3]，142上六】十日[4]。行有（又）益疾[5]，日行一度百八十七半〈分〉以從日[6]，六十四日而傧（復）還日[7]，142下晨入東方，凡二百廿（二十）四日。浸（浸）行百廿（二十）日[8]，夕出西方。大白出西方[9]，日行一度143上【百八十七分[10]，百日[11]。】行益徐[12]，日行一度以侍（待）之[13]，六十日。行有(又)益徐[14],日行143下卌(四十)分[15],六十四日而入西方[16],凡二百廿(二十)四日。伏十六日九十六分[17]。【太白一復】爲日五百144上【八十四日九十六分[18]。凡出入東西各五[19]】,復與營室晨出東方[20],爲八144下歲。145上

【校注】

[1]“日”字原缺,整理小組(1978: 13)據文義補。

[2]“上極”,暫從整理小組釋。劉樂賢(2004: 94—95)曾據文義懷疑其中“上”字似爲“行”之缺或訛,而將此處釋作“行益疾”。

[3]“其”原缺釋,《集成》(2014: 242)據殘存筆畫 釋出。

“日行一度”四字原缺,劉樂賢據文義補。

[4]“六”字原缺,鄭慧生(1995: 211)據文義補。

[5]“有”,從劉樂賢讀爲“又”,釋爲“更”。

“又益疾”,劉樂賢指出比“益疾”更快。

[6]“半”,劉樂賢指出應爲“分”之訛。

“從”,劉樂賢釋爲“追逐”。

[7]“復”,原釋“復”,從《集成》校改,讀爲“復”。

“遝”,劉樂賢釋爲“及”。

[8]“浸行”,劉樂賢讀爲“潛行”。

[9]“大白出西”四字原缺,劉樂賢據殘存筆畫 、 、 、 釋出。

“方”字原缺,《集成》據殘存筆畫 釋出。

[10]“日行一度”四字原缺,《集成》據殘存筆畫 、 、 、 釋出。

“百八十七分”五字原缺,整理小組(1974: 39)據文義補。

[11]“百日”二字原缺,整理小組1978據文義補。

[12]“益徐”,劉樂賢指出是更慢或稍慢的意思。

[13]“侍”,原釋“待”,從劉樂賢校改,讀爲“待”,釋爲“等待”。

[14]“又益徐”,劉樂賢指出比“益徐”更慢。

[15]“卌”,從整理小組釋。何幼琦(1979: 80)懷疑應爲“百廿”二字,理由是參考《史記》《漢書》,“行又益徐”的速度同晨出後始行的速度應該相等。

［16］劉樂賢指出，從文義看，此處“入”前似脱一“夕”字。

［17］“伏”，劉樂賢解釋爲隱伏不見。《史記·天官書》：“法，出東行十六舍而止；逆行二舍；六旬，復東行，自所止數十舍，十月而入西方；伏行五月，出東方。”《集解》引晋灼：“伏，不見。”

［18］“太白一復”四字原缺，整理小組 1978 據文義補。何幼琦認爲《五星占》的時代尚無“一復”之詞，將此段補釋爲“【出入東西】爲日五【百八十四日九十六分日】”。劉樂賢指出，從帛書太白占部分的用字習慣看，此段似亦可補釋爲“【太白一出】爲日五【百八十四日九十六分日】”。

“百”原缺釋，《集成》據殘存筆畫釋出。

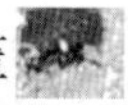

“八十四日九十六分”八字原缺，《集成》據文義補。

陳久金（2001：145）指出，自“秦始皇”至“九十六分日”，是説金星一個伏見的周期總日數，用公式表示爲：晨出 224 日＋伏 120 日＋夕出 224 日＋伏 16 又 240 分之 96 日＝584 又 240 分之 96 日，即爲 584.4 日。

［19］“凡出入東西各五”七字原缺，整理小組據文義補。

［20］“復”原缺釋，《集成》據殘存筆畫釋出。

【疏證】

相關討論，詳見第二章《五星運行周期》。

第二章　馬王堆帛書《五星占》分類研究

第一節　五星名主

一、五行配屬

《五星占》有兩類討論五星的“五行配屬”的文字。一類包括五星占測部分各章的首句，即 1.1＋2.1＋3.1＋4.1＋5.1，記載的是五星的“五行屬性”并分列與之相應的“方位”和“帝”“丞”之名：

東方木，其帝大浩(皞)，其丞句巟(芒)，其神上爲歲星。1 上

南方火，其帝赤帝，其丞祝庸(融)，其神上爲熒【惑】。23 上

中央土，其帝黄帝，其丞后土，其神上爲填星。29 上

北方水，其帝端(顓)玉(頊)，其丞玄冥，【其】神上爲晨(辰)星。32 上

西方金，其帝少浩(皞)，其丞蓐收，其神上爲大白。39 上

另一類包括各章結尾處的文句，即 1.1＋2.1＋3.1＋4.1＋5.1，記載的是與五星相對應的“時”“月位”“日”和“方位”：

其21 上【時春】，其白〈日〉甲乙，月【位】東₌方₌(東方，東方)之【國有】之。21 下

【其】時夏，其日丙丁ᒻ，月立(位)隅中，南方之〖國〗有之。28 上

中央分土，其日戊己，月立(位)正中₌(中，中)國有之。31 上

其時冬，其日壬癸，月立(位)西方，北方國有之。37 下

其時秋，其日庚辛，月立(位)失(昳)，西方國有74 下之ᒻ。75 上

《五星占》這兩類内容，可列爲下表：

表 2－1　馬王堆帛書《五星占》五行配屬對照

	木星	火星	土星	水星	金星
其方位	東方	南方	中央	北方	西方
其行	木	火	土	水	金
其帝	大浩（皞）	赤帝	黄帝	端（顓）玉（頊）	少浩（皞）
其丞	句巟（芒）	祝庸（融）	后土	玄冥	蓐收
其名	歲星	熒惑	填星	辰星	太白
其時	春	夏		冬	秋
其日	甲、乙	丙、丁	戊、己	壬、癸	庚、辛
其月位	東方	隅中	正中	西方	失（昳）
其國	東方之國	南方之國	中國	北方國	西方國

關於五星的“五行配屬”，傳世文獻亦有較爲系統的記載，主要涉及“帝”“丞”“日”“方位”等方面，可與《五星占》相對照：

- 《禮記・月令》：孟春之月，日在營室，昏參中，旦尾中。其日甲乙，其帝大皞，其神句芒，其蟲鱗，其音角，律中大蔟。其數八，其味酸，其臭羶，其祀户，祭先脾。……仲春之月，……其日甲乙，其帝大皞，其神句芒，……季春之月，……其日甲乙，其帝大皞，其神句芒，……孟夏之月，……其日丙丁，其帝炎帝，其神祝融，……仲夏之月，……其日丙丁，其帝炎帝，其神祝融，……季夏之月，……其日丙丁，其帝炎帝，其神祝融，……孟秋之月，……其日庚辛，其帝少皞，其神蓐收，……仲秋之月，……其日庚辛，其帝少皞，其神蓐收，……季秋之月，……其日庚辛，其帝少皞，其神蓐收，……孟冬之月，……其日壬癸，其帝顓頊，其神玄冥，……仲冬之月，……其日壬癸，其帝顓頊，其神玄冥，……季冬之

月,……其日壬癸,其帝顓頊,其神玄冥,……①

• 《吕氏春秋·十二紀》,與《禮記·月令》同。②

• 《淮南子·天文》:何謂五星?東方木也,其帝太皞,其佐句芒,執規而治春。其神爲歲星,其獸蒼龍,其音角,其日甲乙。南方火也,其帝炎帝,其佐朱明,執衡而治夏。其神爲熒惑,其獸朱鳥,其音徵,其日丙丁。中央土也,其帝黄帝,其佐后土,執繩而制四方。其神爲鎮星,其獸黄龍,其音宫,其日戊己。西方金也,其帝少昊,其佐蓐收,執矩而治秋。其神爲太白,其獸白虎,其音商,其日庚辛。北方水也,其帝顓頊,其佐玄冥,執權而治冬。其神爲辰星,其獸玄武,其音羽,其日壬癸。③

• 《淮南子·時則》:孟春之月,招揺指寅,昏參中,旦尾中。其位東方,其日甲乙,盛德在木,其蟲鱗。其音角,律中太蔟,其數八,其味酸,其臭羶,其祀户,祭先脾。……仲春之月,……其位東方,其日甲乙,……季春之月,……其位東方,其日甲乙,……孟夏之月,……其位南方,其日丙丁,……仲夏之月,……其位南方,其日丙丁,……季夏之月,……其位中央,其日戊己,……孟秋之月,……其位西方,其日庚辛,……仲秋之月,……其位西方,其日庚辛,……季秋之月,……其位西方,其日庚辛,……孟冬之月,……其位北方,其日壬癸,……仲冬之月,……其位北方,其日壬癸,……季冬之月,……其位北方,其日壬癸,……④

• 《淮南子·時則》"五位":東方之極:自碣石山過朝鮮,貫大人之國,東至日出之次,榑木之地,青土樹木之野,太皞、句芒之所司者萬二千里。……南方之極:自北户孫之外,貫顓頊之國,南至委火炎風之野,赤帝祝融之所司者萬二千里。……中央之極,自昆侖東絶兩恒山,日月之所道,江、漢之所出,衆民之野,五穀之所宜,龍門、河、濟相貫,以息壤堙洪水

① [日]川原秀成、宫島一彦:《五星占》,山田慶兒編《新發現中國科學史資料の研究·譯注篇》,第3頁。

② 同上。

③ [日]川原秀成、宫島一彦:《五星占》,山田慶兒編《新發現中國科學史資料の研究·譯注篇》,第3頁。謹按,《淮南子》"其神爲某星"句與《五星占》相比少一"上"字。細審文義,《五星占》認爲五星是由神上升變化而成,是將五星與神視爲不同的概念;《淮南子》認爲五星即爲神,是將五星與神視爲同一概念。

④ [日]川原秀成、宫島一彦:《五星占》,山田慶兒編《新發現中國科學史資料の研究·譯注篇》,第3頁。

之州，東至於碣石，黄帝后土之所司者萬二千里。……西方之極：自昆侖絶流沙、沈羽，西至三危之國，石城金室，飲氣之民，不死之野。少皞、蓐收之所司者萬二千里。……北方之極：自九澤窮夏晦之極，北至令正之谷，有凍寒積冰，雪雹霜霰，漂潤羣水之野，顓頊玄冥之所司者萬二千里。……

• 《尚書大傳・洪範五行傳》：東方之極，自碣石東至日出榑木之野，帝太皞、神句芒司之。……南方之極，自北户南至炎風之野，帝炎帝、神祝融司之。……中央之極，自昆侖中至大室之野，帝黄帝、神后土司之。……西方之極，自流沙西至三危之野，帝少皞、神蓐收司之。……北方之極，自丁令北至積雪之野，帝顓頊、神玄冥司之。①

• 《史記・天官書》：察日、月之行以揆歲星順逆，曰東方木，主春，日甲、乙。……察剛氣以處熒惑，曰南方火，主夏，日丙、丁。……曆斗之會以定填星之位，曰中央土，主季夏，日戊、己。……察日行以處位太白，曰西方秋，日庚、辛。……察日辰之會，以治辰星之位，曰北方水，太陰之精，主冬，日壬、癸。

• 《漢書・天文志》：歲星曰東方春木，於人五常仁也，五事貌也。……熒惑曰南方夏火，禮也，視也。……太白曰西方秋金，義也，言也。……辰星曰北方冬水，知也，聽也。……填星曰中央季夏土，信也，思心也。

• 《漢書・魏相丙吉傳》引《易陰陽》及《明堂月令》：東方之神太昊，乘震執規司春；南方之神炎帝，乘離執衡司夏；西方之神少昊，乘兑執矩司秋；北方之神顓頊，乘坎執權司冬；中央之神黄帝，乘坤艮執繩司下土。②

• 《周禮・大宗伯》鄭玄注：禮東方以立春，謂蒼精之帝，而太昊、句芒食焉；禮南方以立夏，謂赤精之帝，而炎帝、祝融食焉；禮西方以立秋，謂白精之帝，而少昊、蓐收食焉；禮北方以立冬，謂黑精之帝，而顓頊、玄冥食焉。

• 《晋書・天文志》，與《漢書・天文志》同。

• 《乙巳占》卷四"歲星占第二十四"：歲星，一名攝提。東方木德，

---

① ［日］川原秀成、宮島一彦：《五星占》，山田慶兒編《新發現中國科學史資料の研究・譯注篇》，第3頁。

② 同上。

靈威仰之使,蒼龍之精也。其性仁,其事貌,其時春,其日甲乙,其辰寅卯,其音角,其數八,其帝太昊,其神句芒,其蟲鱗,其味酸,其臭膻,卦在震巽。

- 卷五"熒惑占第二十八":熒惑,一名罰星。南方火德,朱雀之精,赤熛怒之使也。其性禮,其事視察,其時夏,其日丙丁,其辰巳午,其音徵,其數七,其帝炎帝,其神祝融,其蟲羽,其味苦,其臭焦,其卦離。

- 卷五"填星占第三十一":填星,一名地侯,中央土德,句陳之精,含樞紐之使也。其性信而聖,其事思而睿,其時四季,其日戊己,其辰辰戌丑未,其音宫,其數五,其帝黄帝,其神后土,其蟲倮,其味甘,其臭香,其卦坤艮。

- 卷六"太白占第三十四":太白,一名天相,一名太正,一名太皋,一名明星,一曰長庚。西方金德,白虎之精,白招矩之使也。其性義,其事言,其時秋,其日庚辛,其辰辛酉,其帝少昊,其神蓐收,其蟲毛,其音商,其味辛,其臭腥,其卦乾兑。

- 卷六"辰星占第三十七":辰星,一名安調,二名細極,三名熊星,四名鉤星,五名司農,六名免星。北方水德,玄武之精,葉光紀之使也,其性智,其事聽,其時冬,其日壬癸,其辰亥子,其帝顓頊,其神玄冥,其蟲甲,其音羽,其數六,其味鹹,其卦坎。

這些文獻中的"帝""丞"(或稱"神""佐")之名略有差異,川原秀成、宫島一彦(1986: 3)曾將其中一部分文獻列爲表格來進行比較,在此基礎上列爲下表:

表2-2　文獻所載"帝""丞"五行配屬對照

文　獻		東方木	南方火	中央土	北方水	西方金
《五星占》	帝	大浩	赤帝	黄帝	端玉	少浩
	丞	句巟	祝庸	后土	玄冥	蓐收
《禮記·月令》 《吕氏春秋·十二紀》 《尚書大傳·洪範五行傳》	帝	太皞	炎帝	黄帝	顓頊	少皞
	神	句芒	祝融	后土	玄冥	蓐收

续 表

文　　獻		東方木	南方火	中央土	北方水	西方金
《易陰陽》 《明堂月令》 《乙巳占》	帝	太昊	炎帝	黄帝	顓頊	少昊
	神	句芒	祝融	后土	玄冥	蓐收
《淮南子·天文》	帝	太皞	炎帝	黄帝	顓頊	少昊
	佐	句芒	朱明	后土	玄冥	蓐收
《淮南子·時則》		太皞	炎帝	黄帝	顓頊	少皞
		句芒	祝融	后土	玄冥	蓐收
《周禮·大宗伯》鄭玄注		太昊	炎帝		顓頊	少昊
		句芒	祝融		玄冥	蓐收

二、所主

《五星占》1.2＋2.2＋3.2＋4.2＋5.2 記載的是五星所主事項：

歲處一國，是司歲【十】二。1上（木星）

【進退】无恒，不可爲【□】。23上（火星）

實填州星，歲【填一宿】。29上（土星）

主正四時，春分效婁，夏至效【輿32上鬼，秋分】效亢，冬至效牽=（牽牛）。一時不出，其時不和└；四時【不出】，天下大饑。32下（水星）

是司月行、槥（彗）星、失〈天〉夭（妖）、甲兵、水旱、死喪，【□39上□□□】道以治彳【□□】侯王正卿之吉凶。39下（金星）

按照《五星占》的説法，五星所主司的内容多與其運行周期密切相關：木星由於其公轉周期爲十二年，故可“司歲”；火星運行無常，故并無主司事項；土星由於其公轉周期接近二十八年，故可“填州星”；水星因其視運行位置始終與太陽相近，而可以用來指示太陽的位置，故可“主正四時”。唯一例外的是金星。由於帛書殘損，金星段落後半部分文句有所缺失，這導致金星所主事項與其運行規律存在的聯繫暫不確知。

三、所司、加殃者、其咎

《五星占》各章結尾處，即 1.18＋2.9＋3.5＋4.10＋5.50 的文字，介紹了五星所司的事項，并列舉了與五星相對應的"加殃者""咎"：

司失獄，斬刑無極，不會者駕(加)之央(殃)，其咎21下短命。22上

營(熒)或(惑)主└司失樂，淫於正音者，【□】駕(加)之央(殃)，其咎【□□】。27上

填星司失【□□□□□□□30上□□□□□□□】遺(隨)丘【□□□】大起(起)土攻(功)。若用兵者、攻伐填之野者，其咎短命亡，30下孫子毋(無)處。31上

主司失德，不順者37下【□】駕(加)之央(殃)，其咎失立(位)。38上

司失獻，不教之國【□】駕(加)之央(殃)，其咎亡師。75上

這些内容，可列爲下表：

表 2－3　馬王堆帛書《五星占》所司、加殃者、其咎對照

	木星	火星	土星	水星	金星
所司	失獄	失樂	失□	失德	失獻
加殃者	斬刑無極，不會者	淫於正音者	用兵者、攻伐填之野者	不順者	不教之國
其咎	短命	□□	短命亡，孫子毋處	失位	亡師

關於五星所司，據第一章相關小節的"疏證"部分所述，《五星占》以木星司"獄"，而《史記・天官書》等傳世文獻多以木星司"義""仁""德"等；《五星占》以火星司"樂"，而傳世文獻多以火星司"禮"；《五星占》中土星所司事項因文字缺失而不明，傳世文獻則多以土星司"德"；《五星占》以水星司"德"，而傳世文獻

多以水星司“刑”;《五星占》以金星司“獻”,而傳世文獻多以木星司“兵”。據其中較爲明確的説法,可列表如下：

表 2-4 文獻所載五星所司對照

	木星	火星	土星	水星	金星
《五星占》	獄	樂		德	獻
傳世文獻		禮	德	刑	兵

禮、德、義、殺、刑是五星所司的五類事項。如《史記·天官書》曰:“禮、德、義、殺、刑盡失,而填星乃爲之動揺。”由於古代禮、樂關係密切,《五星占》的火星司樂之説應與傳世文獻的司禮之説大體一致。但除火星外,《五星占》中其餘四星所司事項則與傳世文獻的説法不盡一致。其中,《五星占》的木星司獄之説,正與傳世文獻的水星之説相應;《五星占》的水星司德之説,正與傳世文獻的土星之説相應;而《五星占》的土星所司事項,據“若用兵者、攻伐填之野者”,極有可能是兵、殺等,這也正與傳世文獻的金星之説相應。

較爲特殊的是《五星占》以金星司獻之説。通過排除法可知,應與傳世文獻的木星司義之説相應。但兩者的含義存在何種關聯尚不可知。我們猜測,“獻”或應解釋爲進獻、進奉,則可與傳世文獻的木星之説相應。傳世文獻中有以木星主司農業生産的説法,如《開元占經》卷二十三“歲星名主一”引石氏:“主大司農。”又引《荆州占》:“歲星主春,農官也;其神上爲歲星,主東維。”又曰:“主歲五穀。”

綜上所述,《五星占》與傳世文獻中五星所司的五類事項基本一致,但對應關係有所不同。據此認爲,關於五星所司,《五星占》與多數傳世文獻有不同的底本來源;還有一種可能是,《五星占》在據底本傳抄的過程中發生文本訛誤,即將司刑之水星誤作木星,司殺之金星誤作土星,司德之土星誤作水星,司義之星誤作金星。

第二節　五星運行周期

馬王堆帛書《五星占》作爲一篇專講五星占測的星占類文獻，亦蘊含了大量關於五星運行規律的天文學内容。這些天文學内容主要是與行星的"運行周期"有關。運行周期，古書稱之爲"行度"，是指星體環繞軌道一圈需要的時間。行星運行周期有幾種不同的類型：一種是"會合周期"（synodic period），是指行星環繞恒星公轉一整圈的"視運行時間"，也就是從地球的角度觀察到的時間間隔；一種是"公轉周期"（revolution period），或稱爲"恒星周期"，是指行星環繞恒星公轉一整圈所需要的實際時間。會合周期與恒星周期之所以不同，是因爲地球本身也環繞著太陽公轉。在現代天文學中，會合周期與恒星周期的區分較爲嚴格，但在古代星占類文獻中，二者的區分并不嚴格。

五星之中，唯火星運行周期的相關内容未見於《五星占》，①這可能與此篇文獻以火星"進退无恒"（23行上）有關；而對於木、土、水、金四星的運行周期，《五星占》皆有介紹。

一、木星

《五星占》中介紹木星運行周期的材料，主要包括如下數條：

（1）1.2"木星名主二"

> 歲處一國，是司歲【十】二。1上

此段文字是説木星因歲處一國，故可主司十二歲。"十二歲"及"歲處一國"的天文學基礎是木星公轉周期約爲十二年。

（2）1.3"木星行度二"

> 【・歲】星以正月與營=（營室）晨1上【出東方，其】名爲【攝提格。・其明歲以二月與東壁晨出東方，其】名爲單閼（閼）。【・】其明（明）歲以1下三月與胃晨出東方，其名爲執徐。・其明（明）歲以四月與畢晨【出】東方，其

① 占辭2.8"【□□】營（熒）或（惑），於營室、角、畢、箕ᒻ27上"或與火星公轉周期有關。

名爲大荒(荒)洛(落)。2上【·其明歲以五】月與【東井晨出東方，其名爲敦牂。·其明歲以六】月與柳晨出東方，其名2下爲汁(協)給(洽)。·其明(明)歲以七月與張晨出東方，其名爲芮(涒)漢(灘)。·其明(明)歲【以】八月與軫晨出東方，其3上【名爲作噩。·其明歲以九月與亢】晨出【東方，其名爲】淹(閹)茅(茂)。·其明(明)歲以十月與心晨出3下東方，其名爲大淵獻(獻)。·其明(明)歲以十一月與斗晨出東方，其名爲困〈困〉敦。·其明(明)歲以十二月與虛4上【晨出東方，其名爲赤奮若。】·其【明歲以正月與】熒=(營室)【晨】出東方，復爲聶(攝)提挌(格)。【十】4下【二】歲而周。5上

此段文字的内容包括兩方面：一是通過記録木星每一年晨出東方的所在星宿來介紹木星的"運行周期"；二是介紹"十二歲"與木星晨出東方之宿的搭配關係。在十二歲的編排上，這段文字體現了木星十二年的公轉周期；但在具體介紹每一年晨出東方的所在星宿時，則體現了會合周期。

(3) 6.1"木星行度表"

相與熒=(營室)晨出東方	秦始皇帝元·	三	五	七	九76上	【二】76下
與東辟(壁)晨出東方	二	四	六	【八·張楚】	【十】77上	【三】77下
與婁晨出東方	三	五	七	【九】	【一】78上	【四】78下
與畢晨出東方	四	六	八	【卌】	【二】79上	【五】79下
與東井晨出東方	五	七	九·	漢元·	孝惠【元】80上	【六】80下
與柳晨出東方	六	八	卅(三十)	二	二81上	【七】81下
與張晨出東方	七	九	一	三	【三】82上	【八】82下
與軫晨出東方	八	廿(二十)	二	【四】	四83上	【元】83下
與亢晨出東方	九	一	三	五	五84上	二84下
與心晨出東方	十	二	四	六	六85上	三85下

续 表

與斗晨出東方	一	三	五	七	七86上	86下
與婺=(婺女)晨出東方	二	四	六	八·	代皇87上	87下

此表記載了自秦始皇元年至漢文帝三年這七十年間的木星公轉周期,但亦雜糅了會合周期。從分别描述的十二歲名可知,該表體現了木星的公轉周期。據“與某宿晨出東方”的描述可知,該表亦在描述會合周期。

1.3與6.1的不同首先在於,前者主要介紹木星晨出東方時太陽位置與十二歲名的搭配關係,而未涉及歷史年份;後者介紹太陽位置與歷史年份的搭配關係。其次,前者用來描述會合周期的句式是“以某月與某宿晨出東方”;後者作“與某宿晨出東方”,是前者的省寫。最后,所見星宿位置也偶有差異,如前者第三年星宿位置爲“胃”,後者爲“婁”;前者第十二年星宿位置爲“虚”,後者爲“婺女”。

較早對1.3與6.1進行研究的學者多將它們與相關傳世文獻相聯繫,用以研究“太歲紀年”問題。① 馬克、陶磊、劉樂賢等學者認爲十二歲名只與太歲等神煞位置發生關係,而與木星本身的位置没有關係,所以不能根據木星位置定歲名;1.3與6.1中“十二歲”都不是年歲之名,而是木星在十二次中各自特有的名稱,因此與“太歲紀年”無關。② 相關討論,劉樂賢(2004: 219—229)已進行了回顧與總結,可以參看。

---

① 劉云友(即席澤宗):《中國天文史上的一個重要發現——馬王堆漢墓帛書中的〈五星占〉》,《文物》1974年第11期,第28—36頁;陳久金:《從馬王堆帛書〈五星占〉的出土試探我國古代的歲星紀年問題》,《中國天文學史文集》第1集,北京:科學出版社,1978年,第48—65頁;陳久金:《從元光曆譜及馬王堆帛書〈五星占〉的出土再探顓頊曆問題》,《中國天文學史文集》第1集,北京:科學出版社,1978年,第95—117頁;陳久金:《關於歲星紀年若干問題》,《學術研究》1980年第6期,第82—87頁;何幼琦:《試論〈五星占〉的時代和内容》,《學術研究》1979年第1期,第79—87頁;何幼琦:《關於〈五星占〉問題答客難》,《學術研究》1981年第3期,第97—103頁;王勝利:《星歲紀年管見》,《中國天文學史文集》第5集,北京:科學出版社,1989年,第73—103頁;劉彬徽:《馬王堆漢墓帛書〈五星占〉研究》,《馬王堆漢墓研究文集》,長沙:湖南出版社,1994年,第69—79頁;莫紹揆:《從〈五星占〉看我國的干支紀年的演變》,《自然科學史研究》1998年第1期,第31—37頁。

② [法]馬克:《馬王堆帛書〈刑德〉試探》,《華學》第1輯,廣州:中山大學出版社,1995年,第82—110頁;陶磊:《〈淮南子·天文〉研究——從數術史的角度》,濟南:齊魯書社,2003年,第73—97頁;劉樂賢:《馬王堆天文書考釋》,第219—229頁。

與這兩條材料所載類似的説法亦見於《淮南子》、《史記》、《漢書》、甘氏等傳世文獻。與它們不同的是，這些傳世文獻在介紹木星公轉周期與會合周期的同時，還介紹了木星運行周期與"攝提""太陰""歲陰"或"太歲"等神煞的對應關係：

• 《淮南子・天文》：太陰在寅，歲名曰攝提格。其雄爲歲星，舍斗、牽牛，以十一月與之晨出東方，東井、輿鬼爲對。

太陰在卯，歲名曰單閼。歲星舍須女、虚、危，以十二月與之晨出東方，柳、七星、張爲對。

太陰在辰，歲名曰執徐。歲星舍營室、東壁，以正月與之晨出東方，翼、軫爲對。

太陰在巳，歲名曰大荒落。歲星舍奎、婁，以二月與之晨出東方，角、亢爲對。

太陰在午，歲名曰敦牂。歲星舍胃、昴、畢，以三月與之晨出東方，氐、房、心爲對。

太陰在未，歲名曰協洽。歲星舍觜巂、參，以四月與之晨出東方，尾、箕爲對。

太陰在申，歲名曰涒灘。歲星舍東井、輿鬼，以五月與之晨出東方，斗、牽牛爲對。

太陰在酉，歲名曰作鄂。歲星舍柳、七星、張，以六月與之晨出東方，須女、虚、危爲對。

太陰在戌，歲名曰閹茂。歲星舍翼、軫，以七月與之晨出東方，營室、東壁爲對。

太陰在亥，歲名曰大淵獻。歲星舍角、亢，以八月與之晨出東方，奎、婁爲對。

太陰在子，歲名曰困敦。歲星舍氐、房、心，以九月與之晨出東方，胃、昴、畢爲對。

太陰在丑，歲名曰赤奮若。歲星舍尾、箕，以十月與之晨出東方，觜巂、參爲對。①

---

① ［日］川原秀成、宫島一彦：《五星占》，山田慶兒編《新發現中國科學史資料の研究・譯注篇》，第4—5頁。

•《史記·天官書》：以攝提格歲：歲陰左行在寅，歲星右轉居丑。正月，與斗、牽牛晨出東方，名曰監德。色蒼蒼有光。其失次，有應見柳。歲早，水；晚，旱。

歲星出，東行十二度，百日而止，反逆行；逆行八度，百日，復東行。歲行三十度十六分度之七，率日行十二分度之一，十二歲而周天。出常東方，以晨；入於西方，用昏。

單閼歲：歲陰在卯，星居子。以二月與婺女、虛、危晨出，曰降入。大有光。其失次，有應見張。其歲大水。

執徐歲：歲陰在辰，星居亥。以三月與營室、東壁晨出，曰青章。青青甚章。其失次，有應見軫。歲早，旱；晚，水。

大荒駱歲：歲陰在巳，星居戌。以四月與奎、婁晨出，曰跰踵。熊熊赤色，有光。其失次，有應見亢。

敦牂歲：歲陰在午，星居酉。以五月與胃、昴、畢晨出，曰開明。炎炎有光。偃兵；唯利公王，不利治兵。其失次，有應見房。歲早，旱；晚，水。

叶洽歲：歲陰在未，星居申。以六月與觜觿、參晨出，曰長列。昭昭有光。利行兵。其失次，有應見箕。

涒灘歲：歲陰在申，星居未。以七月與東井、輿鬼晨出，曰大音。昭昭白。其失次，有應見牽牛。

作鄂歲：歲陰在酉，星居午。以八月與柳、七星、張晨出，曰長王。作作有芒。國其昌，熟穀。其失次，有應見危。有旱而昌，有女喪，民疾。

閹茂歲：歲陰在戌，星居巳。以九月與翼、軫晨出，曰天睢。白色大明。其失次，有應見東壁。歲水，女喪。

大淵獻歲：歲陰在亥，星居辰。以十月與角、亢晨出，曰大章。蒼蒼然。星若躍而陰出旦，是謂正平。起師旅，其率必武；其國有德，將有四海。其失次，有應見婁。

困敦歲：歲陰在子，星居卯。以十一月與氐、房、心晨出，曰天泉。玄色甚明。江池其昌，不利起兵。其失次，有應見昴。

赤奮若歲：歲陰在丑，星居寅。以十二月與尾、箕晨出，曰天晧。黫然黑色甚明。其失次，有應見參。①

•《漢書·天文志》：太歲在寅曰攝提格。歲星正月晨出東方，石氏曰名監德，在斗、牽牛。失次，杓，早水，晚旱。甘氏在建星、婺女。太初曆在營室、東壁。

在卯曰單閼。二月出，石氏曰名降入，在婺女、虛、危。甘氏在虛、危。失次，杓，有水灾。太初在奎、婁。

在辰曰執徐。三月出，石氏曰名青章，在營室、東壁。失次，杓，早旱，晚水。甘氏同。太初在胃、昴。

在巳曰大荒落。四月出，石氏曰名路踵，在奎、婁。甘氏同。太初在參、罰。

在午曰敦牂。五月出，石氏曰名啓明，在胃、昴、畢。失次，杓，早旱，晚水。甘氏同。太初在東井、輿鬼。

在未曰協洽。六月出，石氏曰名長烈，在觜觿、參。甘氏在參、罰。太初在注、張、七星。

在申曰涒灘。七月出。石氏曰名天晋，在東井、輿鬼。甘氏在弧。太初在翼、軫。

在酉曰作詻。八月出，石氏曰名長壬，在柳、七星、張。失次，杓，有女喪、民疾。甘氏在注、張。失次，杓，有火。太初在角、亢。

在戌曰掩茂。九月出，石氏曰名天睢，在翼、軫。失次，杓，水。甘氏在七星、翼。太初在氐、房、心。

在亥曰大淵獻。十月出，石氏曰名天皇，在角、亢始。甘氏在軫、角、亢。太初在尾、箕。

在子曰困敦。十一月出，石氏曰名天宗，在氐、房始。甘氏同。太初在建星、牽牛。

在丑曰赤奮若。十二月出，石氏曰名天昊，在尾、箕。甘氏在心、尾。太初在婺女、虛、危。②

---

① ［日］川原秀成、宮島一彦：《五星占》，山田慶兒編《新發現中國科學史資料の研究·譯注篇》，第4—5頁。

② 同上。

• 《開元占經》卷二十三“歲星行度二”引甘氏：歲星處一國，是司歲十二。

名攝提格之歲，攝提格在寅，歲星在丑，以正月與建斗、牽牛、婺女晨出於東方，爲日十二月，夕入於西方，其名曰監德，其狀蒼蒼若有光。其國有德，乃熱黍稷；其國無德，甲兵惻惻。其失次，將有天應見於輿鬼。其歲早水而晚旱。

單閼之歲，攝提格在卯，歲星在子，與虛、危晨出、夕入，其狀甚大、有光，若有小赤星附於其側，是謂同盟。兩國或昌或亡，死者不在其鄉。其失次，見於張，其名曰降入。周王受其殃，國斯反服，甲兵惻惻，其歲大水。

執徐之歲，攝提在辰，歲星在亥，與營室、東壁晨出、夕入，其名爲搏穀。其國有德，必數其狀。其失次見於軫，其名曰青章。其國不利，治兵將有大喪，其歲早旱而晚水。

大荒落之歲，攝提在巳，歲星在戌，與奎、婁、胃晨出夕伏，其名曰路嶂，其狀熊色有光。其國兵，其君增地。其失次，見於亢，其名曰清明。其下出賊、死主，是歲不可西北征，利東南，東南無軍，有亂民，將有兵作於其旁，執殺其主。

敦牂之歲，攝提在午，歲星在酉，與畢、昴晨出夕入，其名曰啓明，其狀熊熊若有光。天下偃兵，唯利二立王，不利治兵。其失次見於房，其名曰不祥。孽及殷王，禍及四鄉，其歲早旱、晚水。

協洽之歲，攝提在未，歲星在申，與觜觿、參伐晨出夕入，其名曰張列，其狀昭昭若有光，其色若赤。無有他祥，唯利行兵，征于四方，仇人不敢治民。其失次見於箕，其名曰不疑。小民有子，持頭相期。

涒灘之歲，攝提在申，歲星在未，與東井、輿鬼晨出夕入，其名曰大晋，其狀昭昭，白色有光。有國其亡，亦不在其鄉。其失次見於牽牛，其名曰小章。不利治兵，其國有誅，必害其王，歲小水雨。

作愕之歲，攝提在酉，歲星在午，與柳、七星、張晨出夕入，其名爲長王，其狀作有芒。有國其昌，書有四方，享獻之祥。其失次見於虛，其名曰大章。有旱而昌，或爲之殃，必有其鄉，其歲有火，有女喪、民疾。

閹茂之歲，攝提在戌，歲星在巳，在翼、軫晨出夕入，其名爲天睢，其狀白色大明，其色若青，國有大疾。其失次見於東壁，其國士卿相讁，民人各直刺，無有仇讁，鬼神書壁。其名曰天侈。其歲有小水，有女喪。

大淵獻之歲，攝提在亥，歲星在辰，與軫、角、亢晨出夕入，其名爲大皇，其狀色玄青。天下不寧，有歸爲政。星若耀而陰出，是謂正平。利起軍旅，其帥必武，有德將，四國海内盡服。其失次見於婁，其名屏營，天下盡驚。

困敦之歲，攝提在子，歲星在卯，與氐、房晨出夕入，其名爲天泉，其狀玄色甚明，江池其昌，不利起兵。其失次見於昴，其名曰赤章，其國有喪，不在其王，在水而昌。

赤奮若之歲，攝提在丑，歲星在寅，與心、尾、箕晨出夕入，其名爲天昊，黯然黑色甚明，侯王有慶。其失次見於參，其名洋，有國其虚，其歲早水。①

綜合以上文獻，可將《五星占》及傳世文獻的内容列爲下表（以首行的"攝提格之歲"爲例）：

表 2－5　文獻所載木星會合周期對照（一）

文　獻	神煞位置	月份	公轉周期	會合周期	星　宿
1.3"木星行度二"		正月		以某月與某宿晨出東方	太陽位置
6.1"木星行度表"		正月		與某宿晨出東方	太陽位置
甘氏	寅	正月	在某次	以某月與某宿晨出、夕入	木星位置
《淮南子》	寅	十一月	舍某宿	舍某宿，以某月與之晨出東方	木星位置
《史記》	寅	正月	居某次	某月與某宿晨出東方	木星位置
《漢書》	寅	正月	在某宿	某月晨出東方，在某宿	木星位置

除未提到"太歲"等神煞以外，《五星占》與傳世文獻最主要的區别在於：《五星占》的每一句均與木星會合周期有關，而公轉周期只體現在對十二歲的

① ［日］川原秀成、宮島一彦：《五星占》，山田慶兒編《新發現中國科學史資料の研究・譯注篇》，第4—5頁。

排列上，其中的星宿則代表太陽位置；傳世文獻的一般格式是"歲名＋神煞位置＋公轉周期＋會合周期"，主要描述木星公轉周期時兼述會合周期，其中的星宿代表木星位置。

相關討論，詳見第三章《試析馬王堆帛書〈五星占〉中的木星運行周期》。

(4) 1.16"木星行度五"

> 大陰以□▨歲星與大陰相𤻮(應)也：大陰居維辰一，歲19下星居維宿星二ᒪ；大陰居中(仲)辰一，歲星居中(仲)宿星【三。太陰在亥，歲】星居角、亢；20上【太陰在子，】歲【星居氐、房、心；太陰在】丑，歲星居尾、箕ᒪ。大陰左徙，會於陰陽之20下畍(界)，皆十二歲而周於天地。大陰居十二辰，從子【□□□□】其國【□】□斂入。21上

此段文字與木星會合周期有關，介紹了與木星運行方向相反的神煞"太陰"，以及它與木星的對應規則。

(5) 1.4"木星行度三"

> 皆出三百六十五日而夕入西方，伏廿(三十)日而晨出東方，凡三百九十五日百五分5上【日，而復出東方。】5下

此段文字介紹了木星的"會合周期"。

(6) 1.6"木星行度四"

> 進退左右之經度ᒪ，日行廿(二十)分，十二日而行一度ᒪ。6上

此段文字介紹了木星公轉周期的運行速度，即從地球上觀察木星在星宿背景的運行速度。

(7) 6.2"木星行度表說明文字"

> 秦始皇帝元年正月，歲星日行廿(二十)分，十二日而行一度，終【歲】行卅(三十)度百五分，見三88上【百六十五日而夕入西方】，伏卅(三十)日，三百九十五日而復出東方。【十】二歲一周天，廿(二十)四歲一與大88下【白】合瑩₌(營室)。89上

此段文字介紹了木星會合周期、公轉周期及運行速度等信息，可視作對1.3、1.4、1.6、6.1等材料的總結。類似説法，亦見於以下傳世文獻：

- 《漢書・律曆志》：木，晨始見，去日半次。順，日行十一分度二，百二十一日。始留，二十五日而旋。逆，日行七分度一，八十四日。復留，二十四日三分而旋。復順，日行十一分度二，百一十一日有百八十二萬八千三百六十二分而伏。凡見三百六十五日有百八十二萬八千三百六十五分，除逆，定行星三十度百六十六萬一千二百八十六分。凡見一歲，行一次而後伏。日行不盈十一分度一。伏三十三日三百三十三萬四千七百三十七分，行星三度百六十七萬三千四百五十一分。一見，三百九十八日五百一十六萬三千一百二分，行星三十三度三百三十三萬四千七百三十七分。通其率，故曰日行千七百二十八分度之百四十五。

- 《晋書・律曆志》"五星曆步數"：木：晨與日合，伏順，十六日百七十四萬二千三百二十三分，行星二度三百二十三萬四千六百七分，而晨見東方，在日後。順，疾，日行五十八分之十一，五十八日行十一度。更順，遲，日行九分，五十八日行九度。留，不行二十五日而旋。逆，日行七分之一，八十四日退十二度。復留，二十五日而順，日行五十八分之九，五十八日行九度。順，疾，日行十一分，五十八日行十一度，在日前，夕伏西方。十六日百七十四萬二千三百二十三分，行星二度三百二十三萬四千六百七分，而與日合。凡一終，三百九十八日三百四十八萬四千六百四十六分，行星四十三度二百五十萬九千九百五十六分。

- 《乙巳占》卷四"歲星占第二十四"：歲星初見順，見順日行一百七十一分，日益遲一分，一百一十四分日行十九度三百二十三分。而留二十六日，乃退，日行九十七分，八十四日退十二度一百八十分。又留二十六日。乃順行，初日行五十八分，日益度一分疾，一百一十四日行十九度三百二十三分而伏。

下面，試從以下三個方面進行討論：

第一，關於木星的會合周期，亦見於1.4"木星行度三"。傳世文獻中，除上舉文獻，還見於以下文獻：

• 《晋書・律曆志》"求後度"：木：伏三十二日三百四十八萬四千六百四十六分，見三百六十六日。伏行五度二百五十萬九千九百五十六分，見行四十度。

• 《乙巳占》卷四"五星占第二十二"：歲星：率五十三萬四千五百三(一本云五百三百分一之五)，晨伏十六日，一終三百九十八日。

• 《開元占經》卷二十三"歲星行度二"引甘氏：歲星凡十二歲而周，皆三百七十日而夕入於西方，三十日復晨出於東方，視其進退左右，以占其妖祥。①

• 《開元占經》卷二十三"歲星行度二"瞿曇悉達案：曆法歲星一見，三百六十三日而伏，三十五日一千三百三十分日之一千一百六十二奇四十五復見如初，一終三百九十八日一千三百四十分日之一千一百六十二奇四十五，衆家之説皆云十二年而一周天，唯此微爲疏矣。

據1.6"日行二十分，十二日而行一度"可推，《五星占》之一度爲二百四十分。此處謂木星的會合周期爲"三百九十五日百五分日"，經換算應爲395.44日。已知木星會合周期的今測值爲398.88日，則可將1.4、6.2及相關文獻中的木星會合周期列爲表2-6：②

表2-6　文獻所載木星會合周期對照(二)

文　　獻	相關説明	數值(日)	與今測值之差(日)
1.4"木星行度三"	三百九十五日百五分日	395.44	3.44
6.2"木星行度表説明文字"	三百九十五日	395	3.88
《漢書・律曆志》	三百九十八日五百一十六萬三千一百二分	398.71③	0.17

① ［日］川原秀成、宮島一彦：《五星占》，山田慶兒編《新發現中國科學史資料の研究・譯注篇》，第6頁。

② 《乙巳占》"歲星占第二十四"未介紹伏行的日數，故未在表中列出。其可見日數經計算爲364日，與占辭1.4所載365日相差不大。

③ 據《漢書・律曆志》所載，木星"見中日法"爲"七百三十萬八千七百七十一"，則此處數值的小數點部分可通過5 163 102/7 308 771求得。

续　表

文　　獻	相 關 説 明	數值（日）	與今測值之差（日）
《晋書・律曆志》“求後度”	伏三十二日三百四十八萬四千六百四十六分，見三百六十六日	398.88①	0
《晋書・律曆志》“五星曆步數”	凡一終，三百九十八日三百四十八萬四千六百四十六分	398.88	0
《乙巳占》“五星占第二十二”	一終三百九十八日	398	0.88
甘氏	皆三百七十日而夕入於西方，三十日復晨出於東方	400	1.12
《開元占經》瞿曇悉達案語	一終三百九十八日一千三百四十分日之一千一百六十二奇四十五	398.87	0.01

諸條文獻所載木星會合周期不盡相同。其中 1.4、6.2、《乙巳占》、甘氏等星占類文獻數據與今測值差距較大。瞿曇悉達《開元占經》亦發現這一問題并指出：“衆家之説皆云十二年而一周天，唯此微爲疏矣。”我們認爲，這些文獻中的數據未必能反映出當時天文觀測的實際水平。其數據與今測值差距較大，可能是由於這些文獻對木星會合周期的介紹只是爲其主要内容星象占卜服務，而對數據的精確程度要求并不高，因此只取數值的整數部分。

而部分星占類文獻如《開元占經》案語數據與今測值相差 0.01 日，專講五星推步的文獻如《漢書・律曆志》數據與今測值相差 0.17 日，《晋書・律曆志》數據甚至與今測值完全相同，則反映出古代天文觀測水平的不斷提高。

第二，6.2“日行二十分，十二日而行一度”介紹了木星公轉周期的運行速度，即從地球上觀察木星在星宿背景上的運行速度。其中“日行二十分”是説每日運行速度，“十二日而行一度”是説運行一度所需要的時間。類似説法亦見於 1.6“木星行度四”。傳世文獻中，除上舉文獻，還見於以下文獻：

- 《淮南子・天文》：故十二歲而行二十八宿，日行十二分度之一，

① 據《晋書・律曆志》所載，木星“日度法”爲“三百九十五萬九千二百五十八”，則此處數值的小數點部分可通過 3 484 646/3 959 258 求得。

歲行三十度十六分度之七，十二歲而周。①

• 《史記·天官書》：歲行三十度十六分度之七，率日行十二分度之一，十二歲而周天。②

• 《開元占經》卷二十三"歲星行度二"引《河圖洛書》：歲星日行十二分度之一，十二歲而周天，出東方以晨，入西方以昏。

按今日之天文學常識，木星繞太陽公轉一周約爲 4 332.71 天，即 4 332.71 天運行 360°，由於行星運行軌道爲橢圓形，其運行速度并不一致，則木星每日運行的平均角速度爲 $360° \div 4\,332.71 \approx 0.083°$。1.6、6.2、《淮南子》、《史記》及《河圖洛書》皆謂木星日行"二十分"或"十二分度之一"，則木星每日運行的平均角速度約爲$\frac{360°}{365.25} \div 12 \approx 0.082°$，與今測值僅差 0.001°。

《漢書》《晋書》及《乙巳占》注意到木星運行過程中的順、留、逆、伏等變化，對不同階段的木星運行角速度皆有説明，因此較《五星占》等文獻更爲精確。

第三，關於"十二歲一周天，二十四歲一與大白合營室"，劉樂賢（2004：89）指出，歲星從營室到營室的周期爲 12 年，太白從營室到營室的周期爲 8 年，12 與 8 的最小公倍數爲 24，故帛書説歲星 24 年與太白會合於營室。

二、土星

《五星占》中介紹土星運行周期的材料，主要包括如下數條：

（1）3.2"土星名主二"

實填州星，歲【填一宿】。29 上

此段文字是説土星因"歲填一宿"，故可"填州星"。其中"歲填一宿"的天文學基礎是土星公轉周期爲 29.46 年。爲使土星的運行與二十八宿對應，以服務於星占活動，多數早期天文文獻是以二十八年爲土星環繞一周天所需的時間。

① 劉樂賢：《馬王堆天文書考釋》，第 33 頁。
② 同上。

(2) 7.1“土星行度表”

此表記載了自秦始皇元年至漢文帝三年這七十年間的土星公轉周期，但亦雜糅了會合周期。從共用三十行文字描述可知，該表體現了土星的公轉周期。據“與某宿晨出東方”的描述可知，該表亦在描述會合周期。表格釋文及相關討論，詳見7.1“土星行度表”。

(3) 7.2“土星行度表説明文字”

> 秦始皇帝元年正月，填星在營=(營室)，日行八分，卅(三十)日而行一度，終歲行十【二度四十二分。120上見三百四十五】日，伏卅(三十)二日，凡見三百七十七日而復出東方。卅(三十)歲一周於天，廿(二十)120下歲與歲星合，爲大陰(陰)之紀。121上

此段文字介紹了土星會合周期、公轉周期及運行速度等信息。類似説法，亦見於以下傳世文獻：

- 《漢書・律曆志》：土，晨始見，去日半次。順，日行十五分度一，八十七日，始留，三十四日而旋。逆，日行八十一分度五，百一日。復留，三十三日八十六萬二千四百五十五分而旋。復順，日行十五分度一，八十五日而伏。凡見三百四十日八十六萬二千四百五十五分，除逆，定(一多“餘”字)行星五度四百四十七萬三千九百三十分。伏，日行不盈十五分度三。(百)三十七日千七百一十七萬一百七十分，行星七度八百七十三萬六千五百七十分。一見，三百七十七日千八百三萬二千六百二十五分，行星十二度千三百二十一萬五百分。通其率，故曰日行四千三百二十分度之百四十五。

- 《晋書・律曆志》“五星曆步數”：土：晨與日合，伏，順，十六日百一十二萬二千四百二十六分半，行星一度百九十九萬五千八百六十四分半，而晨見東方，在日後。順，日行三十五分之三，八十七日半行七度半。留，不行三十四日。旋，逆，日行十七分之一，百二日退六度。復三十四日而順，日行三分，八十七日行七度半，在日前，夕伏西方。十六日百一十二萬二千四百二十六分半，行星一度百九十萬五千八百六十四分半，而與日合也。凡一終，三百七十八日十六萬六千二百七十二分，行星十二度百七

十三萬三千一百四十八分。

• 《乙巳占》卷五"填星占第三十一"：填星初見，順日行六十分，八十三日行七度二百九十分而留四十八日，乃退四十一分。一百日退六度八十分又留四十七日，而順行六十分廣八十三日行七度二百九十分而伏矣。

下面試從以下三個方面進行討論：

第一，關於土星的會合周期，除上舉文獻，還見於以下文獻：

• 《史記・天官書》：填星出百二十日而逆西行，西行百二十日反東行。見三百三十日而入，入三十日復出東方。

• 《晉書・律曆志》"求後度"：土：伏三十三日十六萬六千二百七十二分。見三百四十五日。伏行三度一百七十三萬三千一百四十八分。見行十五度。

• 《乙巳占》卷四"五星占第二十二"：填星，率五十萬六千六百三十八七分半。晨伏十八日。一終三百七十八日。

• 《開元占經》卷三十八"填星行度二"引《春秋緯》：填星出，百二十日，反逆；西行百二十日，東行；見三百三十日而入，入三十日復出東方，運之常也。守度持節爲紀綱，順之吉，逆之凶。

• 又引《荆州占》：填星出東方三百三十日，而夕伏西方三十日，而復晨見東方。

已知星會合周期的今測值爲378.09日，則可將7.2及相關文獻中的土星會合周期列爲下表：①

表2-7　文獻所載土星會合周期對照

文　獻	相關說明	數值（日）	與今測值之差（日）
7.2"土星行度表說明文字"	三百七十七日	377	1.09
《史記・天官書》	見三百三十日而入，入三十日復出東方	360	18.09

① 《乙巳占》"填星占第三十一"未介紹伏行的日數，故未在表中列出。其可見日數經計算爲361日，與其他文獻所載相差較大。

续　表

文　獻	相 關 説 明	數值（日）	與今測值之差（日）
《漢書・律曆志》	三百七十七日千八百三萬二千六百二十五分	377.94①	0.15
《晉書・律曆志》“求後度”	伏三十三日十六萬六千二百七十二分。見三百四十五日	378.08②	0.01
《晉書・律曆志》“五星曆步數”	凡一終，三百七十八日十六萬六千二百七十二分	378.08	0.01
《乙巳占》“五星占第二十二”	一終三百七十八日	378	0.09
《春秋緯》	見三百三十日而入，入三十日復出東方	360	18.09
《荆州占》	出東方三百三十日，而夕伏西方三十日	360	18.09

諸條文獻所載土星會合周期不盡相同。其中《史記》《春秋緯》《荆州占》等文獻數據與今測值差距較大。我們認爲這些文獻中的數據未必能反映出當時天文觀測的實際水平。其數據與今測值差距較大，可能是爲了與“歲鎮行一宿，二十八歲而周”的公轉周期相合，以服務於星象占卜。

而專講五星推步的文獻如《漢書・律曆志》數據與今測值相差 0.15 日，《晉書・律曆志》數據與今測值相差 0.01 日，則反映出古代天文觀測水平的不斷提高。

第二，關於土星的運行速度，除上舉文獻，還見於以下文獻：

- 《淮南子・天文》：日行二十八分度之一，歲行十三度百一十二分度之五，二十八歲而周。
- 《史記・天官書》：歲行十(二)〔三〕度百十二分度之五，日行二十

① 據《漢書・律曆志》所載，土星“見中日法”爲“千九百二十七萬五千九百七十五”，則此處數值的小數點部分可通過 18 032 625/19 275 975 求得。

② 據《晉書・律曆志》所載，土星“日度法”爲“二百七萬八千五百八十一”，則此處數值的小數點部分可通過 166 272/2 078 581 求得。

八分度之一，二十八歲周天。

- 《開元占經》卷三十八“填星行度二”引《淮南子》：填星以甲寅元始建斗，日行二十八分度之一，歲行十二度百一十二分度之五，二十八歲而周天。

按今日之天文學常識，土星繞太陽公轉一周約爲 107 59.5 天，即 10 759.5 天運行 360°，由於行星運行軌道爲橢圓形，其運行速度并不一致，則土星每日運行的平均角速度爲 $360° \div 10\,759.5 \approx 0.033°$。7.2 謂土星“日行八分”，則可推知土星運行一度需要三十天，則土星每日運行的平均角速度約爲 0.033°，與今測值幾乎相同；《淮南子》等傳世文獻謂土星“日行二十八分度之一”，則土星每日運行的平均角速度約爲 $\frac{360°}{365.25} \div 28 \approx 0.035°$，與今測值相差 0.002°。

《漢書》《晋書》及《乙巳占》注意到土星運行過程中的順、留、逆、伏等變化，對不同階段的土星運行角速度皆有説明，因此較《五星占》等文獻更爲精確。

第三，關於“三十歲一周於天，二十歲與歲星合”，劉樂賢（2004：91—92）指出，《五星占》説木星一年行卅度百五分，土星一年行十二度卌二分，木星的運行顯然快於土星，其最快的會合時間，應該是在木星轉完一周（360 度）并追上土星的時候。也就是説，木星比土星快轉整整 360 度的時候，才能與土星會合。如取整數，其過程大致是：木星 x 年 $\times 30° =$ 土星 x 年 $\times 12° + 360°$，$x = 20$ 年。所以，帛書説填星二十年與歲星會合。不過，從《五星占》所列木星、土星晨出表看，二者并不全都密合。

三、水星

4.2“水星名主二”與 4.6“水星行度二”皆與水星的“正四時之法”有關，即以水星在四仲或二分、二至日出現爲常：

主正四時，春分效婁，夏至效【輿32上鬼，秋分】效亢，冬至效牽₌（牽牛）。一時不出，其時不和ᄂ；四時【不出】，天下大饑。32下

其出四中（仲），以正四時，經也；其上出四33下孟，王者出；其下出四季，大秏（耗）敗ᄂ。34上

水星有很大概率在四仲出現，這與其會合周期有關。據《漢書·律曆志》所載，水星一個會合周期的日數約爲 116 日。但據 4.2 疏證部分的分析，水星在四仲俱出只是在初紀發生的特殊情況，并不會經常發生。既然水星在四仲月出現都只存在理論上的可能，那在二分、二至就更不會出現。文獻中關於水星常在四仲或二分、二至出現的記載，應是在傳抄過程中形成的。

4.6"水星行度三"是以水星每次出現時間爲二十日爲常，這亦與其會合周期有關：

> 凡是星出廿(二十)日而入，經也。【出】廿(二十)日不入，【□□】。34上

水星是距離太陽最近的"内行星"。從地球觀測，它和太陽的最大夾角約爲 28°。因此，水星的出現時間較短。

四、金星

5.3"金星行度一"、8.1"金星行度表"及 8.2"金星行度表説明文字"均與金星的會合周期有關，其中 5.3 與 8.2 的釋文作：

> 【其紀上元。攝】39下提挌(格)以正月與誉₌(營室)晨出東方，二百廿(二十)四日，晨入東方；濡(浸)行百廿(二十)日；【夕】出西【方，二百二十40上四日，夕入】西方˪；伏十六日九十六分日，晨出東方˪。五出，爲日八歲，而復與營室晨40下出東方。41上
>
> 秦始皇帝元年正月，大白出東方，【日】行百廿(二十)分，百日。上極，其【日行一度，142上六】十日。行有(又)益疾，日行一度百八十七半〈分〉以從日，六十四日而復(復)遝日，142下晨入東方，凡二百廿(二十)四日。濡(浸)行百廿(二十)日，夕出西方。大白出西方，日行一度143上【百八十七分，百日。】行益徐，日行一度以侍(待)之，六十日。行有(又)益徐，日行143下卌(四十)分，六十四日而入西方，凡二百廿(二十)四日。伏十六日九十六分。【太白一復】爲日五百144上【八十四日九十六分。凡出入東西各五】，復與營室晨出東方，爲八144下歲。145上

關於金星的會合周期，還見於以下傳世文獻：

•《淮南子·天文》：太白元始以正月建寅，與熒惑[1]晨出東方，二百四十日而入，入百二十日而夕出西方。二百四十日而入，入三十五日而復出東方。[2]

•《史記·天官書》：其出行十八舍，二百四十日而入。入東方，伏行十一舍，百三十日；其入西方，伏行三舍，十六日而出。[3]

•《史記·天官書》：其紀上元，以攝提格之歲，與營室晨出東方，至角而入；與營室夕出西方，至角而入；與角晨出，入畢；與角夕出，入畢；與畢晨出，入箕；與畢夕出，入箕；與箕晨出，入柳；與箕夕出，入柳；與柳晨出，入營室；與柳夕出，入營室。凡出入東西各五，爲八歲，二百二十日，復與營室晨出東方。其大率，歲一周天。其始出東方，行遲，率日半度，一百二十日，必逆行一二舍；上極而反，東行，行日一度半，一百二十日入。……其始出西〔方〕，行疾，率日一度半，百二十日；上極而行遲，日半度，百二十日，旦入，必逆行一二舍而入。[4]

•《漢書·律曆志》：金，晨始見，去日半次。逆，日行二分度一，六日。始留，八日而旋。始順，日行四十六分度三十三，四十六日。順，疾，日行一度九十二分度十五，百八十四日而伏。凡見二百四十四日，除逆，定行星二百四十四度。伏，日行一度九十二分度三十三有奇。伏八十三日，行星百一十三度四百三十六萬五千二百二十分。凡晨見、伏三百二十七日，行星三百五十七度四百三十六萬五千二百二十分。夕始見，去日半次。順，日行一度九十二分度十五，百八十一日百七分日四十五。順，遲，日行四十六分度三(一作“四”)十三，四十六日。始留，七日百七分日六十二分而旋。逆，日行二(一作“三”)分度一，六日而伏。凡見二百四十一日，除逆，定行星二百四十一度。伏，逆，日行八分度七有奇。伏十六(“一作六十”)日百二十九萬五千三百五十二分，行星十四度三百六萬

---

① “熒惑”應依王引之説校正爲“營室”。參見何寧《淮南子集釋》，北京：中華書局，1998年，第192頁。

② 劉樂賢：《馬王堆天文書考釋》，第59頁。

③ 同上。

④ ［日］川原秀成、宮島一彦：《五星占》，山田慶兒編《新發現中國科學史資料の研究·譯注篇》，第13—14頁。

九千八百六十八分。一凡夕見伏，二百五十七日百二十九萬五千三百五十二(一作"一")分，行星二百二十六度六百九十萬七千四百六十九分。一復，五百八十四日百二十九萬五千三百五十二分。行星亦如之，故曰日行一度。①

• 《晉書·律曆志》"五星曆步數"：金：晨與日合，伏，逆，五日退四度，而晨見東方，在日後。逆，日行五分度之三，十日退六度。留，不行八日。旋，順，遲，日行四十六分之三十三，四十六日行三十三度而順。疾，日行一度九十一分之十五，九十一日行一百六度。更順，益疾，日行一度九十一分之二十二，九十一日行百一十三度，在日後，晨伏東方。順，四十一日五萬六千九百五十四分行星五十度五萬六千九百五十四分，而與日合。一合，二百九十二日五萬六千九百五十四分，行星亦如之。

• 《晉書·律曆志》"求後度"：金：晨伏東方八十二日十一萬三千九百八分。見西方。晨伏行百度十一萬三千九百八分。見東方。

• 《乙巳占》卷四"五星占第二十二"：太白率七十八萬二千四百五十分。晨伏六日。一終五百八十三日。晨見伏三百二十七分(同夕見伏二百五十六日)。

• 《開元占經》卷四十五"太白行度二"瞿曇悉達案：曆法，太白一終，凡五百八十三日一千三百四十分日之一千二百二十九奇，九星行過一周天，二百一十八度一千二百一十九奇，是二百六十七年而百六十七終也，星平行日行，一度一周天也。

• 又引石氏：太白出東方，高三舍，命曰明星，柔；上又高三舍，命曰大囂，剛。其出東方也，行星九舍，爲百二十三日而反；反又百二十日，行星九舍，入；又伏行百二十三日，行星十二舍。昏出西方也，高三舍，命曰太白，柔；上又三舍，命曰大囂，剛。其出西方也，行星九舍，爲百二十三日而反；反又百二十日，行星九舍而入；入又伏行星二舍，爲日十五日。晨東方，出營室，入角；出角，入畢；出畢，入箕；出箕，入柳；出柳，入營室。其出西方也，出營室，入角，盡如出東方之數。②

---

① 劉樂賢：《馬王堆天文書考釋》，第59頁。
② 同上。

• 又引甘氏：太白以攝提格之歲正月與營室晨出於東方亢、氐，出東方爲日八歲二百二十二日，而復與營室晨出於東方。太白之居左也，其恒二百三十日；其遲也，二百四十日。其居右也，順行二百四十日；其速二百三十日。從左過右也，其又百三十日，其速九十日而見；從右過左也，其又三十日，其速十日而見；從右適左，其又三十日、其速十日而見[①]。[②]

• 又引《荆州占》：太白凡見東方二百三十日，而伏不見四十六日，名少罰。太白與歲星爲雄、雌；出於東方、西方高三舍，爲太白柔；又高三舍，爲太白剛。用兵象也。剛則入地深吉淺凶，柔則入地淺吉深凶。

已知金星會合周期的今測值爲 583.92 日，則可將 5.3、8.2 及相關文獻中的金星會合周期列爲下表：

表 2－8　文獻所載金星會合周期對照

文　獻	晨出東方至晨入東方（日）	浸行（日）	夕出東方至夕入東方（日）	伏（日）	會合周期（日）	與今測值之差（日）
5.3“金星行度一”	224	120	224	16.4	584.4	0.48
8.2“金星行度表説明文字”	224	120	224	16.4	584.4	0.48
《淮南子・天文》	240	120	240	35	635	51.08
《史記・天官書》	240	130	240	16	626	42.08
《漢書・律曆志》	244	83	241	16.13[③]	584.13	0.21
《晋書・律曆志》“求後度”		82.02[④]				

① 劉樂賢先生懷疑“從右適左”一段是衍文，故計算金星會合周期時應將此段的三十日略去不算。參看劉樂賢《馬王堆天文書考釋》，廣州：中山大學出版社，2004 年，第 59 頁。

② 劉樂賢：《馬王堆天文書考釋》，第 59 頁。

③ 據《漢書・律曆志》所載，金星“見中日法”爲“九百九十七萬七千三百三十七”，則此處數值的小數點部分可通過 1 295 352/9 977 337 求得。

④ 據《晋書・律曆志》所載，金星“日度法”爲“五百三十一萬三千九百五十八”，則此處數值的小數點部分可通過 113 908/5 313 958 求得。

续　表

文　獻	晨出東方至晨入東方(日)	浸行(日)	夕出東方至夕入東方(日)	伏(日)	會合周期(日)	與今測值之差(日)
《晋書·律曆志》"五星曆步數"	246	82.02①	246	10	584.02	0.1
《乙巳占》"五星占第二十二"	327	244	12	583	0.92	
《開元占經》瞿曇悉達案語					583.92	0
石氏	243	123	243	15	624	40.08
甘氏	230—240	90—130	230—240	10—30	560—640	
《荆州占》	230	92				

諸條文獻所載金星會合周期不盡相同。其中《淮南子》、石氏等少數文獻的數據與今測值相差較大，甘氏數據亦不夠精確。多數文獻數據與今測值相差不大，如《五星占》相差 0.48 日，②《漢書·律曆志》相差 0.21 日，《晋書·律曆志》相差 0.1 日，《乙巳占》相差 0.92 日，《開元占經》按語數據甚至與今測值基本相同，這些都反映出古代天文觀測已達到了較高水準。

此外，5.48"金星行度八"介紹了金星經常出現或没入在"辰戌丑未"四支這一運行規律：

> 大白出，恒以丑未，74上入，恒以辰戌，以此候之不失。74下

5.48 的"疏證"部分已指出，"辰戌丑未"是水星四仲躔宿的指代符號，出入在"辰戌丑未"的内容本來只與水星"正四時之法"有關。但由於在多數情況下

---

① 據《晋書·律曆志》所載，金星"日度法"爲"五百三十一萬三千九百五十八"，則此處數值的小數點部分可通過(56 954/5 313 958)×2 求得。

② 席澤宗先生指出，《五星占》數據比今測值只大 0.48 日，而在它之後的《淮南子》和《史記》卻還停留在 635 日和 625 日，直到《漢書·律歷志》才進一步提高到 584.13 日。參看席澤宗《〈五星占〉釋文和注釋》，收入氏著《古新星新表與科學史探索》，西安：陝西師範大學出版社，2002 年，第 181 頁。

水星難以被觀測到，而金星有時也可以用來確定太陽位置，這一内容亦在傳抄過程中被轉寫到專論金星的章節中。

第三節　以五星運行爲占

一、星占意義

在古代的占星術中，五星皆有較爲固定的星占意義。在多數情況下，木星被認爲是主仁或主義之星，土星被認爲是主德之星，兩星去留的吉凶意義較爲一致，其所留之野有吉，而所去之野有凶；火星被認爲是主灾罰之象，金星多被認爲是主殺或主兵之星，水星多被認爲是主刑之星，此三星去留的吉凶意義則與木、土二星相反，其所留之野有凶，而所去之野有吉。《史記・天官書》中諸説法可以作爲例證：

- 〔歲星〕所在國不可伐，可以罰人。
- 熒惑爲勃亂，殘賊、疾、喪、饑、兵。
- 〔填星〕歲填一宿，其所居國吉。
- 殺失者，罰出太白。太白失行，以其舍命國。
- 刑失者，罰出辰星，以其宿命國。

《五星占》中，1.9“木星失行占一”、3.4“土星失行占二”是以木、土二星的星占意義爲占。據兩條材料可知，二星所久處之野有吉，而所去之野不吉：

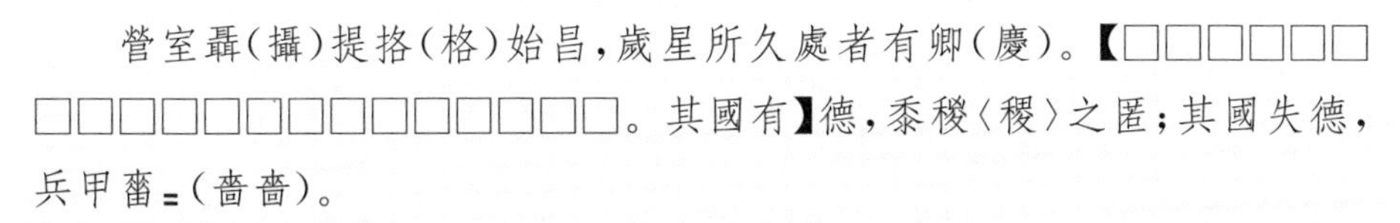

營室聶(攝)提挌(格)始昌，歲星所久處者有卿(慶)。【□□□□□□□□□□□□□□□□□□□□。其國有】德，黍稷〈稷〉之匿；其國失德，兵甲蕃=(啬啬)。

填之所久處，其國有德、土地，吉。

2.3“火星失行占一”，以及2.5“火星失行占三”的部分内容是以火星的星占意義爲占：

【□】所見之【□□】兵革。

營(熒)或(惑)絶道，其國分當其野【受殃】。居之久，【殃】大[L]；亟發者，央(殃)小;【□□□】,央(殃)大。溉(溉—既)巳(已)去之,復環(還)居之,央(殃)【□】;其周環繞之,入,央(殃)甚。其赤而角動,央(殃)甚。營(熒)或(惑)所留久者,三年而發。

據2.3可知,火星的星占意義爲"兵革"之象。據2.5"居之久,【殃】大ㄴ;亟發者,央(殃)小"句可知,火星所久處之國殃大,而所亟發之國殃小。

5.10"金星行度四"主要闡述了金星伏行時"用兵静吉躁凶"的原則:

其入而未出,兵静者吉,急者凶,先興兵者殘,【後】興者有央(殃),得地復歸(歸)之。

"用兵静吉躁凶"這一原則的理論依據與金星星占意義有關,即金星爲主兵之星。

二、盈縮

盈、縮是一組用來形容五星失行的專用術語。對於木、火、土這些外行星來説,盈、縮是對行星在其運行軌道上相對位置變化的描述。這裏所説的相對位置變化并非單純的位置變化,而是指與常規運行位置相比,行星的實際運行位置有時會出現超前或退後的變化。行星皆在黄道運行,它們在運行軌道上的相對位置變化也就是其黄經的變化。傳世文獻中常見此類説法:

- 《史記·天官書》:其趨舍而前曰羸,退舍曰縮。羸,其國有兵不復;縮,其國有憂,將亡,國傾敗。[①]
- 《漢書·天文志》:超舍而前爲羸,退舍爲縮。羸,其國有兵不復;縮,其國有憂,其將死,國傾敗。所去,失地;所之,得地。[②]
- 《晋書·天文志》:盈縮失次,其國有憂,不可舉事用兵。
- 《開元占經》卷二十三"歲星盈縮失行五"引《五行傳》:歲星超舍

① 劉樂賢:《馬王堆天文書考釋》,第36頁。
② 同上。

而前爲盈，退舍而後爲縮。盈，其國有兵；縮，其國有憂。[1]

• 又引《荆州占》：歲星超舍而前，過其所當舍而宿以上一舍、兩舍、三舍，謂之贏，侯王不寧，不乃天裂，不乃地動；歲星退舍而後以一舍、二舍、三舍，謂之縮，侯王有戚，其所去，宿國有憂，三年有兵，若山崩地動。[2]

• 又引石氏：其國失義，失春政，則歲星贏縮。贏，則其下之國有兵，不居；復縮，則其下之國有憂，其將死，國傾敗。

對於金、水這些内行星來説，盈、縮有二義。其一是對行星會合周期變化的描述，行星早出爲贏，晚出爲縮：

• 《史記·天官書》：蚤出者爲贏，贏者爲客。晚出者爲縮，縮者爲主人。

• 《漢書·天文志》：凡五星，早出爲贏，贏爲客；晚出爲縮，縮爲主人。五星贏縮，必有天應見杓。

• 《開元占經》卷十八"五星行度盈度失行二"引《春秋緯》：五星早出爲盈，盈者爲客；晚出爲縮，縮者爲主人，禍發其衝。

其二是對行星（主要是金星）黄緯位置變化的描述，贏是指行星在夏至時居於日南，在冬至時居於日北；縮是指行星在夏至時居於日北，在冬至時居於日南：

• 《史記·天官書》：日方南金居其南，日方北金居其北，曰贏，侯王不寧，用兵進吉退凶。日方南金居其北，日方北金居其南，曰縮，侯王有憂，用兵退吉進凶。

• 《漢書·天文志》：日方南太白居其南，日方北太白居其北，爲贏，侯王不寧，用兵進吉退凶。日方南太白居其北，日方北太白居其南，爲縮，侯王有憂，用兵退吉進凶。

• 《開元占經》卷四十六"太白盈缩失行一"引石氏：日方南太白居其南，日方北太白居其北，曰盈，侯王不寧，用兵進吉退凶。日方南太白居其北，日方北太白居其南，曰縮，侯王憂，用兵退吉進凶，遲吉疾凶。[3]

---

① 陳久金：《帛書及古典天文史料注析與研究》，第109頁。
② 同上。
③ 劉樂賢：《馬王堆天文書考釋》，第72頁。

《五星占》中以盈、縮爲占的占辭，主要包括如下數條：

(1) 1.10“木星失行占二”

> 其失次以下一若二若三舍，是胃(謂)天維紐，其下之【□】憂【□】；其失【次以上一若二若三舍，是謂天維贏，□□□□□□□】□贏，於是歲天下大水，不乃天死〈列(裂)〉，不乃地勭(動)，紐亦同占。視其左右，以占其夭(妖)孽。

此段占辭是以木星運行變化爲占，包括“贏”與“紐”兩種情況。據占辭所述，以木星的正常運行位置爲參照，超前三宿以内，即“失次以上一若二若三舍”，爲贏；退後三宿以内，即“失次以下一若二若三舍”，爲紐。據末句“視其左右”可知，“贏紐”亦作“左右”。“贏紐”與“左右”，即爲傳世文獻中的“盈縮”。

按現代天文學的常識，木星在運行軌道上相對位置會出現超前或後退變化，其原因有以下三種可能：

第一，木星視運行的方向會發生變化。行星在星宿背景上自西向東運行稱爲“順行”；反之稱爲“逆行”。據1.6“木星行度四”的“進退左右之經度，日行二十分，十二日而行一度”句可知，當時人以木星每日順行二十分爲常。但受到順逆變化的影響，木星實際運行會發生前進或後退的變化。

第二，由於行星環繞太陽的運行軌道并非圓形，木星在黄道上的運行速度會發生快慢變化。天文學的開普勒第一定律指出，行星環繞太陽的運行軌道是橢圓形，行星的運行速度并非恒定數值，木星亦不例外，其遠日點約爲5.46個天文單位，近日點約爲4.95個天文單位。當木星在遠日點時，公轉角速度較慢；在近日點時，公轉角速度較快。木星日行角速度，據《五星占》“日行二十分”推算可知約爲0.083 275 5°，這與今值(約爲0.083 088 9°)差距并不大。當木星運行速度大於或小於此數值時，會導致相對位置亦發生變化。古人觀測天象較爲頻繁，因此發現木星運行速度之變化并非難事。

第三，當時人認知的木星公轉周期與實際情況存在偏差，導致“歲星超次”現象的發生。如《五星占》謂“十二歲而周”(1.3“木星行度二”)，認爲木星每年行經一次(兩到三個星宿)，12年完成一周天的運行，這與實際木星公轉周期11.86年存在偏差，從而導致每隔84年木星的實際位置較理想位置超前一次，這一現象稱爲“歲星超次”或“歲星超辰”。隨時間推移，木星相對位置會不斷超前。

(2) 1.12“木星失行占四”

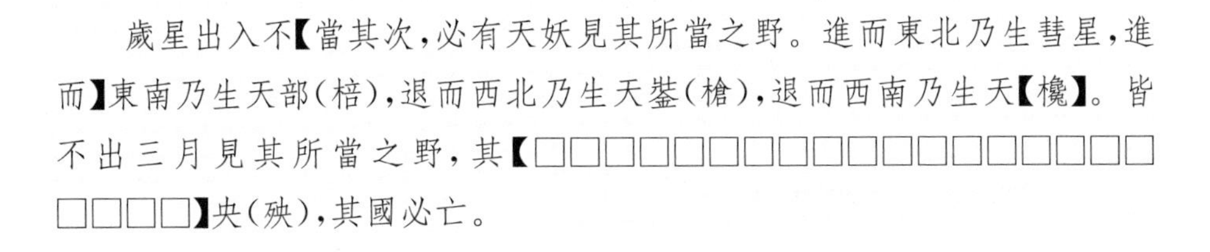
歲星出入不【當其次，必有天妖見其所當之野。進而東北乃生彗星，進而】東南乃生天部(棓)，退而西北乃生天鏊(槍)，退而西南乃生天【欃】。皆不出三月見其所當之野，其【□□□□□□□□□□□□□□□□□□□□□□□□□】央(殃)，其國必亡。

此段占辭前面的部分是以木星“進而東北”“進而東南”“退而西北”及“退而西南”這四種運行情況爲占。其中，“進退”“東西”這兩組術語與“盈縮”含義相近，是對木星在其運行軌道上相對位置變化的描述。

(3) 4.2“水星名主二”

一時不出，其時不和└；四時【不出】，天下大饑。

(4) 4.3“水星失行占二”

其出蚤(早)於時爲月飿(蝕)，其出免(晚)於時爲天夭(妖)【及】慧(彗)星。

(5) 4.6“水星行度二”

其出四中(仲)，以正四時，經也；其上出四孟，王者出；其下出四季，大秏(耗)敗└。

以上三段占辭，皆以水星出入的時間早晚爲占。其中，4.3是以水星出現早於常時或晚於常時爲占，是較爲典型的第一類内行星盈縮占。4.6是以水星出現在四孟和四季爲不常，并以之爲占。水星出四孟即爲早出，爲盈；出四季即爲晚出，爲縮。因此，4.6實際亦屬於典型的第一類内行星盈縮占。4.2分别是以水星“一時不出”與“四時不出”等特殊現象爲占，這只與水星晚出有關，則是不完整的第一類内行星盈縮占。

(6) 5.4“金星失行占一”

> 太白先其時出爲月食，後其時出爲天夭(妖)及茀(彗)星。

此段占辭内容與4.3基本一致，是以金星出現早於常時或晚於常時爲占，亦是較爲典型的第一類内行星盈縮占。

(7) 5.21“金星失行占四”

> 大白贏數，弗去，其兵强。

此段占辭應與金星盈、縮有關。至於盈、縮的具體含義，暫難以判斷。

三、不當其位

關於五星運行的占辭中，一部分是以五星不在其常行之位爲占，可統稱爲“不當其位占”。

對於木、火、土這些外行星來説，“不當其位”是對行星在其運行軌道上相對位置變化的描述，也就是其黄經的變化。此類占測主要有兩種形式：其一，是以行星應在其常行位置而不在(如“當處而不處”)與已在其常行位置而又離開(如“已居而復去”)這兩種情況相對爲占，兩者含義接近，只是程度有所不同，可稱之爲A類；其二是以行星應不在其常行位置而在(如“當處而不處”“已居而復去”與“不當處而處”)與已不在其常行位置而又返還(如“已去而復還”)這兩種情況相對爲占，二者含義相反，構成對比關係，可稱之爲B類。

對於金、水這些内行星來説，“不當其位”是對行星會合周期變化的描述。此類占測是以行星“未宜入而入”“未宜出而出”與“宜入而不入”“宜出而不出”等情況相對爲占。

《五星占》中以不當其位爲占的占辭，主要包括如下數條：

(1) 1.11“木星失行占三”

> 其所當處而【不處，其國乃亡；既已處之，又東西去之，其國凶，不可舉】事用兵ᴸ。所往之野有卿(慶)，受歲之國，不可起兵，是胃(謂)伐皇，天光其不從，其【□】大兇(凶)央(殃)。

此段占辭是以木星“當處而不處”與“既已處之，又東西去之”這兩種情況相對爲占，當屬A類。

(2) 2.5“火星失行占三”

涭(溉—既)巳(已)去之，復環(還)居之，央(殃)【□】。

此段占辭是以火星從失行位置離開後又返還爲占，是不完整的“不當其位占”。

(3) 3.3“土星失行占一”

【□□□□□□□□□□】既(既)巳(已)處之，有(又)【西】東去之，其國凶，土地榣(搖)，不可興〈與(舉)〉事用兵，戰斲(鬬)不勝。所往之野吉，得土。

此段占辭是以土星“當處而不處”與“既已處之，又東西去之”這兩種情況爲占，當屬A類。

(4) 4.4“水星失行占三”

其出不當其效，其時當旱反雨，當雨反旱；【當温反寒，當】寒反温。

此段占辭是以水星不當其時出現爲占。“其出不當其效”，即“不宜出而出”之義。

(5) 4.7“水星行度三”

凡是星出廿(二十)日而入，經也。【出】廿(二十)日不入，【□□】。

此段占辭是以水星每次出現超過二十日爲不常。“出二十日不入”，即“宜入出不入”之義。

(6) 5.5“金星失行占二”

未宜【入而入，未宜】出而【出，命曰□□，天】下興兵，所當之國亡ᒻ。宜出而不出，命曰須謀ᒻ，宜入而不入，天下偃兵，野有兵，講，所當之國大凶ᒻ。

此段占辭是以金星“未宜入而入”“未宜出而出”與“宜入而不入”“宜出而不出”等情況相對爲占，是典型的内行星“不當其位占”。

（7）5.42“金星失行占六”

當其國日，獨不見，其兵弱；三有此，其國【□□】也。

此段占辭是以金星在國日不出現的次數占測所當之國的吉凶。“當其國日，獨不見”，即“宜出而不出”之義。

（8）5.43“金星失行占七”

未【滿】其數而入₌（入，入）而【復出，當】其入日者國兵死：入一日，其兵死十日；入十日，其兵死百日。

此段占辭是以金星在國日不當伏而伏的日數占測所當之國的吉凶。“未滿其數而入”，即“不宜入而入”之義。

四、運行位置

關於五星運行的占辭中，一部分是以“東西方位”“黄經”“黄緯”及“星宿位置”等變化爲占，可統稱爲“運行位置占”。

（1）東西方位占

“東西方位占”是以行星視運行的東西方位爲占。對於木、火、土這些外行星來説，出現於東方爲常，出現於西方爲不常。對於金、水這些内行星來説，有時作爲晨星出於東方，以“陽國”（位於東南方位的國家）配之；有時作爲昏星出於西方，以“陰國”（位於西北方位的國家）配之。

《五星占》中以東西方位爲占的占辭，主要與火、金二星有關，包括如下數條：

2.4“火星失行占二”

出【□】二鄉（向），反復一舍，【□□□】羊ᒻ。其出西方，是胃（謂）反明（明）ᒻ，天下革王。其出東方，反行一舍ᒻ。所去者吉，所之國受兵，【□□】。

此段占辭是以火星出現的東、西方位爲占，是以出現在西方爲不常，稱之爲“反明”；以出現在東方爲常，但以出現在東方而逆行一舍爲不常。

5.6“金星行度二”

其出東方爲德，與（舉）事，左之迎之，吉；右之倍（背）之，【凶】。出於西【方爲刑】，與（舉）事，右之倍（背）之，吉ᒻ；左之迎之，兇（凶）。

此段占辭是以金星出現的東、西方位爲占。以出現於東方爲德、以出現於西方爲刑的搭配方式以及“左之迎之”“右之背之”等術語，説明此應屬於古代刑德學説的内容。

5.9“金星行度三”

太白晨入東方，濡（浸）行百廿（二十）日，其六十日爲陽，其六十日爲陰（陰）ᒻ。出陰₌（陰，陰）伐利，戰勝。其入西方，伏廿（二十）日，其旬爲陰（陰），其旬爲陽。出陽₌（陽，陽）伐利，戰勝。

此段占辭是以金星浸行、伏行爲占，是將金星浸行、伏行的日期各對半分而爲二。浸行是指金星從晨入東方至夕出西方的120日，其中前60日爲陽，後60日爲陰；伏行是指金星從夕入西方至晨出東方的20日，其中前10日爲陽，後10日爲陰。其中，與陽搭配的浸行、伏行日期皆與金星出現於東方的日期接近，而與陰搭配的浸行、伏行日期皆與金星出現於西方的日期接近。

5.44“金星失行占八”

當【其】日而陽，以其陽之日利ᒻ。當其日而陰（陰），以陰（陰）日不利。

這裏的陰、陽，劉樂賢（2004：83）認爲可能是指陰國、陽國。從文義判斷，我們認爲應爲金星的運行狀態，或可解釋爲東、西方位。5.9“金星行度三”謂：“太白晨入東方，濡（浸）行百廿（二十）日，其六十日爲陽，其六十日爲陰（陰）ᒻ。……其入西方，伏廿（二十）日，其旬爲陰（陰），其旬爲陽。……”5.25“金星行度六”謂：“殷出【東方】爲折陽，卑、高以平明（明）度；其出西方爲折陰（陰），卑、高以昏度。”以上文獻中的陽皆與東方搭配，而陰皆與西方搭配。如果此理解正確，則此段占辭是以金星在國日所處東、西方位爲占。

（2）黄經占

“黄經占”是以行星黄經變化爲占。對於木、火、土這些外行星來説，行星的黄經變化亦即上文所介紹的盈、縮變化，是對行星在其運行軌道上相對位置變化的描述，是指與常規運行位置相比，行星的實際運行位置有時會出現超前或退後的變化。行星皆在黄道運行，它們在運行軌道上的相對位置變化也就是其黄經的變化。對於金、水這些内行星來説，行星的黄經變化是指行星視運行高度的變化。此類占測“以二分節氣日出、日落連綫爲卯酉綫，以正午、子夜連綫爲子午綫，黄道以十二支平分，每支主 30 度”。[①] 古代星占書中習見的“太白經天”現象即與金星黄經變化有關。

《五星占》中與黄經有關的占辭很少單獨出現，而是多與其他類型的“運行位置占”雜糅在一起，合并爲一段占辭，參見下文所述。

（3）黄緯占

“黄緯占”是以行星黄緯變化爲占。行星的黄緯變化是指行星在日南和日北兩種狀態的變化。在日北，是指位於北天極一側；在日南，是指位於南天極一側。此類占測多以黄道爲標準綫，采用方位坐標或干支坐標標示行星的位置。

《五星占》中以黄緯變化爲占的占辭，以如下這一條爲代表：

5.46“金星行度七”

> 日冬至，在日北，至日夜分，陽國勝；春分，在日南，陽國勝；夏分〈至〉，在日南，至日夜分，陽國勝└；秋分，在日南，隂（陰）國勝。

此段占辭是據二分二至時金星黄緯度數之正負來占測陰國、陽國之勝負。程少軒（2019A）指出：“太陽中心黄緯爲 0°，金星‘在日北’，則黄緯度數爲正；‘在日南’，則黄緯度數爲負。金星公轉軌道平面與黄道面有約 3.4°的夾角。因此金星的黄緯會隨其公轉在−3.4°至 3.4°之間變化。”

（4）星宿位置占

“星宿位置占”是以行星出現在不同的星宿位置爲占。此類占測在《五星

① 程少軒：《利用圖文轉换思維解析出土數術文獻》，第一届“出土文獻與中國古代史”學術論壇暨青年學者工作坊，2019 年 11 月。

占》中只有如下一例，是以水星出現在房、心二宿之間的失行狀況爲占：

4.5“水星失行占四”

其出房、心之閒，地盼（變）動（動）└。

（5）複合占辭

《五星占》中還有一些複合占辭，是由上文所介紹的幾種“運行位置占”組成。這些合并成爲一段占辭的“運行位置占”雖然原理不同，但在形式上有相通之處，因此被雜糅在一起：

1.12“木星失行占四”

歲星出入不【當其次，必有天妖見其所當之野。進而東北乃生彗星，進而】東南乃生天部（棓），退而西北乃生天鉴（槍），退而西南乃生天【欃】。皆不出三月見其所當之野，其【□□□□□□□□□□□□□□□□□□□□□□□□□□】央（殃），其國必亡。

此段占辭是以木星“進而東北”“進而東南”“退而西北”及“退而西南”這四種運行情況爲占。“進退”“東西”這兩組術語與黄經有關，是對木星在其運行軌道上相對位置變化的描述。“南北”這組術語描述的是黄緯變化。所以，該段占辭是雜糅了木星黄經與黄緯變化的複合占辭。其中“進而東北”與“進而東南”是指木星相對位置超前時在黄道南北的兩種情況，“退而西北”與“退而西南”是指木星相對位置退後時在黄道南北的兩種情況。兩類占測雖然原理不同，但皆可用方位詞表示，因此被雜糅在一起。

5.7“金星失行占三”

凡是星不敢經=天==（經天；經天，天）下大乳（亂），革王。其出上遝午有王國，過、未及午有霸國。從西方來，陰國有之；從東方來，陽國有【之。□】毋張軍。

此段占辭包含了兩種“運行位置占”：一是“黄經占”。根據金星視運行的高度判斷灾異的輕重，具體説來，以午位（中天）最爲嚴重，巳、未等位次之；離中天越遠，灾異程度越輕。二是“東西方位占”。金星作爲内行星，有時作爲晨星出於東方，以“陽國”配之；有時作爲昏星出於西方，以“陰國”配之。

5.25“金星行度六”

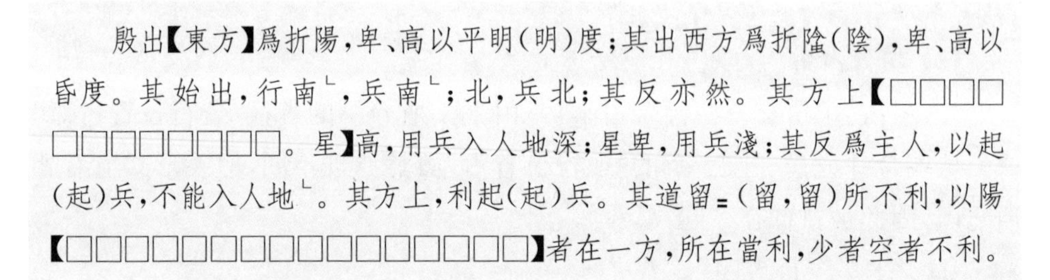
殹出【東方】爲折陽，卑、高以平明（明）度；其出西方爲折陰（陰），卑、高以昏度。其始出，行南└，兵南└；北，兵北；其反亦然。其方上【□□□□□□□□□□□□□□。星】高，用兵入人地深；星卑，用兵淺；其反爲主人，以起（起）兵，不能入人地└。其方上，利起（起）兵。其道留=（留，留）所不利，以陽【□□□□□□□□□□□□□□□□□□□□】者在一方，所在當利，少者空者不利。

此段占辭分爲四個部分。除第四部分缺字較多、含義不詳外，前三部分皆以金星運行位置爲占。第一部分謂“殹出東方爲折陽，卑、高以平明度；其出西方爲折陰，卑、高以昏度”，介紹了“折陽”與“折陰”的概念，以及推知金星視運行高度的方法。其中，前者應與“東西方位”有關，後者與“黄經”有關。第二部分謂“其始出，行南，兵南；北，兵北；其反亦然”，是據金星在南、北占測用兵吉凶，應屬“黄緯占”。第三部分以“星卑”與“星高”爲占，當是據金星高、低占測主、客雙方的勝負，應屬“黄經占”。

5.45“金星失行占九”

大白出辰└，陽國傷；【出】於巳，殺【大將】；出東南【維，在】日月之陽=（陽，陽）國之將陽（傷），在其陰（陰），利。大【白出於午】，是胃（謂）犯地刑└，絶天維，行過，爲圍小，暴兵將多└。大白出於未，陽國傷；出【於申，陽國】傷；【出】西南維，在日月之陽=（陽，陽）國之將傷，在其陰（陰），【利。大白出於】戌，陰（陰）國傷；出亥，亡扁（偏）地；出西北維，在日月之陰【=】（陰，陰）國之將傷└，在其陽，利。【必不能出於子】。大白出於丑，亡扁（偏）地；出東北維，在日月之陰=（陰，陰）國【之】將傷└，在其陽，利；出寅，陰（陰）國傷。大白出於酉入卯，而兵【起，利其所】在，從〈徙〉之南，【陽國傷】；【若徙】之北，陰（陰）國傷。

此段占辭雜糅了“黄緯”“黄經”，以及“東西方位”這三種類型的占測。其中方位坐標“東向、西向、東南維、西南維、西北維、東北維”與干支坐標“卯、酉、辰巳、未申、戌亥、丑寅”，是對金星因“黄緯”與“東西方位”變化而出現的正東、正西、東南、西南、西北、東北六種狀態的描述。“太白出於午”即“太白經天”，其相應占測應屬“黄經占”。

五、逆行

關於行星的“順行”與“逆行”，席澤宗先生指出：

> 行星在天空星座的背景上自西往東走叫“順行”；反之，叫“逆行”。順行時間多，逆行時間少。順行由快而慢而留（不動）而逆行；逆行亦由快而慢而留而復順行。本來行星都是自西往東走的，而且也不會停留不動，所以發生留、逆現象，完全是因爲我們的地球不處在太陽系的中心，而是和其他行星一道沿著近乎圓形的軌道繞著太陽轉的。[①]

對於内行星來説，在過東大距以後不久，表現爲逆行；過下合以後，再逆行一段。對於外行星來説，逆行發生在衝的前後，兩次留之間。[②]

《五星占》有如下一段占辭，是以火星逆行爲占：

2.4“火星失行占二”

> 出【□】二鄉（向），反復一舍，【□□□】羊ㄴ。其出西方，是胃（謂）反明（明）ㄴ，天下革王。其出東方，反行一舍ㄴ。所去者吉，所之國受兵，【□□】。

此段占辭是以火星出現的東、西方位及逆行等現象爲占。其中“反復一舍”與“反行一舍”是對火星逆行現象的描述。

六、其他

（1）5.12“金星變色芒角占一”

> 大白小而勭（動），兵起（起）。

---

① 席澤宗：《中國天文學史的一個重要發現——馬王堆漢墓帛書中的〈五星占〉》，《中國天文學史文集》第1集，北京：科學出版社，1978年，第14—33頁。

② 同上。

此段占辭是以金星形體變異及光色摇動爲占。

(2) 5.22“金星失行占五”

星趙趯，一上一下，其下也糴(糶)貴。

此段占辭是以金星上下跳動的失行狀況爲占。

(3) 5.44“金星失行占八”

當其日而大，以其大日利ㄴ；當其日而小，以小之【日】不利。

此段占辭是以金星在國日的變異大小爲占。傳世文獻中亦有類似説法，多見載於《開元占經》卷四十六“太白變異大小傍有小星四”。

第四節　以五星變色、芒角爲占

《五星占》中以變色、芒角爲占的占辭，主要包括如下數條：

一、變色

(1) 1.15“木星變色芒角占一”

凡占五色：其黑唯水之羊(祥)，其青乃大幾(饑)之羊(祥)，□□□【□□□□□□□□□□□□□□□□□□□】□ㄴ

本段占辭可能是以木星五色爲占。

(2) 5.30“五星相犯占七”

殷爲客，相爲主人，將相禺(遇)，未至四、五尺，其色美，孰能怒₌(怒，怒)者勝。

該條占辭是以金星與木星相犯時兩星發出的强烈光芒爲占。

(3) 5.41“金星變色芒角占五”

大白始出，以其國日矔(觀)其色₌(色，色)美者勝。

本段占辭是以金星在國日的顏色爲占。

二、芒角

(1) 5.12“金星變色芒角占一”

大白小而動(動),兵起(起)。

本段占辭是以金星形體變異及光色摇動爲占。《史記·天官書》:“小以角動,兵起。”結合相關傳世文獻可知,“動”爲“角動”的省略,所以此處是以金星芒角摇動爲占。

(2) 5.14“金星變色芒角占二”

大白期(旗)出,破軍殺將,視期(旗)所鄉(向),以命破軍。

(3) 5.18“金星變色芒角占四”

凡戰,必擊期(旗)所指,乃有功,迎【之左之】者敗└。

以上(2)(3)兩段占辭主要闡述了金星芒角時“視芒角所向”的用兵原則。

三、複合占辭

(1) 2.5“火星變色芒角占一”

其赤而角動,央(殃)甚。

本段占辭是以火星赤色而芒角摇動爲占。

(2) 2.7“火星變色芒角占二”

赤芒,南方之國利之;白芒,西方之國利之;黑芒,北方之國利之└;青芒,東方之國利之;黄芒,中國利之。

本段占辭是以火星芒角的顏色爲占。

(3) 5.17“金星變色芒角占三”

大=白=(大白)赤【而】角動(動),兵【起】;其黄而員(圓),兵不用。

本段占辭是以金星赤色而有芒角與黄色而圓相對爲占。

(4) 5.19“五星變色芒角占一”

巳(已)張軍,所以智(知)客、主人勝者：客星白澤、黄澤,客勝;青黑萃,客【不】勝。所胃(謂)【□□□□□】白(?)耕〈耕〉星【□□□】歲星、填星,其色如客星【□□】也,主人勝。大白、營(熒)或(惑)、耕(耕)星赤而角,利以伐人,客勝;客不動(動),以爲主=人=(主人,主人)勝。

本段占辭是以五星的顔色與芒角變化占測主、客雙方之勝負,可分爲三個部分(詳參 5.19“五星變色芒角占一”的“疏證”部分)：第一部分是統領後兩個部分的設問句;第二部分是以五星顔色爲占,以黄、白之色爲用兵之吉兆,以青、黑之色爲用兵之凶兆;第三部分是以五星之中的金星、火星與水星赤色而有芒角爲占。

(5) 5.24“五星變色芒角占二”

• 凡觀(觀)五色,其黄而員(圓)則贏,青而員(圓)則憂,凶央(殃)之白(迫),赤而員(圓)則中不平,白而員(圓)則福禄是聽,黑而【圓則□□□□□□□】聽。黄而角則地之争,青而角則國家懼,赤而角則犯伐〈我〉城,白而角則得其衆。四角有功,五角取國,七角伐【王】。黑而【角則□□□□□】。

本段占辭可能是以五星的顔色與芒角變化爲占,可分爲兩個部分(詳參 5.24“五星變色芒角占二”的“疏證”部分)：第一部分首先以變色而圓爲占,然後以變色而有芒角爲占;第二部分是以金星芒角之數爲占,“有功”“取國”“伐王”作爲占測結果,其嚴重程度隨芒角之數的增加而加重。

第五節　以五星相合、相犯爲占

星占類文獻中關於“行星相合”的占測,大多包括“相犯”與“相合”兩類。《史記·天官書》曰:“星同舍爲合,相凌爲鬬。”《史記集解》引孟康曰:“陵,相冒占過也。”又引韋昭曰：“突掩爲陵。”《漢書・天文志》《晋書・天文志》也有類似記載。

《五星占》中用來描述行星間相對位置關係的術語包括繞、環、側、逆、背、抵、出、磨(靡)、用、搏、貫、離、遝等。除“鬬”以外，《五星占》中此類術語的統稱還作“犯”，如5.40“五星相犯占十五”的“凡大星趨相犯也，必戰”。在後世星占類文獻中，此類術語被統稱爲“相犯”。

《五星占》中用來描述行星同時出現的術語，除“合”以外還作“遇”，如1.13“五星相犯占一”的“凡占相遇”、4.8“五星相犯占三”的“遇而鬬”、5.31“五星相犯占八”的“凡五星五歲而一合，三歲而遇”等。“合”作爲星占術語，與其作爲天文術語的含義相近，指日、月、諸星同舍或同光。如《乙巳占》卷三“占例第十六”曰：“合者，二星相逮，同處一宿之中。”卷四“星官占第二十三”曰：“凡五星之内，有三星已上同宿爲合。”《開元占經》卷六十四“順逆略例五”引甘氏曰：“日、月、五星與宿星同舍，爲合。”同卷引石氏曰：“芒角相及，同光，爲合。”同卷引巫咸曰：“諸舍精相遝，爲合。”同卷引《荆州占》曰：“相去一尺内，爲合。”

《開元占經》卷六十四“順逆略例五”、《乙巳占》卷三“占例第十六”等文獻皆對這兩類術語進行了系統説明。

尚須指出，由於數術文獻多摘抄自不同文獻，來源較爲複雜，上述兩類術語之間區分并不嚴格。一方面，兩類術語可爲嚴格的并列關係，如《史記・天官書》“星同舍爲合，相凌爲鬬”所述；另一方面，二者亦經常混同，如《天官書》等史志多將兩類術語統稱爲“合”，而《開元占經》等星占類文獻則將其統稱爲“相犯”。

一、相合

(1) 1.13“五星相犯占一”

【□□□□□。】凡占相遇，【歲星】在北方，命曰牝牡，年穀則【□□□□□□□□□□□□，年或】有或无。

本段占辭是以木星與金星相遇時的南、北位置關係占測農業收成。其中，木星在北而金星在南，可稱爲“牝牡”，爲吉兆；木星在南而金星在北，爲凶兆。

(2) 2.6“五星相犯占二”

其與它星遇而【□□□□□。】在其南└、在其北，皆爲死亡。

本段占辭可能是以火星與其他行星相遇爲占。

(3) 5.8“金星與它星相犯占一”

有小星見太白之陰(陰)，四寸以入，諸侯有陰(陰)親者；見其陽，三寸以入，有小兵└。兩而俱見，四寸【以】入，諸侯遇。在其南└，在其北，四寸以入，諸侯從(縱)；在其東，在【其】西，四寸以入，諸侯衡。

本段占辭是以金星與附近小星之間的距離及不同的位置關係爲占。

(4) 5.15“五星相犯占五”

小白【□大】白，兵星【□□，其】趮而能去就者，客也；其静而不能去就者，【主人也】。

本段占辭是講水星與金星相犯或相合時二者的主、客之分。

(5) 5.16“五星相犯占六”

凡小白、大白兩星偕出，用兵者象小白；若大白獨出，用兵者象效大=白=(大白)。

本段占辭是講用兵在何種情況下取象水星，在何種情況下取象金星。

(6) 5.26“月與它星相犯占二”

月與星相過也：月出大白南，陽國受兵；月出其北，陰(陰)國受兵。

本段占辭是講月與金星相合時二者的南、北位置關係。

(7) 5.27“月與它星相犯占三”

【□□□□□□□□□□□□□□□□□】扶，有張軍└；三指，有憂城；二指，有憂城著〈若〉扁(偏)將戰；并光，大戰。

本段占辭是以月與金星相合時二者的距離爲占。

(8) 5.30“五星相犯占七”

> 殷爲客,相爲主人,將相禺(遇),未至四、五尺,其色美,孰能怒=(怒,怒)者勝。至禺(遇)【□□□□□□□□□□□□□□】怒=(怒,怒)者勝。殷出相之北,客利;相出殷之北,主人利。兼出東方,利以西伐。殷與相遇,未至一舍,殷從之疾,客疾,主人急。【□□□□□□□□□】其行也,主人疾,客窘(窘)急。

本段占辭的第二部分爲“殷出相之北,客利;相出殷之北,主人利。兼出東方,利以西伐”,是以金星與木星相遇時的南、北位置關係占測主、客雙方的勝負,并以此二星同出東方爲占;第三部分爲“殷與相遇,未至一舍,殷從之疾,客疾,主人急。□□□□□□□□□其行也,主人疾,客窘急”,可能是以金星與木星相遇時兩星相從的位置關係爲占。

(9) 5.31“五星相犯占八”

> 凡五星五歲而一合,三歲而遇。其遇也美〈美〉,則白衣之遇也;其遇惡,則【□】☐

本段占辭介紹了五星相合與相遇的頻率,并以之爲占。其中前部分的内容是説,三星以上同出一宿的現象會在五年發生一次,兩星同出一宿的現象會在三年發生一次;後部分的内容是以兩星相遇時的狀態爲占。

(10) 5.36“五星相犯占十一”

> 大白與營(熒)或(惑)遇,金、火也,命曰樂(鑠),不可用兵。

此段占辭是以金星與火星相合爲占,其中“鑠”是用來描述金星與火星相合的專用術語。

(11) 5.37“五星相犯占十二”

> 營(熒)或(惑)與辰星遇,水、火也,名曰【焠,不可用兵舉】事,大敗。

此段占辭是以火星與水星相合爲占,其中“焠”是用來描述火星與水星相合的專用術語。

二、相犯

(1) 1.14"月與它星相犯占一"

• 月飠(蝕)歲星，不出十三年，國饑【亡；蝕填星，不出十一】年，其國伐而亡；飠(蝕)大白，不出九年，國有亡城，强國戰不勝；飠(蝕)辰星，【不出七年，□□□□□；蝕熒惑，不】出三〈五〉年，國有内兵；飠(蝕)大角，不三年，天子死。

本段占辭是以月蝕五星及大角爲占。

(2) 5.13"五星相犯占四"

小白從其下∟上抵之，不入大白∟，軍急。小白在大白前後左右，□干【□□□□□□□□□□□□】大白未至，去之甚亟，則軍相去也。小白出大白【之左】，或出其右，去參尺，軍小戰∟。小白麻(摩)大白，有數萬人之戰，主人吏死∟。小白入大【白中】，五日乃【出，及】其入大白，上出，破軍殺將，客勝∟；其下出，亡地三百里。小白來抵大白，不去，將軍死。

本段占辭是以水星犯金星爲占，其内容可分爲六個部分(詳參 5.13"五星相犯占四"的"疏證"部分)。其中第一部分是以水星直至金星而不入爲占。第二部分缺字較多，難以判斷其前後部分的内容是否屬於同段占辭。據殘存文字判斷，前一部分似乎是以水星在金星的前、後、左、右爲占，後一部分似乎是以金星離水星而去爲占。第三部分是以水星在金星左、右三尺爲占。第四部分是以水星傍過金星并與之相切爲占。第五部分是以水星入金星而後出的上下方位爲占。第六部分是以水星直至金星而不離去爲占。

(3) 5.28"月與它星相犯占四"

月啗大白，有【亡】國；營(熒)或(惑)貫月，陰(陰)國可伐也。

此段占辭首句是以月犯金星爲占，次句是以火星犯月爲占。

(4) 5.29“月與它星相犯占五”

月軍(暈)圍【□□□□□□□□□□□□,其色】惡不明(明),客敗。其色明(明)而角,客勝。大白猶是也。

此段占辭是以月暈犯五星時五星的光色芒角情況爲占。

(5) 5.33“五星相犯占九”

視其相犯也:相者木也,殷者金,金與木相正,故相與殷相犯,天下必遇兵。

此段占辭是以金星與木星相犯爲占。

(6) 5.34“五星相犯占十”

【殷】者金也,故殷【□□□□□□□□□】

據殘存文字判斷,此段占辭是以金星與某星相犯爲占。

(7) 5.38“五星相犯占十三”

歲【星、熒惑】與〈與〉大白斲(鬭),殺大將,用之、搏(薄)之、貫之,殺扁(偏)將。

本段占辭是以木星、火星與金星相犯占測用兵吉凶。

(8) 5.40“五星相犯占十五”

凡大星趨相犯也,必戰。

該段文字介紹了五星相犯爲必戰之兆。

三、複合占辭

(1) 4.8“五星相犯占三”

【辰星】與它星遇而斲(鬭),天下大乳(亂)。其入大白之中,若痳(摩)近繞環之,爲大戰,趮(躁)勝静也。辰星廁(側)而逆之,利;廁(側)而倍(背)之,不利。曰大鍪,是一陰一陽,與【□□□。其陽而出於東方,唯其□】,

侯王正卿，必見血兵，唯過章₌(章章)，其行必不至巳，而反入於東方。其見(現)而遬(速)入，亦不爲羊(祥)，其所之，㑹(侯)王用昌ㄴ。其陰而出於西方，唯其【□，侯王正卿，必見血】兵，唯過彭₌(彭彭)，其行不至未，而反入西方。其見(現)而遬(速)入，亦不爲羊(祥)，其所之，㑹(侯)王用昌ㄴ。曰失匿之行，壹進退，無有畛極ㄴ，唯其所在之國【□□□□□□□□□】甲其長。

該段占辭是以水星與金星相犯或相合爲占，可分爲三個層次。第一層次爲"辰星與它星遇而鬭，天下大亂"，介紹了水星與包括金星在内的其他四星相犯、相合的占測結果，爲下文作鋪墊。第二層次是第一層次的子集，包括"其入大白之中"和"曰大鎣"。"其入大白之中"是指水星與金星相犯、相合，"大鎣"當與"其入大白之中"相應，是描述水星與金星相犯、相合的術語。第三層次是對第二層次的具體説明，包括"若摩近繞環之，爲大戰，躁勝静也。辰星側而逆之，利；側而背之，不利""一陰一陽……其陽而出於東方……其陰而出於西方……"。其中，前者側重於描述兩星相犯，將水星與金星看作對立的關係，根據兩星間相對位置占測吉凶；後者側重於描述兩星相合，將水星與金星視爲一個整體，根據兩星同時出現的東西方位占測吉凶。

(2) 5.39"五星相犯占十四"

营(熒)或(惑)從大白ㄴ，軍憂；離(離)之，軍【□】；出其陰(陰)，有分軍ㄴ；出其陽，有扁(偏)將之戰。【當其】行ㄴ，大白遝之，【破軍】殺將ㄴ。

本段占辭是以火星與金星相合或相犯爲占。其中，第一部分是以火星與金星相從與相離相對爲占。第二部分是以火星與金星的陰陽位置關係爲占。第三部分是以火星前行而金星相及爲占。

第三章　相關問題研究

第一節　試析馬王堆帛書《五星占》中的木星運行周期

馬王堆帛書《五星占》作爲一篇專講五星占測的星占類文獻，亦藴含了大量的行星運行内容。據《長沙馬王堆漢墓簡帛集成》，《五星占》内容大致可以分爲兩部分：現存的前七十五行爲第一部分，主要描述木星、火星、土星、水星、金星的運行與占測；後七十行爲第二部分，是記録木、金、土三星行度的表格和文字。[①] 我們認爲，《五星占》中的天文學内容主要是與行星的“運行周期”有關。“運行周期”，古書稱之爲“行度”，是指星體環繞軌道一圈需要的時間。行星運行周期有幾種不同的類型：一種是會合周期，它指行星環繞恒星公轉一整圈的“視運行時間”，也就是從地球的角度觀察到的時間間隔；一種是恒星周期，或稱公轉周期，它指行星環繞恒星公轉一整圈所需要的“實際時間”，這是一顆行星真正的軌道周期。會合周期與恒星周期之所以不同是因爲地球本身也環繞著太陽公轉。[②] 在現代天文學中，會合周期與恒星周期的區分較爲嚴格。

木星運行周期因與太歲紀年密切相關，在我國古代曆法和星占實踐中尤其重要。《五星占》有幾處與木星運行周期有關的資料，它們包括：“木星占”一章中一段關於木星“司歲”的文字（1.3“木星行度二”），後七十行所列自秦始皇元年至漢文帝三年這七十年間的木星運行表以及表後所附的説明文字（6.1“木星行度表”及6.2“木星行度表説明文字”）。迄今爲止，已有多位學者對上述資料進行研究，但由於對資料的理解不盡相同，諸家對具體問題的看法未能

① 裘錫圭主編：《長沙馬王堆漢墓簡帛集成（肆）》，第223頁。
② 此外，運行周期還包括交點周期、近點周期、回歸周期等。

取得一致。有鑒於此，本文在此前研究的基礎上，試對《五星占》所見木星運行周期資料進行解析，并對所見天象予以考察。

一、“木星行度二”和“木星行度表”

“木星行度二”和“木星行度表”是《五星占》所見的兩則有關木星運行周期的資料。由於有關星宿位置的論述較爲一致，學者多將兩條資料放在一起研究。

1.“木星行度二”

馬王堆帛書《五星占》“木星占”第 1—7 行因帛書殘損而缺文較多。馬王堆漢墓帛書整理小組、①劉樂賢《馬王堆天文書考釋》②以及《長沙馬王堆漢墓簡帛集成》③先後對釋文進行整理，并據文義及“木星行度表”（參見下文）對缺文進行擬補。在這些意見的基礎上，將第 1—7 行的釋文整理如下：

歲處一國，是司歲【十】二。【·歲】星以正月與營₌(營室)晨1上【出東方，其】名爲【攝提格。·其明歲以二月與東壁晨出東方，其】名爲單閼(閼)。【·】其明(明)歲以1下三月與胃晨出東方，其名爲執徐。·其明(明)歲以四月與畢晨【出】東方，其名爲大㠩(荒)洛(落)。2上【·其明歲以五】月與【東井晨出東方，其名爲敦牂。·其明歲以六】月與柳晨出東方，其名2下爲汁(協)給(洽)。·其明(明)歲以七月與張晨出東方，其名爲芮(涒)漢(灘)。·其明(明)歲【以】八月與軫晨出東方，其3上【名爲作噩。·其明歲以九月與亢】晨出【東方，其名爲閹茂。·】其明(明)歲以十月與心晨出3下東方，其名爲大淵獻(獻)。·其明(明)歲以十一月與斗晨出東方，其名爲困〈困〉敦。·其明(明)歲以十二月與虛4上【晨出東方，其名爲赤奮若。】其【明歲以正月與營室晨】出東方，複爲聶(攝)提挌(格)。【十】4下【二】歲而周。皆出三百六十五日而夕入西方，伏卅(三十)日而晨出東方，凡三百九十五日百五分5上【日，而複出東方。□□□□□□□□□□□□□□□】

① 馬王堆漢墓帛書整理小組：《馬王堆漢墓帛書〈五星占〉釋文》，《中國天文學史文集》第 1 集，北京：科學出版社，1978 年，第 2 頁。
② 劉樂賢：《馬王堆天文書考釋》，第 30 頁。
③ 裘錫圭主編：《長沙馬王堆漢墓簡帛集成(肆)》，第 223 頁。

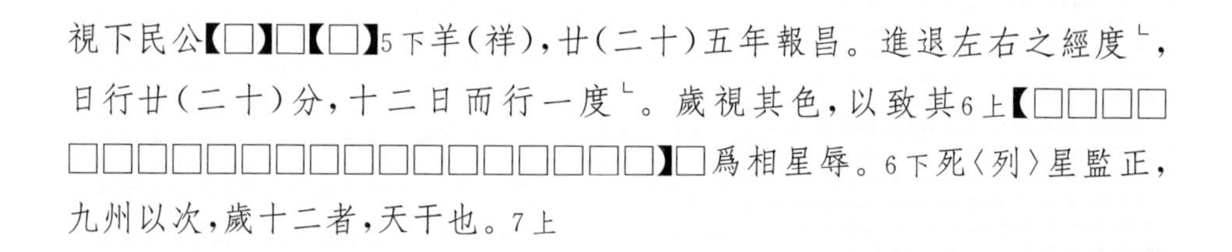
視下民公【□】□【□】5下羊(祥),廿(二十)五年報昌。進退左右之經度└,日行廿(二十)分,十二日而行一度└。歲視其色,以致其6上【□□□□□□□□□□□□□□□□□□□□□□□】□爲相星辱。6下死〈列〉星監正,九州以次,歲十二者,天干也。7上

此前研究未將以上文字與“木星占”一章的其他文字區分出來。這些文字的内容較爲一致,可獨立成段:

表 3-1　馬王堆帛書《五星占》“木星占”第 1—7 行内容結構

第一小節	歲處一國,是司歲十二。
第二小節	歲星以正月與營室晨出東方,其名爲攝提格。……其明歲以正月與營室晨出東方,複爲攝提格。十二歲而周。
第三小節	皆出三百六十五日而夕入西方,伏三十日而晨出東方,凡三百九十五日百五分日,而複出東方。
第四小節	□□□□□□□□□□□□□□□□視下民公□□□祥,二十五年報昌。
第五小節	進退左右之經度,日行二十分,十二日而行一度。
第六小節	歲視其色,以致其□□□□□□□□□□□□□□□□□□□□□□□爲相星辱㣼。
第七小節	列星監正,九州以次,歲十二者,天干也。

其中,第一、二、七小節均提到了木星“司歲”及相應的攝提格等“十二歲”名,當屬《開元占經》等星占類文獻所謂的“名主”類占辭,主要介紹行星的屬性及所主。木星司歲的原理與第一小節中的“歲處一國”、第二小節中的“十二歲而周”有關,即木星的運行周期是每年運行一次、十二年運行一周天。按照《五星占》的説法,其他四星所主或所司的内容多與其運行周期密切相關,如火星“進退無恒,不可爲極”(23 行),①土星“實填州星,歲填一宿”(29 行),②水星

① “極”字原缺,从劉樂賢先生補。參看劉樂賢《馬王堆天文書考釋》,第 44 頁。
② “填一宿”三字原缺,从劉樂賢先生補。參看劉樂賢《馬王堆天文書考釋》,第 48 頁。

“主正四時”(32行)，金星“是司月行、彗星、天妖、甲兵、水旱、死喪□□□□道以治□□侯王正卿之吉凶”(39行)。此處亦不例外。

第二、三、五小節與木星的運行周期有關，屬於星占類文獻中的“行度”類占辭。已有學者指出，第二小節將“周天”的恒星周期和“晨出東方”的會合周期混淆，導致前後矛盾。① 我們贊同此觀點。第二小節是在描述會合周期的同時雜糅了恒星周期的資料：據第二小節“以某月與某宿晨出東方”的描述，及第三小節“三百九十五日百五分日”的運行周期可知，此節主要是描述木星的會合周期(今測值爲398.88日)；據與木星運行位置存在對應關係的十二歲及“十二歲而周”可知，此節體現了恒星周期(今測值爲11.86年)的內容。

此外，第四、六小節缺文較多，文義待考。

據以上討論可知，第二小節的性質與內容較爲複雜：從性質上來説，此節既因涉及十二歲而屬於“名主”類占辭，又因描述木星會合周期而屬於“行度”類占辭；從內容上來説，既描述木星的會合周期，又雜糅了恒星周期。

2.“木星行度表”

《五星占》後七十行爲木星、土星、金星運行周期表。其中，第76—87行的內容爲木星運行周期，可稱之爲“木星行度表”：

相②與營=(營室)晨出東方	秦始皇帝元·	三	五	七	九76上	【二】76下
與東壁晨出東方	二	四	六	八	【十】77上	【三】77下
與婁晨出東方	三	五	七	九	【一】78上	【四】78下
與畢晨出東方	四	六	八	【四十】	【二】79上	【五】79下
與東井晨出東方	五	七	九·	漢元·	孝惠【元】80上	【六】80下
與柳晨出東方	六	八	卌(三十)	二	二81上	【七】81下

① ［美］墨子涵：《從周家臺〈日書〉與馬王堆〈五星占〉談日書與秦漢天文學的互相影響》，《簡帛》第6輯，上海：上海古籍出版社，2011年，第126頁。

② 劉樂賢先生指出，“相”是木星的異名。參看劉樂賢《馬王堆天文書考釋》，第87頁。

续　表

與張晨出東方	七	九	一	三	【三】82上	【八】82下
與軫晨出東方	八	廿(二十)	二	【四】	四83上	【元】83下
與亢晨出東方	九	一	三	五	五84上	二84下
與心晨出東方	十	二	四	六	六85上	三85下
與斗晨出東方	一	三	五	七	七86上	86下
與婺女晨出東方	二	四	六	八·	代皇87上	87下

表後附有一段説明文字：

秦始皇帝元年正月，歲星日行廿(二十)分，十二日而行一度，終【歲】行卅(三十)度百五分，見三88上【百六十五日而夕入西方】，伏卅(三十)日，三百九十五日而複出東方。【十】二歲一周天，廿(二十)四歲一與大88下【白】合營=(營室)。89上

"木星行度表"記載了自秦始皇元年至漢文帝三年這七十年間的木星會合周期，但雜糅了恒星周期：據首列"與某宿晨出東方"的描述可知，該表主要是在描述木星的會合周期；從分别描述的十二歲名可知，該表也體現了恒星周期。説明文字則介紹了木星會合周期、恒星周期及運行速度等信息。

結合上述介紹可知，兩條資料的不同在於，第一，"木星行度表"介紹會合周期與歷史年份的搭配關係；"木星行度二"則主要介紹會合周期與十二歲名的搭配關係，而未涉及歷史年份。第二，"木星行度二"用來描述會合周期的句式是"以某月與某宿晨出東方"；"木星行度表"作"與某宿晨出東方"，則是前者的省寫。第三，兩條資料所見星宿位置也偶有差異，如"木星行度二"第三年星宿位置爲"胃"，"木星行度表"爲"婁"；"木星行度二"第十二年星宿位置爲"虚"，"木星行度表"爲"婺女"。

通過後文分析可知，"木星行度表"與"木星行度二"之間個别星宿的不同(婁—胃；女—虚)，反映出"木星行度表"所據觀測資料的年代要早於"木星行度二"。

二、《五星占》所見木星運行周期的文獻學及天文學解讀

1. 文獻學解讀

對"木星行度二"與"木星行度表"内容的理解，學界未能形成一致意見。其主要原因是，諸家對資料中"晨出東方"及"與某宿"等天文術語的解釋存在分歧。

"晨出東方"，顧名思義，是行星的視運行狀態，是用來區分行星會合周期内不同階段的天文術語之一。木、土二星作爲外行星，其會合周期可大致分爲可見與伏這兩個階段，因此"晨出東方"或"夕入西方"之一即可對木、土二星會合周期内的兩階段予以區分；金星作爲内行星，其會合周期更爲複雜，大致分爲晨星、浸行、昏星、伏四個階段，因此需將"晨出東方""晨入東方""夕出西方"及"夕入西方"共同使用，才可對金星會合周期内的不同階段予以區分。對於木星運行周期資料中"晨出東方"的理解，諸家分歧在於，是指木星晨出的一段時間（數日或數月），還是特指木星晨出的首日。

"與某宿"是用來描述在行星會合周期的某一階段中星體所在位置的天文術語。對於木星運行周期資料中"與某宿"的理解，諸家分歧在於，"與某宿"是指木星晨出東方時太陽所在位置，還是指木星所在位置。

兹將諸家關於木星運行周期資料中"晨出東方"及"與某宿"等天文術語的理解意見列爲表 3-2，論述如次：

表 3-2　諸家關於"晨出東方"及"與某宿"的理解

學　者	對"與某宿"的理解		對"晨出東方"等術語的理解	
	太陽所在位置	行星所在位置	首日	一段時間
席澤宗	√			√
陳久金		√		√
何幼琦		√	√	
藪内清	√			√

续　表

學　者	對“與某宿”的理解		對“晨出東方”等術語的理解	
	太陽所在位置	行星所在位置	首日	一段時間
王勝利	√		√	
劉彬徽		√		√
莫紹揆		√		√
墨子涵	√		√	

持“晨出東方”等術語是指一段時間意見的學者，以席澤宗、陳久金先生爲代表。席先生利用現代天文學知識考查行星運行周期表中的資訊是否符合當時的天象，所選取的考察時間爲一個月。[①] 陳先生認爲，《五星占》所説的“晨出東方”就是晨見東方，其意義就是日出前在東方能看見木星，它可以與日同次（小於30°），也可以與日隔次（大於30°）；“晨出”或“晨見”是指晨出現象所持續的一段時間，不同於《漢書・律曆志》中解釋爲晨出首日這樣一個特定時刻的“晨始見”。[②]

何幼琦先生對陳説提出質疑，認爲“晨出東方”不是指木星在一段時間内持續晨出於東方，而是特指木星首日晨出。從史學觀點分析，漢以前用“晨出”，東漢以後用“晨始見”；從語義學分析，晨出與夕入、晨見與夕伏，是兩對相應的反義詞，有内涵的同一性；從天文學方面分析，各種曆志在講到晨見時，都有如“去日半次”的經度差限制及“晨伏十六日”的時間限制。因此，晨見、晨出只能是一日，“與某宿”只能理解爲在某度的一點，即日後十三、四度的地方。[③]

王勝利先生贊同何説并指出，“土星行度表”所附文字中的“見三百四十五日，伏三十二日，凡見三百七十七日而複出東方”（120行）可以印證此説。“見”只能解釋爲“始見”，而不能像陳先生那樣解釋爲“能看見”；在“見三百七十七日”中所包括的那“伏三十二日”是不能看見的。因此，無論在戰國時期，

① 席澤宗：《中國天文史上的一個重要發現——馬王堆漢墓帛書中的〈五星占〉》，《文物》1974年第11期，第28頁。
② 陳久金：《關於歲星紀年若干問題》，《學術研究》1980年第6期，第83—84頁。
③ 何幼琦：《關於〈五星占〉問題答客難》，《學術研究》1981年第3期，第99頁。

還是秦漢時期，“晨出”“晨見”的意義都相當於“晨始見”；古人當時只有從這一認識出發，才有可能談得上去測定五大行星的晨出周期。[①]

我們同意何、王兩位先生的意見。《五星占》中與木星有關的資料也可爲證，如上引“木星占”第1—7行文字的第三小節謂：

> 皆出三百六十五日而夕入西方，伏三十日而晨出東方，凡三百九十五日百五分日，而複出東方。

“三百六十五日”的可見狀態與“三十日”的伏行狀態相加等於“三百九十五日”的會合周期。作爲該運算的節點，“晨出東方”與“夕入西方”只能理解爲一日，而不能理解爲一段時間。

至若“與某宿”，以陳久金先生爲代表的學者據傳世文獻相關記載認爲，它當指行星所在位置。由於木星每年行一次，太陽每年行一周天而每月行一次，因此每年必然會有一個月出現木星與太陽同處一次的現象。[②]

席澤宗先生最早提出，“與某宿”是指太陽所在位置。席先生對“木星行度表”所載歷史年份的天象進行考察，發現表中的星宿位置與當時太陽所在位置正相合，而與木星所在位置存在一定的差值，因此提出“與某宿”表示太陽位置的看法。[③] 藪内清先生也進行了類似的考察，并得出同樣的結論。[④]

墨子涵先生在研究金星運行周期資料時指出，“與某宿”是指太陽所在位置比較容易證明。第一，在上合前後，[⑤]金星在太陽東到西邊要“浸行百廿日”，而在下合前後，從西到東才“伏十六日九十六分”而出，這是因爲在内合前後金星在逆行，跟太陽走的是相反的方向。那在金星逆行的這一階段，所“與”的宿次則繼續往前平行，因而只能是指太陽。再者，與古度日躔表一比就知道正月—營室等是太陽所在，行星要是該月處該宿的話，説明正與太陽會合中，

---

① 王勝利：《星歲紀年管見》，《中國天文學史文集》第5集，北京：科學出版社，1989年，第90頁。

② 陳久金：《關於歲星紀年若干問題》，《學術研究》1980年第6期，第82—87頁。

③ 席澤宗：《中國天文史上的一個重要發現——馬王堆漢墓帛書中的〈五星占〉》，《文物》1974年第11期，第28頁。

④ [日] 藪内清：《關於馬王堆三號墓出土的五星占》，《科學史譯叢》1984年第1期，第54—55頁。

⑤ 行星、太陽和地球處在一條直綫上，并且行星和太陽又在同一方向時，叫“合”。對於金、水等内行星來説，太陽在行星和地球之間叫“上合”，行星在太陽、地球之間叫“下合”。

因而無法看見。①

我們同意墨子涵先生的説法。通過下文對"木星行度表"所載七十年天象的考察可知,"與某宿"是指太陽所在位置無疑。

2. 天文學解讀

由於兩條資料中的太陽位置較爲一致,學者多將兩條資料所載天象放在一起來考察。考察的方法可概括爲兩類:

一類以席澤宗、藪内清等先生爲代表,是以"與某宿"所述太陽位置爲出發點,推算太陽在此星宿的時間範圍,以及該時間範圍内的木星位置,最後據木星與太陽的黄經差來判斷"晨出東方"是否符合實際。② 此類考察方法的思路没有問題,但兩位先生的考察過程值得商榷。據此後的學者指出,《五星占》在觀測時使用的不是後世慣用的"今度"系統,而是"古度"系統。③ 但兩位先生是使用"傳統距度"系統來與"木星行度表"中的星宿進行比較。

另一類以墨子涵先生爲代表,是據兩條資料中首年"與營室晨出東方"的記載而以文獻所載正月立春時太陽所在的"營室五度"爲起點,并以兩條資料所載的 395 日或通過計算得到的十三個太陽月爲一個會合周期的時間,來推算每次"晨出東方"時太陽的位置。④ 此外,宋會群先生也進行過類似的考察,但誤將"與某宿"理解爲木星位置。墨子涵先生的考察也存在著問題:第一,傳世文獻中木星以正月立春"晨出東方"的説法是一種理想狀態,未必符合秦始皇元年至漢文帝三年的實際情況,因此不能用來當作天文學考察的起點位置。第二,木星會合周期的實際時間約爲 398.88 日,與資料所載的 395 日或

---

① ［美］墨子涵:《從周家臺〈日書〉與馬王堆〈五星占〉談日書與秦漢天文學的互相影響》,《簡帛》第 6 輯,上海:上海古籍出版社,2011 年,第 124 頁。

② 席澤宗:《中國天文史上的一個重要發現——馬王堆漢墓帛書中的〈五星占〉》,《文物》1974 年第 11 期,第 28 頁;［日］藪内清:《關於馬王堆三號墓出土的五星占》,《科學史譯叢》1984 年第 1 期,第 54—55 頁。

③ 中國古代存在兩種類型的距度系統:一類是落下閎等人所測的二十八宿距度數值,成爲"今度";一類是太初之前古曆中所用的二十八宿距度數值,稱爲"古度"。參看王建民、劉金沂《西漢汝陰侯墓出土圓盤上二十八宿古距度的研究》,《中國古代天文文物論集》,北京:文物出版社,1989 年,第 59—68 頁;宋會群、苗雪蘭《論二十八宿古距度在先秦時期的應用及其意義》,《自然科學史研究》1995 年第 2 期,第 146—151 頁;程少軒《放馬灘簡〈星度〉新研》,《自然科學史研究》2014 年第 1 期,第 25—33 頁。

④ ［美］墨子涵:《從周家臺〈日書〉與馬王堆〈五星占〉談日書與秦漢天文學的互相影響》,《簡帛》第 6 輯,上海:上海古籍出版社,2011 年,第 134—135 頁。

十三個太陽月的 $395\frac{33}{48}$日存在偏差，導致推算結果也與實際情況不符。實際上，木星的會合周期約爲十二年循環 11 次，而不是墨子涵先生通過推算得出的十四年循環 13 次或十三年循環 12 次。

在此前研究的基礎上，我們對"木星行度表"及"木星行度二"所載木星"晨出東方"時太陽的位置進行重新考察。具體思路是，從"晨出東方"的定義（即木星首次晨出時木星與太陽黄經差）出發，利用 Stellarium 軟件①推算此黄經差的實際發生時間及該時間的太陽位置，最後將太陽的實際位置换算到"古距度"系統中，來與兩條資料所載星宿位置進行比較。

古人對木星首次晨出時與太陽黄經差有不同的説法，據《漢書・律曆志》所載爲十五度，而據《後漢書・律曆志》爲十三度。《五星占》對木星首次晨出時黄經差的認識，可依據《木星十二歲》後面的第三小節的文字及《木星運行周期表》所附説明文字進行推算。古人以一周天爲 $365\frac{1}{4}$度，已知太陽每日行 1 度，木星每日行$\frac{1}{12}$度（"日行二十分"），伏行狀態爲 30 日，則木星首次晨出時與太陽黄經差爲：

$$1\times\frac{30}{2}-\frac{1}{12}\times\frac{30}{2}=13.75$$

古人以一周天爲 $365\frac{1}{4}$度，我們再將此資料换算爲今值：

$$13.75\times\frac{360}{365.25}\approx13.552\ 361\ 4$$

將此數值取整數可知，《五星占》中木星首次晨出時黄經差應爲 14 度。

這樣，我們可以從木星與太陽黄經差爲 14 度出發，并取北緯 28°，東經 113°（大致爲馬王堆帛書出土地的位置）爲 Stellarium 軟件的位置座標，同時

---

① Stellarium 是一款虛擬星象儀的計算機軟件。它可以根據觀測者所處的時間和地點，計算天空中太陽、月球、行星和恒星的位置，并將其顯示出來。

依據程少軒先生《放馬灘簡〈星度〉新研》一文對"古度"系統的復原方案，[①]推算《木星運行周期表》所載七十年"晨出東方"時太陽的實際位置。推算結果見於表3－3：

表3－3　秦始皇元年至漢文帝三年"晨出東方"時太陽的位置

年　份	儒略日期(公元前)	太陽位置(°)	木星位置(°)
秦始皇元年	無"晨出東方"		
二年	245年2月11日	室(318)	304
三年	244年3月19日	奎(355)	341
四年	243年4月26日	昴(31)	17
五年	242年6月3日	井(67)	53
六年	241年7月7日	柳(100)	86
七年	240年8月9日	張(132)	118
八年	239年9月9日	軫(162)	148
九年	238年10月9日	氐(192)	178
十年	237年11月8日	心(223)	209
十一年	236年12月9日	斗(254)	240
十二年	234年1月11日	虛(288)	274
十三年	無"晨出東方"		
十四年	233年2月17日	室(324)	310
十五年	232年3月25日	婁(0)	346
十六年	231年5月2日	畢(37)	23

① 程少軒：《放馬灘簡〈星度〉新研》，《自然科學史研究》2014年第1期，第25—33頁。

续　表

年　份	儒略日期(公元前)	太陽位置(°)	木星位置(°)
十七年	230 年 6 月 8 日	井(72)	58
十八年	229 年 7 月 12 日	柳(105)	91
十九年	228 年 8 月 13 日	張(136)	122
二十年	227 年 9 月 13 日	軫(166)	152
二十一年	226 年 10 月 13 日	氐(196)	182
二十二年	225 年 11 月 12 日	尾(227)	213
二十三年	224 年 12 月 14 日	斗(259)	245
二十四年	222 年 1 月 16 日	虚(293)	279
二十五年	無“晨出東方”		
二十六年	221 年 2 月 22 日	室(329)	315
二十七年	220 年 3 月 31 日	婁(6)	352
二十八年	219 年 5 月 7 日	畢(42)	28
二十九年	218 年 6 月 12 日	井(76)	62
三十年	217 年 7 月 16 日	柳(109)	95
三十一年	216 年 8 月 17 日	翼(140)	126
三十二年	215 年 9 月 18 日	角(171)	157
三十三年	214 年 10 月 18 日	氐(201)	187
三十四年	213 年 11 月 17 日	尾(232)	218
三十五年	212 年 12 月 18 日	斗(264)	250
三十六年	210 年 1 月 21 日	虚(298)	284

续　表

年　　份	儒略日期(公元前)	太陽位置(°)	木星位置(°)
三十七年	無"晨出東方"		
張楚三十八年	209 年 2 月 27 日	壁(334)	320
三十九年	208 年 4 月 5 日	胃(11)	357
四十年	207 年 5 月 13 日	畢(47)	33
漢高帝元年	206 年 6 月 17 日	井(81)	67
二年	205 年 7 月 21 日	星(114)	100
三年	204 年 8 月 22 日	翼(145)	131
四年	203 年 9 月 22 日	角(175)	161
五年	202 年 10 月 22 日	氐(205)	191
六年	201 年 11 月 21 日	箕(236)	222
七年	200 年 12 月 23 日	斗(269)	255
八年	198 年 1 月 26 日	危(303)	289
九年	無"晨出東方"		
十年	197 年 3 月 3 日	壁(339)	325
十一年	196 年 4 月 10 日	胃(16)	2
十二年	195 年 5 月 18 日	觜(52)	38
漢惠帝元年	194 年 6 月 23 日	井(86)	72
二年	193 年 7 月 25 日	星(118)	104
三年	192 年 8 月 26 日	翼(149)	135
四年	191 年 9 月 27 日	角(180)	166

续 表

年　份	儒略日期(公元前)	太陽位置(°)	木星位置(°)
五年	190 年 10 月 27 日	房(210)	196
六年	189 年 11 月 25 日	箕(241)	227
七年	188 年 12 月 27 日	牛(273)	259
高皇后元年	186 年 1 月 31 日	危(308)	294
二年	無“晨出東方”		
三年	185 年 3 月 9 日	壁(345)	331
四年	184 年 4 月 15 日	胃(21)	7
五年	183 年 5 月 23 日	參(57)	43
六年	182 年 6 月 28 日	井(91)	77
七年	181 年 7 月 30 日	星(123)	109
八年	180 年 8 月 31 日	軫(154)	140
漢文帝元年	179 年 10 月 1 日	亢(184)	170
二年	178 年 10 月 31 日	心(214)	200
三年	177 年 11 月 29 日	斗(245)	231

通過上述考察，可以得到以下認識：

第一，木星的會合周期約爲十二年循環十一次。

第二，每個“十二年循環”的首年，即秦始皇元年、十三年、二十五年、三十七年，漢高帝九年，高皇后二年皆無“晨出”。這是因爲，“晨出東方”正好發生在上一年的十二月及下一年的正月。

第三，“晨出東方”時的太陽位置的排列，其實是從“十二年循環”中的第二年開始，至第十二年結束，形成一個“十一年循環”的星宿序列。

第四，不同時期的星宿序列也不固定。這是因爲，"木星超次"現象導致每隔十二年木星會超前 5°—6°，從而導致與木星位置存在對應關係的太陽位置隨之超前。

我們還對秦始皇元年以前"晨出東方"時太陽的位置進行了考察：

表 3－4　秦始皇元年以前"晨出東方"時太陽的位置

儒略日期（公元前）	太陽位置（°）	木星位置（°）	儒略日期（公元前）	太陽位置（°）	木星位置（°）
無"晨出東方"			252 年 8 月 4 日	張(127)	113
257 年 2 月 6 日	室(313)	299	251 年 9 月 5 日	軫(158)	144
256 年 3 月 14 日	奎(350)	335	250 年 10 月 5 日	亢(188)	174
255 年 4 月 21 日	昴(26)	12	249 年 11 月 3 日	心(218)	204
254 年 5 月 28 日	參(61)	47	248 年 12 月 5 日	斗(250)	236
253 年 7 月 2 日	鬼(95)	81	246 年 1 月 7 日	女(283)	269

三、《五星占》所見木星運行周期資料的編纂方式及與傳世文獻的比較

1. 對《五星占》編纂方式的推測

爲方便討論，我們對考察結果中不同時期的星宿序列進行命名，將秦始皇元年以前的十一年稱爲"星宿序列 A"，將秦始皇二年至十二年稱爲"星宿序列 B"，將秦始皇十四年至二十四年稱爲"星宿序列 C"，依此類推。考察結果中各星宿序列可與《五星占》所見木星運行周期資料中的星宿序列進行比較：

表 3－5　《五星占》所見星宿序列與考察結果中各星宿序列的比較

《木星運行周期表》	室—壁—婁—畢—井—柳—張—軫—亢—心—斗—女
《木星十二歲》	室—壁—胃—畢—井—柳—張—軫—亢—心—斗—虛
星宿序列 A	**室**—□—奎—昴—參—鬼—**張**—**軫**—**亢**—**心**—**斗**—**女**

续　表

星宿序列 B	室—□—奎—昴—井—柳—張—軫—氐—心—斗—虚
星宿序列 C	室—□—婁—畢—井—柳—張—軫—氐—尾—斗—虚
星宿序列 D	室—□—婁—畢—井—柳—翼—角—氐—尾—斗—虚
星宿序列 E	□—壁—胃—畢—井—星—翼—角—氐—箕—斗—危
星宿序列 F	□—壁—胃—觜—井—星—翼—角—房—箕—牛—危

我們認爲，爲解决恒星周期"十二年循環"與"晨出東方"時太陽位置"十一年循環"的矛盾，《五星占》編纂者是將"十一年循環"之首年可能出現的室、壁兩宿拆分在前兩年中，與其他十年的星宿構成"十二年循環"。

以此認識爲基礎，我們可以將《木星運行周期表》與《木星十二歲》中的室、壁二宿合爲一宿，也形成"十一年循環"。將此"十一年循環"與實際觀測中的各"十一年循環"進行對比，還可以發現更多的規律：

第一，星宿序列 A 中的後六宿"張—軫—亢—心—斗—女"與《木星運行周期表》完全一致，與《木星十二歲》僅有一宿不同(女—虚)。

第二，星宿序列 B 中的後八宿"井—柳—張—軫—氐—心—斗—虚"與《木星運行周期表》僅有一宿不同(氐—亢)，與《木星十二歲》也很相似。

第三，綜合來看，星宿序列 C 中的星宿與《木星運行周期表》及《木星十二歲》相似度最高，與《木星運行周期表》有三宿不合(氐、尾、虚)，與《木星十二歲》有二宿不合(氐、尾)。

第四，星宿序列 D 中的前五宿"室—婁—畢—井—柳"與《木星運行周期表》完全一致，與《木星十二歲》僅有一宿不同(婁—胃)。

第五，星宿序列 E 中的前四宿"壁—胃—畢—井"與《木星十二歲》完全一致，與《木星運行周期表》僅有一宿不同(胃—婁)。

據此我們推測，《木星運行周期表》及《木星十二歲》是雜糅了不同時期"晨出東方"時太陽位置的資料。兩條資料可能是以秦始皇元年至三十六年間的觀測記録爲基礎，其中個别星宿如女、亢兩宿則參考了秦始皇元年以前的觀測記録，一部分星宿序列如"壁—胃—畢—井"還參考了張楚年間至漢高帝元年的觀測記録。

2. 相關傳世文獻解析

與《五星占》所見木星運行資料類似的内容,亦見於《開元占經》[①]卷二十三"歲星行度二"引甘氏、[②]《淮南子·天文》、《史記·天官書》及《漢書·天文志》等傳世文獻(僅以各文獻首段文字爲例):

- 名攝提格之歲,攝提格在寅,歲星在丑,以正月與建斗、牽牛、婺女晨出於東方,爲日十二月,夕入於西方,其名曰監德,其狀蒼蒼若有光。其國有德,乃熱泰稷;其國無德,甲兵惻惻。其失次,將有天應見於輿鬼。其歲早水而晚旱。(《開元占經》卷二十三"歲星行度二"引甘氏)
- 太陰在寅,歲名曰攝提格。其雄爲歲星,舍斗、牽牛,以十一月與之晨出東方,東井、輿鬼爲對。(《淮南子·天文》)
- 以攝提格歲:歲陰左行在寅,歲星右轉居丑。正月與斗、牽牛晨出東方,名曰監德。色蒼蒼有光。其失次,有應見柳。歲早水、晚旱。(《史記·天官書》)
- 太歲在寅曰攝提格。歲星正月晨出東方,石氏曰名監德,在斗、牽牛。失次,杓,早水,晚旱。甘氏在建星、婺女。太初曆在營室、東壁。(《漢書·天文志》)

以上文獻主要介紹木星與假想天體[③]的對應關係,并對木星的恒星周期與會合周期進行介紹。關於四種文獻的撰成年代,當以甘氏爲最早。陶磊先生指出,甘氏中"攝提"的運行象徵北斗的運行。攝提、太陰、歲陰、太歲四者,惟攝提爲實物,其餘皆爲虛擬之神,從事物發展一般規律看,攝提當出現最早。[④] 我們同意此説。甘氏内容早於其他文獻的另一個證據是,甘氏中的星宿位置排列不如其他文獻整齊,應來源於天文實測;其他文獻中的星宿位置則

---

① 《開元占經》爲唐代開元年間瞿曇悉達所撰的天文典籍,保存了唐以前大量的天文資料。

② 古代天文典籍在徵引天文學家説法時會只舉姓氏而不記名字,此處的甘氏即爲戰國時期著名天文學家甘德所著,後文提到的石氏則爲與甘德同時代的石申所著。這些文獻多已亡佚,部分内容被《開元占經》等典籍所保存。

③ 甘氏之"攝提"、《淮南子》之"太陰"、《史記》之"歲陰",《漢書》之"太歲",我們暫統稱爲"假想天體"。

④ 陶磊:《〈淮南子·天文〉研究——從數術史的角度》,濟南:齊魯書社,2003年,第94頁。

嚴格依照以下對應規則排列，以服務於紀年與星占的需要：

> 大陰居維辰一，歲星居維宿星二；大陰居中辰一，歲星居中宿星三（《五星占》第19—20行）

> • 太陰在四仲，則歲星行三宿；太陰在四鉤，則歲星行二宿。二八十六，三四十二，故十二歲而行二十八宿。（《淮南子·天文》）

關於恒星周期的描述，具有以下幾個特點：

第一，甘氏之"在某次"、《淮南子》之"舍某宿"、《史記》之"居某次"及《漢書》之"在某宿"與假想天體位置構成一定的對應關係，因此不是太陽位置，而只能是木星位置。

第二，傳世文獻中的木星位置與木星失次時出現的"天應"所在位置構成對衝關係。如據甘氏所載，木星在丑次，則"天應"見於輿鬼（未次），"丑-未"爲一組對衝關係。

對會合周期描述的共同點是，在攝提格之歲木星"晨出東方"皆在斗、牛等宿。但關於相應的月份，以上文獻有兩種不同説法：據《淮南子》所載，"晨出東方"是在十一月；而據其他文獻所載，"晨出東方"是在正月。

判斷哪種説法較爲合理，可以以每年十二個月内太陽所在星宿爲參考。這是因爲，"晨出東方"時木星與太陽黄經差在15度以内而未超一次，故木星所在星宿與太陽所在星宿相同或相近；且每個月太陽所在星宿較爲固定，適合作爲參考。

每月的太陽所在星宿，學界多稱爲"日躔"。近些年來，與"日躔"有關的出土資料不斷涌現。[①] 在這些資料中，斗、牛二宿皆與十一月對應。

由此可見，《淮南子》的説法較爲合理。《淮南子》謂"歲名曰攝提格。……舍斗、牽牛，以十一月與之晨出東方"，是説攝提格之歲木星"晨出東方"是在十一月，此時木星與太陽皆在斗、牛二宿。

---

① 這些資料主要包括九店楚簡《十二月宿位》，睡虎地秦簡"直心"篇、"除"篇、"玄戈"篇，放馬灘秦簡"星分度"篇、"天閻"篇，馬王堆帛書《出行占》，孔家坡漢簡"星官"篇、"直心"篇，北大漢簡《堪輿》《雨書》及汝陰侯墓的六壬式盤等。

甘氏所載與《淮南子》稍有不同,但也符合邏輯。“名攝提格之歲,……以正月與建斗、牽牛、婺女晨出於東方,爲日十二月,夕入於西方”是説攝提格之歲木星“晨出東方”是在正月,而“夕入西方”是在十二月,此年木星位置包括斗、牛、女等多個星宿,因此不是講“晨出東方”這一特定時刻的木星位置,而是講“晨出”至“夕入”整個可見階段的木星位置。

《史記》所載與甘氏頗爲近似,應有共同的來源,但兩者并非完全相同。在傳抄過程中,《史記》將“夕入”省略,致使含義有所變化,應理解爲“晨出東方”這一特定時刻的木星位置,這與《淮南子》説法不同。以“日躔”説法爲參考,《史記》所載不符合天文學原理,攝提格之歲木星在斗、牛二宿“晨出東方”的發生時間應爲十一月,而非正月。而《漢書》所載應源於《史記》,故亦繼承《史記》的矛盾之處。

綜上所述,關於恒星周期,以上文獻的描述較爲一致,且較爲合理。但關於會合周期,以上文獻的描述存在差異。其中,甘氏與《淮南子》代表了對木星運行周期的兩種描述方式:甘氏中的木星位置對應了“晨出”至“夕入”的一段時間,而《淮南子》中的木星位置對應的是“晨出東方”這一特定時刻。《史記》與《漢書》的説法源自甘氏但有删改,致使與《淮南子》説法存在矛盾之處。

3.《五星占》與傳世文獻的比較

《五星占》與相關傳世文獻所見木星運行周期資料最重要的區别在於:《五星占》只提到了“歲名”與“會合周期”,其中的星宿是指太陽位置,而“恒星周期”只體現在對十二歲名的排列上;傳世文獻的一般格式是“歲名+假想天體位置+木星恒星周期+木星會合周期”,在主要描述恒星周期時兼述會合周期,其中的星宿指木星位置。兩者之差異,反映了歲星紀年或太歲紀年①的演變過程:

傳世文獻的描述以恒星周期爲主,以太歲位置及木星位置與歲名構成對應關係,是出於太歲紀年的需要。這些傳世文獻存在兩種太歲紀年類型:甘氏、《淮南子》、《史記》所載是一種類型,即“太歲在寅而木星在丑”,流行於戰國時期,多應用于《左傳》《國語》等典籍;《漢書》所載是另一種類型,即“太歲在寅

① 春秋戰國時代,各國發現木星十二年運行一周天的規律,於是始以木星位置變化來紀年,稱爲“歲星紀年”。後來由於使用不便,又假想出運行方向與木星相反的假想天體,用以紀年,成爲“太陰紀年”或“太歲紀年”。

而木星在亥”，是出於漢武帝時期行用太初曆的需要，這一時期由於“木星超次”，木星位置發生了改變。而在傳世文獻中，會合周期并非主旨，只是附帶性質的描述，因此會出現矛盾之處。

《五星占》未提太歲位置及恒星周期中的木星位置，而是以會合周期中的太陽位置與歲名構成對應關係，我們有理由懷疑，這是出於秦始皇時期改用顓頊曆的需要。曆法之元年多爲太歲在寅之年。據上文天文學考察可知，秦始皇元年木星位置在“子次”，①如果按戰國時期“太歲在寅而木星在丑”的搭配關係，太歲應在卯而非寅，這并不符合作爲曆法之元年的條件。但據《五星占》所述，秦始皇元年爲木星、土星、金星同時在正月“晨出東方”之年，②這爲顓頊曆以秦始皇元年爲曆法之元年提供了依據。

第二節 談馬王堆帛書《五星占》中的“大鎣”及相關問題

一、文本復原與結構分析

本節所討論的“大鎣”一詞，見於馬王堆帛書《五星占》“水星占”章的一段文字中。《長沙馬王堆漢墓簡帛集成》（下文作《集成》）在幾種主要釋文意見的基礎上，將這段文字整理爲：

> 【□□】與它星遇而斲（鬬），天下大乳（亂）。其入大白之中，若痲（摩）近繞環之，爲大戰，趮（躁）勝34下静也。辰星廁（側）而逆之，利；廁（側）而倍（背）之，不利。曰大鎣，是一陰一陽，與【□□□□□□35上□□□□□□□】侯王正卿必見血兵，唯過章₌（章章），其行必不至巳，而反入於東方。35下其見（現）而遬（速）入，亦不爲羊（祥），其所之，侯（侯）王用昌ᒪ。其陰而出於西方，唯其【□□□□36上□□□□】兵，唯過彭₌（彭彭），其行

① 推導過程爲，秦始皇二年正月，木星位於危宿（304°），説明上一年木星的位置主要在女、虚危等宿，相當於十二次中的子次。

② 筆者利用 Stellarium 軟件對《五星占》中土、金二星的運行周期表進行考察，發現兩星確如《五星占》所述，在秦始皇元年正月晨出東方。而據我們的考察結果，木星晨出東方時刻是在上一年的十二月，也距秦始皇元年正月不遠。

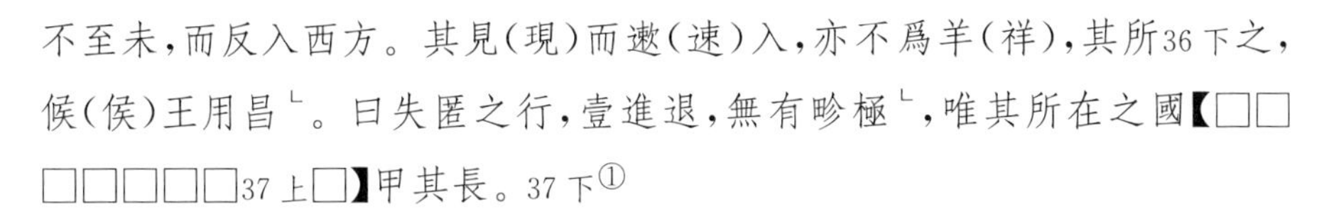
不至未，而反入西方。其見(現)而遬(速)入，亦不爲羊(祥)，其所36下之，侯(侯)王用昌└。曰失匿之行，壹進退，無有畛極└，唯其所在之國【□□□□□□□37上□】甲其長。37下[①]

鄭慧生先生在《古代天文曆法與研究》一書中據36行“其陰而出於西方，唯”將35行的缺文補作“其陽而出於東方，唯”，又據35行“侯王正卿必見”將36行的缺文補作“侯王正卿必見”。[②] 可惜該書重點是對《五星占》進行語譯，此意見只在注釋中作簡要説明，故未能引起廣泛注意。我們注意到這幾句格式整齊、對仗工整，可根據辭例和文義的對比補足部分缺文。在鄭先生意見的基礎上，參考《集成》圖版及釋文的缺文字數，將35行缺文補作“其陽而出於東方，唯其□”，36行缺文補作“□，侯王正卿必見血”。經復原後，這段文字根據我們的理解(關於占辭結構的意見可參看下文)可整理爲：

【辰星】[③]與它星遇而斲(鬬)，天下大乳(亂)。

其入大白之中，若摩近繞環之，爲大戰，趮(躁)勝34下靜也。

辰星廁(側)而逆之，利；廁(側)而倍(背)之，不利。

曰大犛，是一陰一**陽**，與【□□□】。

【其陽而35上出於東**方**】，【唯其□】，侯王正**卿**，必見血**兵**。唯過**章**=(章章)，其行必不至巳，而反入於東**方**。35下

其見(現)而遬(速)入，亦不爲**羊**(祥)，其所之，侯(侯)王用**昌**。

其陰而出於西**方**，唯其【□】，【侯王正36上**卿**】，【必見血】**兵**。唯過**彭**=(彭彭)，其行[④]不至未，而反入西**方**。

其見(現)而遬(速)入，亦不爲**羊**(祥)，其所36下之，侯(侯)王用**昌**。

曰失匿之**行**，壹進退，無有畛極。唯其所在之國，【□□□□□□□37上□】甲其**長**。37下

---

① 裘錫圭主編：《長沙馬王堆漢墓簡帛集成(肆)》，第231頁。

② 鄭慧生：《古代天文曆法研究》，鄭州：河南大學出版社，1995年，第199頁。

③ 據傳世文獻所載，此處缺文可補爲“辰星”。

④ 此處少一“必”字。或“其行必不至巳”之“必”爲衍文，或此處漏抄。下面的“而反入西方”，較“而反入於東方”少一“於”字，與之同理。

後半部分文字是一段韻文，其中“陽、方、卿、兵、章、羊、昌、彭、行、長”諸字皆押陽部韻，[①]這可作爲上述訂補意見的旁證。

此前研究或將這段文字與“水星占”章的其他文字區分出來但分爲不同的三段占辭，[②]或未將其與其他文字進行區分。[③] 通過復原，以上文字的内容較成體系，是可獨立成段的占辭。“大鎣”作爲此段占辭的貞測天象，在現代天文學中是指“金水相合”。“合”作爲天文術語，是指從地球觀察，兩個或以上天體在天球上有相同的黄經。該占辭是據辰星、太白黄經相同進行貞測，爲行文方便，可暫將之命名爲“金水合占”。[④] 其主要結構可用表 3－6：

表 3－6 《金水合占》結構

<table>
<tr><td>第一層次</td><td colspan="2">辰星與它星遇而鬬，天下大亂。</td></tr>
<tr><td>第二層次</td><td colspan="2">其入大白之中……曰大鎣……</td></tr>
<tr><td>第三層次</td><td>若摩近繞環之，爲大戰，躁勝静也。
辰星側而逆之，利；
側而背之，不利。</td><td>是一陰一陽，與□□□
其陽而出於東方，唯其□，侯王正卿，必見血兵。
唯過章章，其行必不至巳，而反入於東方。
其陰而出於西方，唯其□，侯王正卿，必見血兵。
唯過彭彭，其行不至未，而反入西方。</td></tr>
</table>

① “唯其所在之國”之“國”最初應該作“邦”，“邦”爲東部字，可入韻，後避劉邦諱而改。强證是《五星占》太白占部分謂“四角有功，五角取國，七角伐王”，“國”本當作“邦”，“功、邦、王”押東陽合韻。《五星占》中絶大多數“國”都是由“邦”所改。

② 第一段是“□□與它星遇而鬬，天下大亂”，第二段是“其入大白之中，若摩近繞環之，爲大戰，躁勝静也”，第三段是“辰星側而逆之，利；側而背之，不利。曰大鎣，是一陰一陽……”。參看劉樂賢《馬王堆天文書考釋》，廣州：中山大學出版社，2004 年，第 54—56 頁。

③ 馬王堆漢墓帛書整理小組：《馬王堆漢墓帛書〈五星占〉釋文》，《中國天文學史文集》第 1 集，北京：科學出版社，1978 年，第 7 頁；鄭慧生：《古代天文曆法研究》，第 199 頁；陳久金：《帛書及古典天文史料注析與研究》，臺北：萬卷樓圖書股份有限公司，2001 年，第 123—126 頁；裘錫圭主編：《長沙馬王堆漢墓簡帛集成(肆)》，第 231 頁。

④ 太白貞測部分中亦有關於辰星與太白犯或合的占辭。下文所稱的“金水合占”，如無特殊説明，均指辰星貞測部分的占辭。以往研究多將以五星之間關係進行貞測的占辭稱爲“五星總論”，以區别於專以某星的屬性、狀態及運行情况進行貞測的“五星專論”。劉樂賢先生指出，《五星占》編纂方式與《史記・天官書》最爲相似，是將總論五星的文句抄録在五星專論的章節中。所不同者，《天官書》將五星總論抄在填星(土星)部分，《五星占》則將五星總論抄在了太白部分(劉樂賢：《馬王堆天文書考釋》，第 209 頁)。本文所討論的“金水合占”由於較爲殘損未能引起此前研究的注意，據上文所述無疑當屬五星總論。這説明，《五星占》關於五星總論的内容雖集中抄録於“金星占”章中，但仍有一部分夾雜於其他章節中。關於《五星占》的編纂方式等問題較爲複雜，我們將另撰專文加以探討。

第一層次爲“辰星與它星遇而鬬，天下大亂”，介紹了辰星與包括太白在内的其他四星相犯、相合的貞測結果，爲下文介紹“大鎣”作鋪墊。劉樂賢先生指出，此句與《漢書·天文志》描述辰星運行的文字“與它星遇而鬬，天下大亂”類似。①

第二層次是第一層次的子集，包括“其入大白之中”“曰大鎣”。“其入大白之中”，是指辰星與太白相犯、相合。以往研究對“大鎣”的釋讀頗有分歧。帛書整理小組發表的《五星占》釋文將“曰”誤釋爲“日”，認爲“大鎣”是與日有關的某種天象。② 劉樂賢先生懷疑，“大鎣”似是一個描述辰星干犯太白（金星）情形的術語，惜具體含義無從考證。③ 今按，劉先生的説法較爲合理。古代數術文獻在對某術語進行解釋時，常以“……曰……”或“……是謂……”句式表示該術語與上下文内容密切相關。此處亦不例外，“大鎣”當與“其入大白之中”相應，是描述辰星與太白相犯、相合的術語。④

第三層次是對第二層次的具體説明，包括“若摩近繞環之，爲大戰，躁勝静也。辰星側而逆之，利；側而背之，不利”“一陰一陽……其陽而出於東方……其陰而出於西方……”。這兩部分内容，是根據“大鎣”進行貞測的兩種不同方式。關於前者，劉先生指出，是以辰星與太白相凌或相犯爲占。⑤ 我們同意劉先生的説法，這部分内容，帛書以術語“鬬”稱之，側重於描述兩星相犯，是將辰星與太白看作對立的關係，根據兩星間相對位置貞測吉凶。“摩近繞環”“側而逆”“側而背”等文句，皆是對辰星與太白相對位置關係的描述。關於後者，劉先生猜測，“一陰一陽”可能是指辰星和太白，其中辰星屬水可稱“陰”，太白屬金可稱“陽”；⑥“其陽而出於東方”“其陰而出於西方”等句，可能單獨是以辰星爲占。⑦ 今按，“一陰一陽”不當分别指辰星和太白。“一陰一陽”與“其陽而出於東方”之間僅隔“與□□□”四字，“大鎣”之“一陰一陽”當指“其陽而出於東

① 劉樂賢：《馬王堆天文書考釋》，第 54 頁。
② 馬王堆漢墓帛書整理小組：《馬王堆漢墓帛書〈五星占〉釋文》，第 7 頁。
③ 劉樂賢：《馬王堆天文書考釋》，第 55 頁。
④ 判斷“大鎣”是描述辰星與太白相犯、相合的術語的另一個證據與天文學有關，可參看下文論述。
⑤ 劉樂賢：《馬王堆天文書考釋》，第 54—56 頁。
⑥ 劉樂賢：《馬王堆天文書考釋》，第 55 頁。
⑦ 劉樂賢：《馬王堆天文書考釋》，第 56 頁。

方”“其陰而出於西方”等内容。這部分内容，側重於描述兩星相合，是將辰星與太白視爲一個整體，根據兩星同時出現的東西方位貞測吉凶。

二、“金水合占”解析

1. 星占類文獻中的“相犯”與“相合”

星占類文獻中關於“行星相合”的貞測大多包括“相犯”與“相合”兩類。《史記·天官書》曰：“星同舍爲合，相凌爲鬬。”《史記集解》引孟康曰：“陵，相冒占過也。”又引韋昭曰：“突掩爲陵。”[①]《漢書·天文志》《晉書·天文志》也有類似記載。

《五星占》中用來描述行星間相對位置關係的術語包括繞、環、側、逆、背、抵、出、磨(靡)、用、搏、貫、離、遝等。[②] 除“鬬”以外，《五星占》中此類術語的統稱還作“犯”，如 66 行“凡大星趨相犯也，必戰”。[③] 在後世星占類文獻中，此類術語被統稱爲“相犯”。

《五星占》中用來描述行星同時出現的術語，除“合”以外還作“遇”，如此處“遇而鬬”、17 行“凡占相遇”、[④]63 行“凡五星五歲而一合，三歲而遇”等。[⑤]“合”作爲星占術語，與其作爲天文術語的含義相近，指日、月、諸星同舍或同光。如《乙巳占》卷三“占例第十六”曰：“合者，二星相逮，同處一宿之中。”[⑥]卷四“星官占第二十三”曰：“凡五星之内，有三星已上同宿爲合。”[⑦]《開元占經》卷六十四“順逆略例五”引甘氏曰：“日、月、五星與宿星同舍，爲合。”同卷引石氏曰：“芒角相及，同光，爲合。”同卷引巫咸曰：“諸舍精相遝，爲合。”同卷引《荆州占》曰：“相去一尺内，爲合。”[⑧]

---

① 《史記》卷二七，北京：中華書局，2014 年，第 1576 頁。
② 相關辭例，主要參看《五星占》“水星占”與“金星占”二章。
③ 裘錫圭主編：《長沙馬王堆漢墓簡帛集成(肆)》，第 236 頁。
④ 裘錫圭主編：《長沙馬王堆漢墓簡帛集成(肆)》，第 227 頁。
⑤ 裘錫圭主編：《長沙馬王堆漢墓簡帛集成(肆)》，第 235 頁。
⑥ [唐] 李淳風：《乙巳占》卷三，清光緒十萬卷樓叢書本，薄樹人主編《中國科學技術典籍通匯·天文卷》，鄭州：河南教育出版社，1996 年，第 4 册，第 500 頁。《乙巳占》成書於唐顯慶元年，雜采唐以前諸家星占學説，保存了許多已失傳的文獻資料。參看關增建《乙巳占提要》，薄樹人主編《中國科學技術典籍通匯·天文卷》，鄭州：河南教育出版社，1996 年，第 4 册，第 452 頁。
⑦ [唐] 李淳風：《乙巳占》卷四，第 507 頁。
⑧ [唐] 瞿曇悉達：《唐開元占經》卷六四，文淵閣四庫全書本，《四庫術數類叢書(五)》，上海：上海古籍出版社，1990 年，第 630 頁。《開元占經》爲唐代開元年間瞿曇悉達所撰的天文典籍，保存了唐以前大量的天文資料。

《開元占經》卷六十四"順逆略例五"、[①]《乙巳占》卷三"占例第十六"[②]等文獻皆對這兩類術語進行了系統的説明。

尚須指出，由於數術文獻多摘抄自不同文獻，來源較爲複雜，上述兩類術語之間區分并不嚴格。一方面，兩類術語可爲嚴格的并列關係，如上引《天官書》"星同舍爲合，相凌爲鬭"所述；另一方面，二者亦經常混同，如《天官書》等史志多將兩類術語統稱爲"合"，而《開元占經》等星占類文獻則將其統稱爲"相犯"。爲了行文的方便，在爲帛書此段命名時，我們參考現代天文學以及星占類文獻中的稱謂將兩類占辭統稱爲"合"；在具體討論時，則將兩類占辭嚴格區分。

2."金水合占"字詞疏證

(1) 辰星與太白相犯

"金水合占"第一部分占辭是以辰星與太白相犯進行貞測。其中，"痳近繞環"之"痳"，整理小組直接釋爲"麻"，[③]今從《集成》釋。劉樂賢先生認爲，此字可讀爲"磨"或"靡"。《開元占經》卷六十四"順逆略例五"引甘氏："相切爲磨。"又引石氏："相至爲磨。"又引甘氏："去之寸爲靡。"[④]關於"繞環"，劉先生指出，上文又作"環繞"。《乙巳占》卷三"占例第十六"："環者，星行繞一周。繞者，環而不周。"[⑤]今按，劉先生意見皆可從。"磨""靡"皆爲描述天體間位置關係的術語。析言之，"磨"指兩者相切，"靡"指兩者有一定的距離。《乙巳占》卷三"占例第十六"曰："磨者，傍過而相切逼之。靡者，傍逼過而有間之。"[⑥]傳世文獻常以"磨""靡"與"環""繞""行"等描述行星運行軌迹的術語搭配使用，如《開元占經》卷三十一"熒惑犯房四"引《春秋演孔圖》謂"熒惑磨心環房"，[⑦]同卷

① 據"順逆略例五"所載，"犯"類術語包括乘、犯、侵、淩、環、繞、勾、巳、貫、刺、抵、觸、磨、靡、薄、鬭、食等，"合"類術語包括入、合、舍等。參看[唐]瞿曇悉達《唐開元占經》卷六四，第629—631頁。

② 據"占例第十六"所載，"犯"類術語包括中、乘、犯、侵、淩、抵、觸、經、歷、貫、刺、磨、靡、掩、鬭、同、環、繞、戴、勾、巳、牝牡等，"合"類術語包括合、會、聚、從等。參看[唐]李淳風《乙巳占》卷三，第500—501頁。

③ 馬王堆漢墓帛書整理小組：《馬王堆漢墓帛書〈五星占〉釋文》，第7頁。

④ 劉樂賢：《馬王堆天文書考釋》，第55頁。

⑤ 同上。

⑥ [唐]李淳風：《乙巳占》卷三，第501頁。

⑦ [唐]瞿曇悉達：《唐開元占經》卷三一，第411頁。

“熒惑犯心五”引郗萌謂“磨心以行”。[①]

“側而逆”及“側而背”之“側”，含義與“磨”或“靡”相近。“逆”，當從劉先生意見訓爲“迎”[②]，與“背”相對。由於辰星與太白運行方向、速度不一致，[③]兩星運行難以同步，所以會出現“側而逆”與“側而背”等情況。

(2) 辰星與太白相合

“金水合占”第二部分占辭是以辰星與太白相合進行貞測。辰星與太白皆爲“内行星”，[④]其運行規律與星占意義皆相似。傳世文獻中，太白作“大(太)正”，辰星作“小正”；馬王堆帛書《五星占》中的“小白”雖然不見於傳世文獻，但從文義及帛書文句與傳世文獻對讀等方面看，只能是辰星異名，[⑤]也與“大(太)白”對應。

現代天文學中，内行星在一個會合周期的真實運行規律爲：上合—東大距—留—下合—留—西大距—上合。[⑥] 在對内行星運行規律進行描述時，“合”是指内行星、太陽和地球處在一條直綫上，其中“上合”指太陽在地球和内行星之間，“下合”指内行星在太陽和地球之間；“留”是指當内行星接近和遠離下合時其視運行停留不動的現象；“大距”是指内行星的視運行離太陽最遠的位置，爲觀測的最佳時機。如圖 3－1 所示。

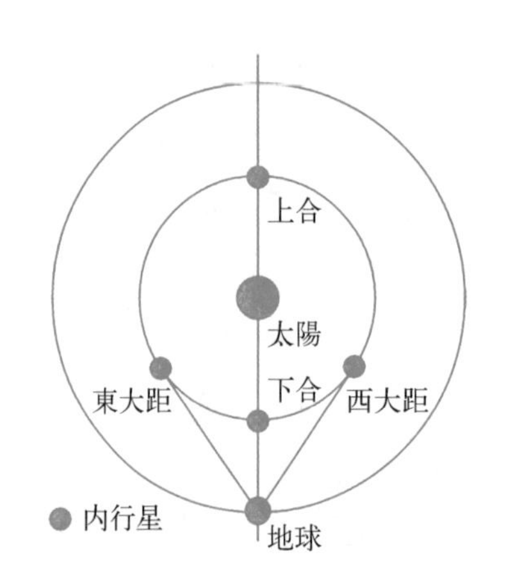

圖 3－1 内行星在一個會合周期内的真實運行情況

關於内行星在一個會合周期内的視運行情況，席澤宗先生已經做了很好的闡述：

① [唐] 瞿曇悉達：《唐開元占經》卷三一，第 414 頁。
② 劉樂賢：《馬王堆天文書考釋》，第 55 頁。
③ 行星的運行分爲兩種：一種是“真實運行”，即行星在黄道面圍繞太陽進行的公轉運行；另一種是“視運行”，即地面觀測者觀測到的行星運行。此處是指視運行。
④ 五星之中，木星、火星、土星的繞日運行軌道在地球以外，稱爲“外行星”；金星與水星的繞日運行軌道在地球以内，稱爲“内行星”。
⑤ 劉樂賢：《馬王堆天文書考釋》，第 198 頁。
⑥ 會合周期是指天體的相對位置循環一次的時間。

就内行星來説，上合以後行星出現在太陽的東邊，表現爲夕始見。此時在天空中順行，由快到慢，越來離太陽越遠；過了東大距以後不久，經過留轉變爲逆行；過下合以後表現爲晨始見；再逆行一段，又表現爲順行，由慢到快，過西大距以至上合，周而復始。[①]

文獻中關於辰星運行的材料比較少見，而關於太白運行的材料較爲豐富。《五星占》中描述太白運行規律的材料即見於三處：39—41 行的太白占辭、127—141 行的“太白行度表”[②]與 142—145 行關於此表的説明文字。[③] 傳世文獻中，也有不少類似的説法，如劉書提到的《開元占經》卷四十五“太白行度二”所引的甘氏與石氏、《淮南子・天文》《史記・天官書》等。[④] 這是因爲，辰星距離太陽較近(距角最大值爲 28°)，多數情况下被平旦或黄昏的日光所淹没，只在大距附近時才能看到；太白距離太陽較遠(距角最大值爲 48°)，多數情况下都能看見。值得注意的是，《乙巳占》卷四“五星占第二十二”中有如下一段文字，共同描述了辰星、太白的運行規律：

- 至於金、水二星，則又甚耳。晨見東方，平旦當丙巳之地，便速行以追日，及之，伏。伏與日合。合後出於西方，速行，昏時至丁未之地，即遲行待日，而又伏焉。[⑤]

“平旦當丙巳之地”“昏時至丁未之地”[⑥]兩句正與帛書此段“不至巳、未”的説法相應。上文根據“……曰……”句式的特點，判斷“大鍪”是描述辰星與太白相犯、相合的術語。支持此觀點的另一個證據就是，“不至巳、未”必指辰星、太白共同運行。由於距角較小，辰星肯定不會運行到巳位與未位，故不必專門説明；而太白有時會經過巳、未運行至午位，發生“太白經天”。只有在兩星共同運行

---

① 席澤宗：《中國天文學史的一個重要發現——馬王堆漢墓帛書中的〈五星占〉》，收入氏著《古新星新表與科學史探索》，西安：陝西師範大學出版社，2002 年，第 168 頁。
② 裘錫圭主編：《長沙馬王堆漢墓簡帛集成(肆)》，第 240—242 頁。
③ 裘錫圭主編：《長沙馬王堆漢墓簡帛集成(肆)》，第 242 頁。
④ 劉樂賢：《馬王堆天文書考釋》，第 59 頁。
⑤ [唐] 李淳風：《乙巳占》卷四，第 506 頁。
⑥ 丙位介於午、巳之間，丁位介於午、未之間。這是一套以二十四方位標注黄道帶的坐標體系，帛書《五星占》成書時代未見。

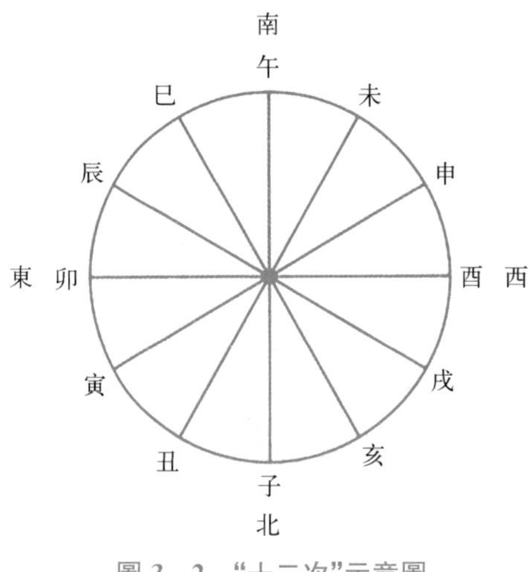

圖 3－2　“十二次”示意圖

時，才會因辰星大距偏小而限制太白。“巳”與“未”，是指“十二次”中的巳位及未位。所謂“十二次”，是古人用來判斷行星視運行高度的一種空間坐標體系，是將黄道带均分作十二部分，常以十二支文字標注，如圖 3－2 所示。

“唯過章章，其行必不至巳，而反入於東方”與“唯過彭彭，其行不至未，而反入西方”兩句，是對兩星作爲晨星或昏星運行過程的描述。“過”是用來叙述兩星運行的動詞，這一用法見於其他天文文獻中，如《開元占經》卷四十五“太白行度二”引甘氏曰：“從左過右也，其又白三十日，其速儿十日而見；從右過左也，其又三十日，其速十日而見。”[①]“章章”“彭彭”皆爲描述兩星共同出現的形容詞。劉書指出：“章章，或作‘彰彰’，形容顯著的樣子。《荀子・法行》：‘故雖有珉之雕雕，不若玉之章章。’彭彭，形容行走的樣子。《詩・大雅・烝民》：‘四牡彭彭，八鸞鏘鏘。’鄭箋：‘彭彭，行貌。’”[②]“章章”昭著貌，與“彭彭”盛大貌相對應。

第二部分占辭的貞測原理是：以辰星與太白出現於東方屬“陽”，出現於西方屬“陰”，并據此貞測陽國、陰國的吉凶。[③] 像這樣根據運行的東西方位貞測吉凶的説法，亦常見於《五星占》與太白有關的占辭中：

> 其出東方爲德，與(舉)事，左之迎之，吉；右之倍(背)之，【凶】。出於西 42上【方爲刑】，與(舉)事，右之倍(背)之，吉└；左之迎之，兇(凶)。42下[④]

① ［唐］瞿曇悉達：《唐開元占經》卷四五，第 515 頁。

② 劉樂賢：《馬王堆天文書考釋》，第 56 頁。

③ 劉樂賢先生指出，陰國、陽國是相對而言的，其規則是：位於西、北方的國家爲陰國，位於東、南方的國家爲陽國。參看劉樂賢：《陰國、陽國考》，收入氏著《簡帛數術文獻探論》，武漢：湖北教育出版社，2003 年，第 314—321 頁。

④ 裘錫圭主編：《長沙馬王堆漢墓簡帛集成(肆)》，第 232 頁。劉樂賢先生指出，此段以太白出現於東方爲德，以太白出現於西方爲刑，并據以貞測吉凶，這種配法屬於古代刑德學説的内容。參看劉樂賢：《馬王堆天文書考釋》，第 61 頁。

從西方來，陰國有之；從東方來，陽國有43上【之】。43下[①]

太白晨入東方，濡(浸)行百廿(二十)日，其六十日爲陽，其六十日44下爲陰(陰)ᒻ。出陰=(陰，陰)伐利，戰勝。其入西方，伏廿(二十)日，其旬爲陰(陰)，其旬爲陽。出陽=(陽，陽)伐利，戰勝。45上[②]

殷出【東方】爲折陽，卑、高以平明(明)度；其56下出西方爲折陰(陰)，卑、高以昏度。57上[③]

貞測結果"侯王正卿必見血兵"爲凶兆，也與傳世文獻的說法相應。《漢書·天文志》曰："辰與太白合則爲變謀，爲兵憂。"[④]《晉書·天文志》曰："水與金合，爲變謀，爲兵憂。"[⑤]《開元占經》卷二十二"太白與辰星相犯三"引郗萌曰："太白與辰星合，邊有兵。"[⑥]同卷引石氏曰："太白辰星聚於一舍，天下小旱，其下之國，必以重德致天下，守之三十日，不去，其草木皆傷，五穀滅亡。"[⑦]

三、"大鎣"考

"大鎣"一詞是專門指稱辰星與太白相犯、相合的星占術語。"大鎣"之"鎣"，从"熒"省聲。《金文形義通解》指出："从𤇾聲之字，如縈、螢、營、榮、縈等有光明、交互、繁盛之義。"[⑧]"大鎣"，可訓爲"光明""繁盛"等義。

---

① 裘錫圭主編：《長沙馬王堆漢墓簡帛集成(肆)》，第232頁。此句與"太白經天"相關。
② 裘錫圭主編：《長沙馬王堆漢墓簡帛集成(肆)》，第232頁。劉樂賢先生指出，此段將太白浸行、伏行的日期，各對半分而爲二，前者叫陽日，後者叫陰日，并以之與陰國、陽國相配以貞測吉凶。參看劉樂賢：《馬王堆天文書考釋》，第64頁。今按，太白浸行方向爲從東至西，前六十日當位於東方，後六十日當位於西方，故帛書謂"其六十日爲陽，其六十日爲陰"；伏行方向與浸行相反，前十日當位於西方，後十日當位於東方，故帛書謂"其旬爲陰，其旬爲陽"。
③ 裘錫圭主編：《長沙馬王堆漢墓簡帛集成(肆)》，第233頁。劉樂賢先生指出，折字古有屈從之義。《廣雅·釋詁》："折，下也。"帛書的"折陰"，可能是陽屈從或折服於陰的意思。參看劉樂賢：《馬王堆天文書考釋》，第74頁。
④ 《漢書》卷二六，北京：中華書局，1962年，第1286頁。
⑤ 《晉書》卷一二，北京：中華書局，1974年，第321頁。
⑥ ［唐］瞿曇悉達：《唐開元占經》卷二二，第341頁。
⑦ ［唐］瞿曇悉達：《唐開元占經》卷二二，第341—342頁。
⑧ 張世超、孫凌安、金國泰、馬如森：《金文形義通解》，東京：中文出版社，1996年，第2446—2449頁。

古代星占文獻中，行星相犯、相合的現象，往往以術語稱之。如關於多個行星相犯、相合，《漢書·天文志》曰：

- 三星若合，是謂驚立絶行，其國外内有兵與喪，民人乏飢，改立王公。四星若合，是謂大湯，其國兵喪并起，君子憂，小人流。五星若合，是謂易行：有德受慶，改立王者，掩有四方，子孫蕃昌；亡德受罰，離其國家，滅其宗廟，百姓離去，被滿四方。①

兩星相犯、相合的術語，多見於《開元占經》所引諸書中。如歲星（木星）與熒惑（火星）相犯、相合，名曰"子母同光"或"讒星"；歲星與填星（土星）相犯、相合，名曰"雌雄間"或"離德"；歲星與太白相犯、相合，名曰"牝牡相承""伐其野戰"或"伐"；熒惑與填星相犯、相合，名曰"内亂""壅沮""子母同光"或"大陽"；熒惑與太白相犯、相合，名曰"鑠"或"秋兵"；熒惑與辰星相犯、相合，名曰"淬"或"自伐"；填星與太白相犯、相合，名曰"牝牡""并光"或"母子同光"；填星與辰星相犯、相合，名曰"壅沮"或"壅鬪"。② 帛書此處稱辰星與太白相犯、相合爲"大鍪"，也是類似的説法。

《清華大學藏戰國竹簡（壹）》首篇《尹至》另有"大縈"一詞，爲我們理解《五星占》"大鍪"提供了重要綫索。綜合諸家意見，相關釋文作：

- "夏又（有）恙（祥），才（在）西才（在）東，見章于天。亓（其）又（有）民逩（率）曰：'隹（唯）我棘（速）禍（禍）。'咸曰：'害（曷）今東恙（祥）不章？今3亓（其）女（如）怡（台）？'"湯曰："女（汝）告我夏黫（隱），銜（率）若寺（時）？"尹曰："若寺（時）。"湯盟（盟）慙（慎—質）返（及）尹，丝（兹）乃柔大縈4。

整理者李學勤先生指出，《尹至》記述伊尹自夏至商，向湯陳説夏君虐政、民衆疾苦的狀況，以及天現異象時民衆的意願趨向，湯和伊尹盟誓，征伐不服，終於滅夏。③ 其中，上引簡 3—4 的文字與所謂異象有關。簡文"兹乃柔大縈"

① 《漢書》卷二六，第 1287 頁。
② 参看[唐] 瞿曇悉達：《唐開元占經》卷二〇、卷二一、卷二二，第 328—342 頁。
③ 清華大學出土文獻保護與研究中心編、李學勤主編：《清華大學藏戰國竹簡（壹）》，上海：中西書局，2010 年，第 127 頁。

之“縈”，有讀“傾”[①]“縈”[②]“勞”[③]“援”[④]等説法。鄔可晶先生指出“大縈”與《五星占》“大鎣”有關（“縈”“鎣”古通），指商這一方面的天象而言。伊尹帶來了關於夏的重要情報，湯又與之結成聯盟，不利於商族的“大縈”異象好像得到了安撫一樣，因此而平息。[⑤]

我們贊同鄔先生將“大縈”解釋爲某種天象的意見。這樣釋讀，可使文義暢達。至於《尹至》中的“大縈”指何種天象，我們可以從相關傳世文獻中找到證據。李學勤先生指出：“簡文叙事及一些語句特別近似《吕氏春秋》的《慎大》篇，可證《慎大》作者曾見到這篇《尹至》或類似文獻。”[⑥]《吕氏春秋・慎大》曰：

> • ……湯謂伊尹曰：“若告我曠夏盡如詩。”湯與伊尹盟，以示必滅夏。伊尹又復往視曠夏，聽於末嬉。末嬉言曰：“今昔天子夢西方有日，東方有日，兩日相與鬭，西方日勝，東方日不勝。”伊尹以告湯。商涸旱，湯猶發師，以信伊尹之盟，故令師從東方出於國，西以進。……[⑦]

此外，已有學者指出，《開元占經》卷六“日并出”所引《孝經緯》《博物志》《荆州占》等書中也有關於夏桀時發生異象的記載。[⑧] 在這些文獻中，所指異象皆爲“兩日并出”。據此認爲，《尹至》“在西在東，見章于天”所指是“兩日并出”，“大縈”則是“兩日并出”現象的術語。兩日代指夏和商，其中“西方日”代指夏，“東祥”或“東方日”代指商。

雖然“大鎣”與“大縈”所指天象不同，但兩詞或有淵源。“縈”亦从“熒”省

---

① 清華大學出土文獻保護與研究中心編、李學勤主編：《清華大學藏戰國竹簡（壹）》，第130頁。

② 子居：《清華簡〈尹至〉解析》，《學燈》第二十一期，2011年12月19日；黄人二、趙思木：《清華簡〈尹至〉餘釋》，簡帛網，2011年1月12日。

③ 王寧先生先讀爲“瞢”，訓爲惑，參看王寧《清華簡〈尹至〉釋證四例》，簡帛網，2011年2月21日；後改讀爲“勞”，參看王寧《清華簡〈尹至〉“勞”字臆解》，簡帛網，2012年7月31日。

④ 馮勝君：《清華簡〈尹至〉“兹乃柔大縈”解》，中國文化遺産研究院編《出土文獻研究》第13輯，上海：中西書局，2015年，第314—315頁。

⑤ 鄔可晶：《“咸有一德”探微》，復旦大學出土文獻與古文字研究中心編《出土文獻與中國古典學》，上海：中西書局，2018年，第162頁。

⑥ 清華大學出土文獻保護與研究中心編、李學勤主編：《清華大學藏戰國竹簡（壹）》，第127頁。

⑦ 陳奇猷：《吕氏春秋校釋》，上海：學林出版社，1984年，第844頁。

⑧ 參看清華大學出土文獻保護與研究中心編、李學勤主編《清華大學藏戰國竹簡（壹）》，第129頁注釋一七；沈建華《清華楚簡〈尹至〉釋文試解》，《中國史研究》2011年第1期，第67—72頁；陳民鎮《清華簡〈尹誥〉集釋》，復旦大學出土文獻與古文字研究中心網，2011年9月12日。

聲，可與"鎣"通，"大鎣"或"大縈"皆有光明、繁盛之義。"大鎣"作爲東方辰星時"唯過章章"，作爲西方昏星時"唯過彭彭"，正與"大縈"之"在西在東，見章于天"相應。我們認爲，"大鎣"或"大縈"等詞本義是指兩個明亮天體共同出現的天象，因此既可用來描述"辰星與太白相犯、相合"，又可用來描述"兩日并出"。

四、"失匿之行"考

最後，附帶談談對"金水合占"的另一個術語"失匿之行"的一點不成熟的看法。根據"……是謂……"句式的規律推測，"失匿之行"當與上文兩處"其現而速入……"及下文"壹進退，無有畛極……"等内容密切相關。

"其現而速入"，是説兩星在晨、夕始見後不久便進入伏行狀態。關於辰星從出到入所需的時間，文獻中多以二十天爲常，如《五星占》34 行"凡是星出廿(二十)日而入，經也。【出】廿(二十)日不入，【□□】"、[①]《史記・天官書》"其出東方，行四舍四十八日，其數二十日，而反入於東方；其出西方，行四舍四十八日，其數二十日，而反入於西方"。[②] "速"，傳世文獻中或作"疾"。《開元占經》卷四十五"太白行度二"引石氏曰："太白出百二十日乃極。乃極，退也。未滿此日便至極，疾也。……"[③]

"壹進退"，可能是説辰星、太白共同出入。"無有畛極"含義不詳，暫存疑待考。"唯其所在之國"之後，可能亦有與"失匿之行"有關的占辭，可惜缺字較多，難以考證，暫將這些文句亦歸入"金水合占"中。

"失匿之行"之"失"，當訓爲"失次"之義，指星辰運行不在應處的躔次上。"匿"，有隱没之義。根據馬王堆帛書《十六經・觀》將"浸行伏匿"并舉可知，[④]"匿"同"浸""伏"詞義皆近，故可描述辰星與太白不可見的狀態，與太白之"浸行""伏"對應。由"其現而速入……"分别見於"其陽"與"其陰"所屬占辭可知，"失匿之行"與"大鎣"類似，亦包括東、西兩個方位。兩術語的區别在於："大鎣"指兩星持續運行一段時間；"失匿之行"指兩星短暫出現後便消失。

---

① 裘錫圭主編：《長沙馬王堆漢墓簡帛集成(肆)》，第 231 頁。
② 《史記》卷二七，第 1585 頁。
③ ［唐］瞿曇悉達：《唐開元占經》卷四五，第 516 頁。
④ 裘錫圭主編：《長沙馬王堆漢墓簡帛集成(肆)》，第 152 頁。

"侯王用昌"作爲"失匿之行"的貞測結果,按文義理解似爲吉兆,但據"亦不爲祥"之"亦"可知,應與"大鎣"的貞測結果"侯王正卿必見血兵"一致,爲凶兆。文獻中,"祥"既可泛指吉凶預兆,也可特指吉兆或凶兆。此處結果爲凶兆,則"不爲祥"之"祥"特指吉兆。"侯王用昌"作爲凶兆,是相對於君主或天下而言的。類似貞測,亦見於其他文獻中。《五星占》42—43 行有一段關於"太白經天"的占辭,釋文作:"其出上遝午有王國,過、未及午有霸國。"①作爲貞測結果,"王國"指在諸侯國中稱王的國家,"霸國"指在諸侯國中處於盟主地位的國家。相對於君主而言,兩者皆爲凶兆。《開元占經》卷四十六"太白經天晝見三"引石氏曰:"太白經天,見午上,秦國王,天下大亂。"②相對於天下而言,"秦國王"亦爲凶兆。

五、結語

綜上所述,馬王堆帛書《五星占》"水星占"章 34—37 行的一段文字缺文較多,可根據辭例和文義的對比補足部分缺文。通過復原可知,這段文字有較强的體系性,能夠獨立成段,是據辰星與太白相合、相犯的天象進行貞測的占辭。在現代天文學中,行星相合或相犯被稱爲"合",是指黄經相同,故可將該占辭命名爲"金水合占"。

通過對文義的解析,將"金水合占"的内容分爲三個層次:第一層次是爲下文内容作鋪墊,介紹了辰星與包括太白在内的其他四星相犯、相合的貞測結果。第二層次是第一層次的子集,專門介紹辰星與太白相犯、相合的天象。第三層次是對第二層次的具體説明,分别據兩星相犯與相合進行貞測。

古代星占文獻中,行星相犯、相合的現象,往往以術語稱之。通過與這些術語進行對比可知,"大鎣"一詞是專門指稱辰星與太白相犯、相合的星占術語。"大鎣"或與清華簡《尹至》中用來指稱兩日并出的"大縈"有淵源,其本義是指兩個明亮天體共同出現的天象。

根據"……是謂……"句式的規律推測,另一術語"失匿之行"的含義可能與"其現而速入"有關,是指辰星與太白短暫出現後便消失的天象。

---

① 裘錫圭主編:《長沙馬王堆漢墓簡帛集成(肆)》,第 232 頁。
② [唐] 瞿曇悉達:《唐開元占經》卷四六,第 521 頁。

第三節　談馬王堆帛書《五星占》中的“太白經天”

馬王堆帛書《五星占》是一篇專講五星占測和五星行度的文獻，依《漢書·藝文志》，當屬數術略中的天文類。其中，42—43行的一段占辭與金星“太白”有關，其釋文作：

> 凡是星不敢經=天==（經天；經天，天）下大乳（亂），革王。其42下出上遻午有王國，過未及午有霸國。從西方來，陰國有之；從東方來，陽國有43上【之】。43下[1]

關於此段占辭的大意，劉樂賢先生在《馬王堆天文書考釋》一書中指出：“（首句）講帛書太白不能‘經天’，如‘經天’，則會天下大亂。（後面兩句）據太白在天空中的位置進行占測，内容與前面所講的‘經天’相關。”[2]今按，《五星占》中這段文字聯繫較爲緊密，當是一段較完整的占辭。第一句概述“太白經天”帶來的灾異；第二句根據太白視運行的高度來判斷灾異的大小；第三句則講占測時所應遵循的分野原則。這種占測方法與《開元占經》卷四十六“太白經天晝見三”一章中的很多記載類似，或可稱之爲“太白經天占”。[3]

關於“其出，上遻午有王國，過未及午有霸國”一句的釋讀，已有多位學者提出了看法。“遻”，劉樂賢先生訓爲“及”，[4]故而“上遻午”描述了太白出現的具體高度，即正當午位的位置。劉樂賢先生指出：“太白至此位則爲‘經天’。”[5]“過未及午”的“及”字，字形已殘，帛書整理小組首先釋爲“及”，[6]《集

---

① 裘錫圭主編：《長沙馬王堆漢墓簡帛集成（肆）》，第232頁。

② 劉樂賢：《馬王堆天文書考釋》，第62—63頁。

③ 關於“經天”，劉樂賢先生解釋説：“是古代描述行星運行的一個術語，現代天文學叫‘衝’。此時行星、地球和太陽在一直綫，且行星和太陽處在相反的方向，太陽從西方落下後，行星立即從東方升起，整夜可見，最便於觀測。這種現象只有外行星有，内行星永遠不會有。五星中，火、木、土三星爲外行星，金、水二星爲内行星。古人早就認識到作爲内行星的金、水二星與水、木、土等外行星不同，即不會發生‘衝’的現象。”參看劉樂賢《馬王堆天文書考釋》，第62頁。

④ 劉樂賢：《馬王堆天文書考釋》，第63頁。

⑤ 同上。

⑥ 馬王堆漢墓帛書整理小組：《馬王堆漢墓帛書〈五星占〉釋文》，《中國天文學史文集》第1集，北京：科學出版社，1978年，第4頁。

成》整理者從之。①

"過未及午"之"未""午",以往研究多認爲是指"十二次"中的未位及午位。如席澤宗先生認爲"午、未均指方向:午爲正南方,未爲南偏西30度";②劉樂賢先生注釋云"指在天空的未位、午位"。③ 所謂"十二次",是古人用來判斷行星視運行高度的一種空間坐標體系,是將黄道带均分作十二部分,常以十二支文字標注。在馬王堆帛書數術文獻中,每一"次"所代表的位置,既可能是該部分中心所在的精確坐標,也可能是這部分的完整30度天區,如圖3-2所示。

"午"字的釋讀意見可從,但認爲將"未"也理解爲"十二次"之一,恐怕是難以講通的。作爲占測結果,"王國"與"霸國"是有一定區别的。④在古代的天文占測活動中,兩相對比的天象有所差異,才會預示不同的結果。若按之前的理解,"過未及午"應解釋爲運行經過未位到達午位,與"上遝午"相比,只是在描述上更爲詳細,實際在含義上并無二致,難以構成有差異的對比關係。

想要真正理解《五星占》這段占辭的數術含義,首先要了解一些與之相關的天文學知識。通常情況下,作爲内行星的金、水二星出現在南方天空總是在白天,按説是看不見的,⑤但也有例外。金星由於大氣層的存在,散射日光比水星或月球要强烈很多。在一些天氣晴朗、天光黯淡的情況下,人們是有可能在南方天區看到金星的。如果此時金星恰好位於中天午位,即《五星占》所謂的"上遝午",則會發生"太白經天"的現象。⑥

《五星占》"過未及午"句,我們認爲,應在"過"後有一逗,或者可以標點作"過、未及午"。"過"和"未及"是并列的謂語,意思是"過午"和"未及午",分别

① 裘錫圭主編:《長沙馬王堆漢墓簡帛集成(肆)》,第233頁。

② 席澤宗:《〈五星占〉釋文和注釋》,收入氏著《古新星新表與科學史探索》,西安:陝西師範大學出版社,2002年,第181頁。

③ 劉樂賢:《馬王堆天文書考釋》,第63頁。

④ 劉樂賢先生指出,前者指行王道之國,後者指行霸道之國,參看劉樂賢《馬王堆天文書考釋》第63頁。我們認爲,這裏的"王國"當指在諸侯國中稱王的國家,"霸國"指在諸侯國中處於盟主地位的國家。作爲灾異,"王國"較"霸國"更加嚴重。《開元占經》卷四十六"太白經天晝見三"引石氏曰:"太白經天,見午上,秦國王,天下大亂。"(瞿曇悉達:《唐開元占經》,《四庫術數類叢書(五)》,影印文淵閣《四庫全書》本,上海:上海古籍出版社,1990年,第521頁)石氏"秦國王",以及下文所引《荆州占》"王令天下",可以爲《五星占》"王國"的理解提供參考。

⑤ 席澤宗:《〈五星占〉釋文和注釋》,《古新星新表與科學史探索》,第181頁。

⑥ 例如,2009年7月22日上午9時前後,"日全食"曾在我國長江流域出現。在其中一些地區,上中天附近的金星肉眼可見。

指超過午位和未及午位兩種狀態。“未及”，猶“不及”。在先秦典籍中，“過”與“不及”常作爲反義詞組一同出現，如《論語・先進》曰：“子貢問：‘師與商也孰賢？’子曰：‘師也過，商也不及。’曰：‘然則師愈與！’子曰：‘過猶不及。’”①《漢書・天文志》在描述太陽運行情况時，也有將“過”與“不及”進行搭配的例子：“故過中則疾，君行急之感也；不及中則遲，君行緩之象也。”②這裏的“過中”與“不及中”，也是相對於中天午位而言的，相當於《五星占》中的“過、未及午”。

“過、未及午”，實際是指“十二次”中巳位、未位等接近午位的天區，與“上遝午”構成了完整的體系。在《五星占》看來，兩者皆會引發“天下大亂”，但程度有不同，因此被并列提及。

劉樂賢先生指出，在傳世文獻中，《荆州占》也有記載類似的説法，③可與《五星占》“太白經天占”進行比較：④

(1)《開元占經》卷四十六“太白盈縮失行一”引《荆州占》曰：“太白見東方，上至巳，皆更政。出西方，順行過巳⑤不及午，有霸國；及午，陰國令天下。”⑥

(2) 同卷“太白盈縮失行一”引《荆州占》曰：“太白東方逆行，過巳不至午，有霸國；及午，陽國令天下，一曰陽國霸。”⑦

(3) 同卷“太白經天晝見三”引《荆州占》曰：“太白出西方，上至未，陰國有霸者；若過未及午，陰國王令天下。一曰，至午者，陰國王者當其位者受之。”⑧

上引《荆州占》諸條文獻與《五星占》“太白經天占”第二句頗爲相似，可作對比：

---

① 《論語注疏》，《十三經注疏》，北京：中華書局，1980年，第2499頁。
② 《漢書》，北京：中華書局，1962年，第1295頁。
③ 《荆州占》爲東漢時劉叡所作的天文典籍，現已逸失，多散見於《開元占經》等書中。
④ 劉樂賢：《馬王堆天文書考釋》，第63頁。
⑤ “順行過巳不及午”的“巳”字，當爲“未”字之誤。因爲太白從西方出現，是不可能經過東方巳位到達中天午位的。
⑥ 瞿曇悉達：《唐開元占經》第521頁。
⑦ 瞿曇悉達：《唐開元占經》第522頁。
⑧ 瞿曇悉達：《唐開元占經》第525頁。

表 3－7　文獻所載"太白經天占"對照

帛書《五星占》	上遝午有王國。	過未及午有霸國。
《荆州占》(1)	及午,陰國令天下。	太白見東方,上至巳,皆更政。出西方,順行過巳〈未〉不及午,有霸國。
《荆州占》(2)	及午,陰國令天下。	太白東方逆行,過巳不至午,有霸國。
《荆州占》(3)	若過未及午,陰國王令天下;一曰,至午者,陰國王者當其位者受之。	太白出西方,上至未,陰國有霸者。

其中值得注意的是,《五星占》"上遝午",《荆州占》(3)作"過未及午"。①《五星占》"王國",《荆州占》作"令天下"或"王令天下"。《五星占》"過、未及午",《荆州占》(1)作"上至巳"或"過巳〈未〉不及午",《荆州占》(2)作"過巳不至午",《荆州占》(3)作"上至未";《五星占》"霸國",《荆州占》還作"霸者"。

相較而言,除午位以外,《五星占》并没有涉及其他"十二次"術語,《荆州占》占辭則涉及巳位與未位。究其原因,兩者在描述太白運行時采用的表述方式不太一致。《五星占》分成兩句來説明太白的位置情況:第二句以午位爲參照,通過太白與午位的位置關係("上遝午""過午""不及午")來描述太白運行的高度;關於太白所見方位,則見於第三句("从東方來""从西方來")。《荆州占》占辭則在描述太白運行規律時一起介紹了太白出現的高度及方位,如《荆州占》(2)曰"太白東方逆行,過巳不至午,有霸國"。

此外,在《開元占經》卷四十六"太白經天晝見三"一章中,除《荆州占》(3)以外,所引《荆州占》占辭還有多處。其中一些占辭的占卜原理也與《五星占》"太白經大占"類似,且涉及其他坐標位置,構成更爲完整的體系,兹具引如下:

又占曰:"太白見東方,上至午,將奪君。"

---

① 此句"過未及午"似與《五星占》"過、未及午"含義有所不同。《荆州占》(3)中的"過未及午",前面已經有"上至未"句,"上至未"實際上隱含了"未及午"的意思,所以下文的"過未及午"不應包含没有到達午位的意思。從下文"一曰,至午者"來看,"過未及午"就是"至午",也就是過了未位到達午位的意思。

又曰："陽國王，當位者受之。"

又占曰："太白見東方，至丙、[①]巳之間，小將死；過午，有起霸者。"

《荆州占》曰："太白出，高至巳、午之間，士卒勞，有不利軍者，難以得功也。"

《荆州占》曰："太白上至午、未間，天下易王，陽國兵强，當其位者受之。"

又占曰："太白始出辰、巳間，爲荆楚，正巳殺大將；出午，天下有亡國；出午、未間，天下亡，王者昌。"[②]

從《五星占》及上引《荆州占》等傳世文獻來看，這類"太白經天占"的占卜原理是以太白運行的位置進行占測。這裏所説的位置包括兩個方面的含義：一是太白視運行的高度。根據高度判斷灾異的輕重，具體説來，以午位（中天）最爲嚴重，巳、未等位次之；離中天越遠，灾異程度越輕。二是太白視運行的東西方位。根據分野原則，推斷灾異發生的地區。金星作爲内行星，有時作爲晨星出於東方，被稱爲"啓明"，以"陽國"（位於東南方位的國家）配之；有時作爲昏星出於西方，被稱爲"長庚"，以"陰國"（位於西北方位的國家）配之。關於陰國、陽國的討論，可以參看劉樂賢先生《陰國、陽國考》一文。[③]

第四節　談馬王堆帛書《五星占》"金星占"中的"出恒以丑未，入恒以辰戌"句及相關問題

馬王堆帛書《五星占》是一篇專講五星運行規律及占測的文獻，其中 74 行的内容與金星"太白"的運行規律有關。與之類似的説法，亦見於一些與金星或水星"辰星"有關的傳世文獻。本節試對《五星占》等文獻中的關鍵術語"辰戌丑未"四支的含義進行解釋，在此基礎上對這些文獻進行解讀，并對它們的文本來源等問題加以討論。

---

① 其中，丙位爲南偏東 15 度，介於午、巳之間。這是一套以二十四方位標注黄道帶的坐標體系，帛書《五星占》成書時代未見。

② ［唐］瞿曇悉達：《唐開元占經》，第 525—526 頁。

③ 劉樂賢：《簡帛數術文獻探論》，第 314—321 頁。

《五星占》74 行的文字最初由馬王堆漢墓帛書整理小組(以下簡稱"整理小組")整理爲：

> 太白出恒以【辰戌，入以丑未】，候之不失。①

缺文"辰戌，入以丑未"乃係整理小組據相關傳世文獻所補。②

《長沙馬王堆漢墓簡帛集成》(以下簡稱《集成》)在對圖版進行重新整理的基礎上指出：

> "恒以"下一字完整當爲"丑"，其後一字粘在第 45 行上半最末處當爲"未"，其後四字可據反印文釋爲"入恒以辰"，其後三字可據殘筆及反印文釋爲"戌，以此"。③

從而將缺文全部釋出，而將釋文整理爲：

> (1) 太白出，恒以丑未，入，恒以辰戌，以此候之不失。④

我們贊同《集成》的整理意見。

文獻(1)介紹了金星經常出入在"辰戌丑未"四支這一運行規律，依傳世星占文獻的分類原則應屬"行度"類。其中"出入"是一組用來區分行星視運行不同階段的天文術語："出"即出現，是指行星轉變爲可見狀態；"入"即没入，是指行星轉變爲伏行狀態。

與之類似的説法亦見於以下傳世文獻，但這些文獻中出入與地支的搭配關係與文獻(1)正相反：

> (2)《淮南子・天文》：〔太白〕出以辰戌，入以丑未。
>
> (3)《史記・天官書》：〔太白〕出以辰戌，入以丑未。
>
> (4)《開元占經》卷四十五"太白行度二"引石氏：太白出以辰戌，入以丑未，出入必以風。

---

① 馬王堆漢墓帛書整理小組：《馬王堆漢墓帛書〈五星占〉釋文》，《中國天文學史文集》第 1 集，北京：科學出版社，1978 年，第 9 頁。

② 主要包括下文之文獻(1)(2)(3)。

③ 裘錫圭主編：《長沙馬王堆漢墓簡帛集成(肆)》，北京：中華書局，2014 年，第 237 頁。

④ 裘錫圭主編：《長沙馬王堆漢墓簡帛集成(肆)》，第 236 頁。

對“辰戌丑未”四支進行解釋，是解讀上引諸文獻的關鍵。在描述五星行度的占文中，十二支通常是用來指代以東、西、南、北爲代表的十二方位，如圖3－2所示。

文獻(1)中的“辰戌丑未”，以往研究者亦多按此理解。如鄭慧生先生據整理小組釋文將文獻(1)譯爲“金星的出現，一定在東方偏南的辰或西北偏北的戌的方位；它的没入，一定在北方偏東的丑或南方偏西的未的方位”；[①]陳久金先生亦據整理小組釋文譯爲“太白星，永遠從辰、戌之位出現，從丑、未位進入”。[②]

今按，鄭説、陳説非是，這裏的“辰戌丑未”不能按十二方位來理解。若按此理解，則上引諸文獻的説法既與金星行度類文獻的一般説法相矛盾，又與天文學常識相違背。按照此類文獻的一般説法，金星可出入於多數地支，而不唯此四支。程少軒先生曾據《五星占》69—72行與73—74行關於金星行度的兩段占辭指出，金星既可隨黄緯變化(即在日南或日北之變)而位於卯、酉、辰巳、未申、戌亥、丑寅等方位，又可隨黄經變化(即在黄道上十二個均分區域之變)而常位於辰巳、申未之間，有時甚至到達午位，即所謂“太白經天”。[③] 因此，上引諸文獻中“辰戌丑未”含義暫未得到合理的解釋。

與上引諸文獻類似的説法還見於一些與水星有關的文獻，但尚未引起足够的重視。據上下文文義可知，這些文獻與水星“正四時之法”有關，具體介紹了水星常在四仲出現這一運行規律，而其中“辰戌丑未”爲水星四仲躔宿的指代符號。據此我們認爲，上引《五星占》等文獻則與金星“正四時之法”有關，而其中“辰戌丑未”應爲金星四仲躔宿的指代符號。下文即對此觀點進行闡述。

水星經常出入在“辰戌丑未”的説法主要見於以下傳世文獻：

(5)《淮南子·天文》：辰星正四時，常以二月春分效奎、婁，以五月下以五月夏至效東井、輿鬼，以八月秋分效角、亢，以十一月冬至效斗、牽牛。出以辰戌，入以丑未，出二旬而入。

① 鄭慧生：《古代天文曆法研究》，鄭州：河南大學出版社，1995年，第206頁。

② 陳久金：《帛書及古典天文史料注析與研究》，臺北：萬卷樓圖書股份有限公司，2001年，第118頁。

③ 參看程少軒《利用圖文轉换思維解析出土數術文獻》一文。此文曾在第一届“出土文獻與中國古代史”學術論壇暨青年學者工作坊宣讀，待刊，蒙程先生賜示，謹致謝忱。

(6)《史記・天官書》:〔辰星〕是正四時:仲春春分,夕出郊奎、婁、胃東五舍,爲齊;仲夏夏至,夕出郊東井、輿鬼、柳東七舍,爲楚;仲秋秋分,夕出郊角、亢、氐、房東四舍,爲漢;仲冬冬至,晨出郊東方,與尾、箕、斗、牽牛俱西,爲中國。其出入常以辰戌丑未。

(7)《史記・天官書》:"察日辰之會。"《史記正義》引晋灼曰:"〔辰星〕常以二月春分見奎、婁,五月夏至見東井,八月秋分見角、亢,十一月冬至見牽牛。出以辰戌,入以丑未,二旬而入。晨候之東方,夕候之西方也。"

(8)《開元占經》卷五十三"辰星行度二"引《春秋緯》:辰星出四仲,爲初紀,春分,夕出;夏至,夕出;秋分,夕出;冬至,晨出;其出常自辰戌入丑未。

(9)《開元占經》卷五十三"辰星行度二"引皇甫謐《年曆》:辰星春分立卯之月,夕效於奎、婁;夏至立午之月,夕效於東井;秋分立酉之月,夕效於角、亢;冬至立子之月,晨效於斗、牛;出以辰戌,入以丑未。其星將出,必先陰風,辰之情也。

關於水星諸句中出入與地支的搭配關係,文獻(5)(7)(8)(9)中的所討論文句與文獻(2)(3)(4)一致,而與文獻(1)相反。文獻(6)"其出入常以辰戌丑未"句則較爲特殊,是將"出入"與四支共同相配。

想要理解水星諸句的含義,可以借助於它們之前的内容。之前的内容主要介紹了水星的"正四時之法",與之類似的説法還見於《五星占》32行,以及《開元占經》卷五十三"辰星行度二"所引甘氏、石氏、《洛書》等傳世文獻。

所謂"正四時之法",是指古人用來確定四時的方法。二分、二至是古人最早認識的節氣,因此與它們所在的"四仲"一起成爲區分四時的重要標志。[①] 節氣本由太陽視運行的位置確定。但由於太陽自身過亮,其星宿背景難以被觀測到,因而古人是無法直接通過觀察太陽的位置來確定節氣的,而需要借助於其他的方法。中國古代定四時的方法,主要有觀察黄昏星宿的出没、用土圭來觀測日影等。[②] 以上文獻所述的以水星正四時之法,亦爲方案之一。

---

① "四仲"是指四季中每季的第二個月。
② 陳遵嬀:《中國天文學史》,上海:上海人民出版社,1982年,第196—197頁。

水星之所以被古人選擇爲正四時之星，是因爲其視運行位置始終與太陽相近，而可以用來指示太陽的位置。水星是距離太陽最近的“内行星”；[①]從地球觀測，它和太陽的最大夾角約爲 28°，而不及一“辰”。[②] 據《漢書・律曆志》所載，水星視運行速度爲“日行一度”，這正與太陽每日均行一度、一歲行一周天的規律一致。

按漢晋時人的觀念，水星經常在四仲俱出；但按現代天文學常識，水星是難以保證在四仲俱出的。[③] 實際上，隋唐以後的天文文獻已認識到這一點，并指出早期文獻之誤。如《開元占經》卷五十三“辰星行度二”曰：“舊説皆云辰星效四仲，以爲謬矣。”不過即便如此，水星還是有很大概率在四仲出現的。清人錢塘指出：“（水星）兩見八十日，餘即兩伏日，伏皆十七日有奇，而見歲有六見伏有奇，則四仲月俱得有辰星，故可以正四時。”[④]當水星出現於四仲之時，人們即可通過水星躔宿來判斷太陽的位置，從而達到“正四時”的目的。

既已明確古人以水星替代太陽來正四時的原理，則可知所討論文句之前内容中的奎婁、井鬼、角亢、斗牛等宿不僅是水星四仲躔宿，也大體是太陽四仲躔宿。據與日躔有關的材料可知，[⑤]這些星宿正是太陽四仲所在。

既然之前的内容皆與水星“正四時之法”有關，那所討論文句也很可能與此有關。循此思路我們認爲，所討論文句是對其之前内容的總結，亦是對水星四仲躔宿的説明。而其中“辰戌丑未”則是水星四仲躔宿的指代符號。十二地支與二十八宿的對應關係，常見於目前已公布的各類式圖或式盤資料之中，例如：

---

① 五星之中，木星、火星、土星的繞日運行軌道在地球以外，稱爲“外行星”；金星與水星的繞日運行軌道在地球以内，稱爲“内行星”。

② 古代稱 30 度爲一“辰”。附帶一提的是，關於“辰星”的命名原因，有一種説法即認爲是水星大距不及一辰。

③ 紐衛星、陳鵬等學者從地平高度對觀測水星的影響出發，認爲水星完全可能在四仲看不到，因此難以用來正四時。參看紐衛星《張子信之水星“應見不見”術及其可能來源》，載江曉原、紐衛星《天文西學東漸集》，上海：上海書店出版社，2001 年，第 187—203 頁；陳鵬《“辰星正四時”暨辰星四仲躔宿分野考》，《自然科學史研究》2013 年第 1 期，第 1—12 頁。我們認爲水星“正四時之法”并非源於實測，據文獻(8)《春秋緯》之“爲初紀”可知，此類文獻所載水星在仲春、仲夏、仲秋夕出、而在仲冬晨出的現象只是在曆元之年發生的特殊情況，并不會經常發生。

④ 錢塘：《淮南天文訓補注》，載劉文典《淮南鴻烈集解》，北京：中華書局，1989 年，第 794 頁。

⑤ 出土文獻主要包括九店楚簡《十二月宿位》，睡虎地秦簡“直心”篇、“除”篇、“玄戈”篇，放馬灘秦簡“星分度”篇、“天閻”篇，馬王堆帛書《出行占》，孔家坡漢簡“星官”篇、“直心”篇，北大汉簡《堪輿》《雨書》及汝阴侯墓的六壬式盘等；傳世文獻主要有《禮記・月令》《吕氏春秋・十二紀》《淮南子・天文》等。

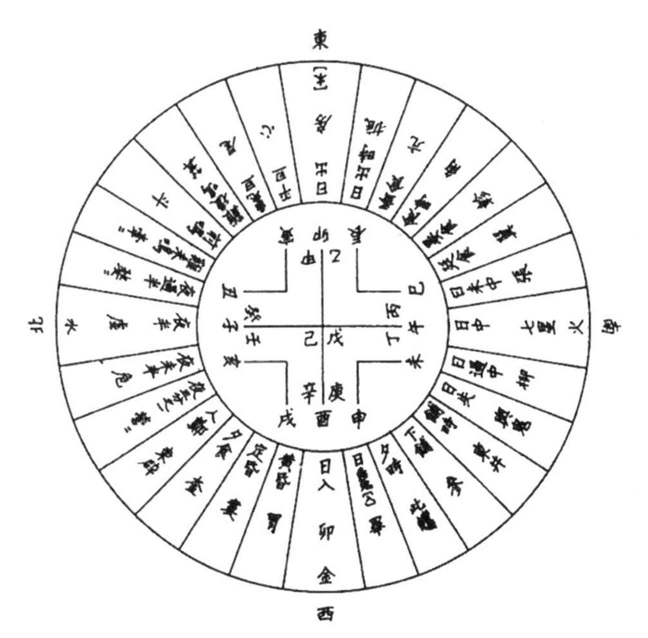

圖 3－3　周家臺秦簡《二十八宿占》圖[①]

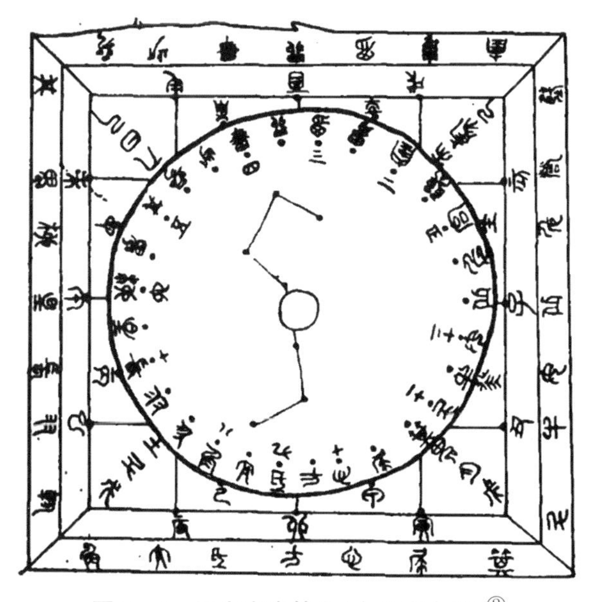

圖 3－4　周家臺秦簡《二十八宿占》圖[②]

---

① 湖北省荆州市周梁玉橋遺址博物館:《關沮秦漢墓簡牘》,北京: 中華書局,2001 年,第 107 頁。
② 殷滌非:《西漢汝陰侯墓出土的占盤和天文儀器》,《考古》1978 年第 5 期,第 338—343 頁。

又如，香港中文大學藏漢簡日書"帝篇"第62號簡背面有句云：

> 爲剽。凡冬三月爲室營₌(營室)、東壁，爲責(刺)玄戈、牽₌(牽牛)。

王强先生指出，"凡冬三月爲室營₌(營室)、東壁"對應睡虎地秦簡日書甲種"帝篇"之"冬三月帝爲室〈亥〉"，地支亥大致對應營室或在營室與東壁之間。①

《五星占》19—20行亦有將"辰戌丑未"稱爲"維辰"，將與之相應的角亢、奎婁、斗牛、井鬼等宿稱爲"維宿星"的説法：

> 歲星與大陰相應也，大陰居維辰一，歲星居維宿星二└；大陰居中(仲)辰一└，歲星居中(仲)宿星【三】。②

據此可知，所討論文句的"辰戌丑未"分别對應了水星或太陽的四仲躔宿，其中"戌"爲二月的奎、婁等宿，"未"爲五月的井、鬼等宿，"辰"爲八月的角、亢等宿，"丑"爲十一月的斗、牛等宿。

這些文獻在介紹水星四仲躔宿之後，還采用地支符號來指代它們，大概是由於水星若出現則必然會與太陽存在一定的距離；相較於將周天劃分爲二十八個區域的星宿體系，十二支體系的分區範圍更大，因此更適合用來同時標示水星和太陽的位置。

所討論文句的實際含義雖然是一致的，但亦存在不同的出入與地支的搭配關係，則可能是由於以下兩點。一是文句中的"出"與"入"、"辰戌"與"丑未"可能皆爲互文見義的關係。不論是何種搭配方式，這些文句實際都是將"出入"與這四支共同相配。二是其中一些説法或許并非出自專業人士之手，而是據此前的説法轉寫而成。如文獻(8)《春秋緯》"其出常自辰戌入丑未"句，是將"出"與"入"、"辰戌"與"丑未"割裂開來，據上文所述可知，這并不符合天文原理。

綜上所述，文獻(5)—(9)主要圍繞水星的"正四時之法"而展開：首先介

---

① 王强：《香港中文大學藏漢簡日書"帝篇"補釋》，《湖南省博物館館刊》第十四輯，長沙：嶽麓書社，2018年，第353—357頁。

② 裘錫圭主編：《長沙馬王堆漢墓簡帛集成(肆)》，第228頁。

紹的是水星常在四仲出現這一規律及出現時所在星宿;然後采用"辰戌丑未"來指代這些星宿位置。此外,文獻(5)(7)在所討論文句之後還謂"(出)二旬而入",則是在介紹水星每次從出現到没入的時間,這也與所討論文句存在關聯。

最後再回過頭來看與金星有關的《五星占》及傳世文獻諸句。這些文句中出入在"辰戌丑未"的説法與金星運行規律明顯不符,金星的會合周期約爲584日,這與四時更替的時間并不一致。我們認爲,這些文句應源自上文所討論的水星四仲躔宿的説明文字,在傳抄過程中被轉寫到專論金星的章節中。

水星四仲躔宿的説明文字被轉寫到專論金星的章節中,這是因爲,從理論上來説,由於其視運行位置始終與太陽相近,金星也可用以"正四時"。金、水二星皆爲"内行星",關係極爲密切,其運行規律與星占意義皆相似。傳世文獻中,金星作"大(太)正",水星作"小正",其命名或即與兩星皆可"正四時"有關。《五星占》中的"小白"雖然不見於傳世文獻,但從文義及帛書文句與傳世文獻對讀等方面看,只能是水星異名,[①]也與"大(太)白"對應。

但是,文獻中未見金星"正四時之法"的説明文字,這是由於,在指示太陽位置的精確性上,金星不及水星。金星和太陽的最大夾角約爲48°,而遠大於一辰;在二者夾角超過一辰的情况下,古人是不便於利用金星來確定太陽位置的。

金星"正四時之法"雖不見於文獻,與之相關的金星出入在"辰戌丑未"的説法却見於文獻。這是因爲,古人有時也會利用金星來爲太陽定位。金、水二星的運行規律較爲相似;且相較於水星,金星更容易被觀測到。由於與太陽的距離過近,水星的出現時間非常短,且即便出現也常因太陽過於明亮而難以被直接觀測到;金星則與水星不同,它每次"晨出"或"夕出"的時間長達224日,且較爲明亮,因此更容易被觀測到。

綜上所述,出入在"辰戌丑未"的内容本來只與水星"正四時之法"有關,是對水星四仲躔宿進行的説明,但由於在多數情况下水星難以被觀測到,而金星有時也可以用來確定太陽位置,這一内容亦在傳抄過程中被轉寫到專論金星的章節中。

---

① 劉樂賢:《馬王堆天文書考釋》,第198頁。

《五星占》等數術文獻往往并非出自於一人之手，而是在不同來源底本的基礎上編纂而成的。由於在對底本説法的取捨上較爲隨意，因此這些文獻常會出現一些矛盾之處。例如，劉樂賢先生指出，《五星占》將總論五星的文句抄在了專論金星的章節中，而《史記・天官書》則將總論五星的文句抄在了專論土星的章節中，像這樣五星總論和五星專論相混的情況，很可能是早期五星占文的一個特色。[①] 本節所討論的《五星占》等文獻將關於水星的文句抄録於專論金星的章節中這一情況，是數術文獻"雜抄"性質的典型例子。

① 劉樂賢：《馬王堆天文書考釋》，第 209 頁。

引書簡稱

簡　稱	引書出處
整理小組 1974	馬王堆漢墓帛書整理小組:《〈五星占〉附表釋文》,《文物》1974 年第 11 期,第 37—39 頁。
整理小組 1978	馬王堆漢墓帛書整理小組:《馬王堆漢墓帛書〈五星占〉釋文》,《中國天文學史文集》第 1 集,北京:科學出版社,1978 年,第 1—13 頁。
何幼琦 1979	何幼琦:《試論〈五星占〉的時代和内容》,《學術研究》1979 年第 1 期,第 79—87 頁。
川原秀成、宫島一彦 1986	[日]川原秀成、宫島一彦:《五星占》,山田慶兒編《新發現中國科學史資料の研究・譯注篇》,京都:京都大學人文科學研究所,1986 年,第 1—44 頁。
鄭慧生 1995	鄭慧生:《古代天文曆法研究》,鄭州:河南大學出版社,1995 年,第 181—287 頁。
陳久金 2001	陳久金:《帛書及古典天文史料注析與研究》,臺北:萬卷樓圖書股份有限公司,2001 年,第 102—147 頁。
席澤宗 2002	席澤宗:《〈五星占〉釋文和注釋》,收入氏著《古新星新表與科學史探索》,西安:陝西師範大學出版社,2002 年,第 177—196 頁。
劉樂賢 2003	劉樂賢:《簡帛數術文獻探論》,武漢:湖北教育出版社,2003 年,第 178—188 頁。
劉樂賢 2004	劉樂賢:《馬王堆天文書考釋》,廣州:中山大學出版社,2004 年。
劉建民 2011	劉建民:《帛書〈五星占〉校讀札記》,《中國典籍與文化》2011 年第 3 期,第 134—138 頁。

续 表

簡　稱	引 書 出 處
劉釗、劉建民 2011	劉釗、劉建民：《馬王堆帛書〈五星占〉釋文校讀札記(七則)》，《古籍整理研究學刊》2011年第4期，第32—34頁。
劉建民 2012	劉建民：《馬王堆漢墓帛書〈五星占〉整理劄記》，《文史》2012年第2輯，第103—119頁。
集成 2014	裘錫圭主編：《長沙馬王堆漢墓簡帛集成(肆)》，北京：中華書局，2014年。
鄭健飛 2015	鄭健飛：《馬王堆帛書殘字釋讀及殘片綴合研究》，復旦大學2015年碩士學位論文。
程少軒 2019A	程少軒：《馬王堆〈五星占〉"金星黄緯占"解析》，浙江大學歷史系中國古代史研究所、中國社會科學院《中國史研究動態》編輯部聯合主辦，"古代文明與學術"研討會，2019年9月21—22日，杭州。
程少軒 2019B	程少軒：《利用圖文轉换思維解析出土數術文獻》，復旦大學歷史系、復旦大學出土文獻與古文字研究中心主辦，第一届"出土文獻與中國古代史"學術論壇暨青年學者工作坊，2019年11月2—4日，上海。

參考文獻

傳統文獻

《周禮注疏》,收入《十三經注疏》上册,北京：中華書局,1982 年,據清嘉慶二十年(1815)南昌府學刊本影印。

《禮記正義》,收入《十三經注疏》下册,北京：中華書局,1982 年,據清嘉慶二十年(1815)南昌府學刊本影印。

《論語注疏》,收入《十三經注疏》下册,北京：中華書局,1982 年,據清嘉慶二十年(1815)南昌府學刊本影印。

[日] 安居香山、中村璋八輯：《緯書集成》,石家莊：河北人民出版社,1994 年。

[漢] 班固：《漢書》,北京：中華書局點校本,1962 年。

陳奇猷：《吕氏春秋校釋》,上海：學林出版社,1984 年。

[唐] 房玄齡等：《晋書》,北京：中華書局點校本,1974 年。

何寧：《淮南子集釋》,北京：中華書局,1998 年。

[唐] 李淳風：《乙巳占》,收入《中國科學技術典籍通匯》第四册,鄭州：河南教育出版社,1997 年,據十萬卷樓叢書本影印。

[清] 錢塘：《淮南天文訓補注》,載於劉文典《淮南鴻烈集解》,北京：中華書局,1989 年。

[唐] 瞿曇悉達：《唐開元占經》,《四庫術數類叢書(五)》,上海：上海古籍出版社,1990 年,據文淵閣《四庫全書》本影印。

[漢] 司馬遷：《史記》,北京：中華書局點校本,2014 年。

[宋] 邢昺：《爾雅注疏》,北京：北京大學出版社,2000 年。

近人論著

B

白光琦：《帛書〈五星占〉的價值及編制時代》,《殷都學刊》1997 年第 3 期,第 45—46 頁。

C

陳劍：《馬王堆帛書"印文"、空白頁和襯頁及摺叠情況綜述》，《紀念馬王堆漢墓發掘四十周年國際學術研討會會議論文集》，長沙：嶽麓書社，2016年，第290—295頁。

陳久金：《從馬王堆帛書〈五星占〉的出土試探我國古代的歲星紀年問題》，《中國天文學史文集》第1集，北京：科學出版社，1978年，第48—65頁。

陳久金：《關於歲星紀年若干問題》，《學術研究》1980年第6期，第82—87頁。

陳久金：《帛書及古典天文史料注析與研究》，臺北：萬卷樓圖書股份有限公司，2001年。

陳久金、陳美東：《從元光曆譜及馬王堆帛書〈五星占〉的出土再談顓頊曆問題》，《中國天文學史文集》第1集，北京：科學出版社，1978年，第95—117頁；該文經修訂後，又以《從元光曆譜及馬王堆天文資料試探顓頊曆問題》爲題，刊載於《中國古代天文文物論集》，北京：文物出版社，1989年，第83—103頁。

陳民鎮：《清華簡〈尹誥〉集釋》，復旦大學出土文獻與古文字研究中心網，2011年9月12日。

陳鵬：《"辰星正四時"暨辰星四仲躔宿分野考》，《自然科學史研究》2013年第1期，第1—12頁。

陳松長：《馬王堆帛書藝術》，上海：上海書店出版社，1996年。

陳偉：《讀沙市周家臺秦簡札記》，《楚文化研究論集》第5集，合肥：黄山書社，2003年6月。

陳遵嬀：《中國天文學史》，上海：上海人民出版社，1982年。

程少軒：《放馬灘簡〈星度〉新研》，《自然科學史研究》2014年第1期，第25—33頁。

程少軒：《馬王堆〈五星占〉"金星黄緯占"解析》，浙江大學歷史系中國古代史研究所、中國社會科學院《中國史研究動態》編輯部聯合主辦，"古代文明與學術"研討會，2019年9月21—22日，杭州。

程少軒：《利用圖文轉換思維解析出土數術文獻》，復旦大學歷史系、復旦大學出土文獻與古文字研究中心主辦，第一届"出土文獻與中國古代史"學術論壇暨青年學者工作坊，2019年11月2—4日，上海。

川原秀成、宫島一彦：《五星占》，山田慶兒編《新發現中國科學史資料の研究・譯注篇》，京都：京都大學人文科學研究所，1986年，第1—44頁。

F

馮勝君：《清華簡〈尹至〉"兹乃柔大縈"解》，中國文化遺産研究院編《出土文獻研究》第13輯，上海：中西書局，2015年，第314—315頁。

傅舉有,陳松長:《馬王堆漢墓文物》,長沙: 湖南出版社,1992 年。

H

何幼琦:《試論〈五星占〉的時代和内容》,《學術研究》1979 年第 1 期,第 79—87 頁。

何幼琦:《關於〈五星占〉問題答客難》,《學術研究》1981 年第 3 期,第 99 頁。

湖北省荆州市周梁玉橋遺址博物館:《關沮秦漢墓簡牘》,北京: 中華書局,2001 年。

湖北省文物考古研究所、北京大學中文系編:《九店楚簡》,北京: 中華書局,2000 年。

湖南省博物館、中國科學院考古研究所:《長沙馬王堆二、三號漢墓發掘簡報》,《文物》1974 年第 7 期,第 39—48 轉 63 頁。

胡文輝:《馬王堆帛書〈刑德〉乙篇研究・上篇》,收入氏著《中國早期方術與文獻叢考》,廣州: 中山大學出版社,2000 年,第 159—219 頁。

黄人二、趙思木:《清華簡〈尹至〉餘釋》,簡帛網,2011 年 1 月 12 日。

黄盛璋:《馬王堆漢墓天文學著作新考》,《湖南省博物館館刊》第 4 輯,長沙: 嶽麓書社,2007 年,第 16—23 頁。

黄一農:《星占、事應與僞造天象——以"熒惑守心"爲例》,《自然科學史研究》1991 年第 2 期,第 120—132 頁;後收入氏著《社會天文學史十講》,上海: 復旦大學出版社,2004 年,第 23—48 頁。

L

李家浩:《睡虎地秦簡〈日書〉"楚除"的性質及其他》,《"中央"研究院歷史語言研究所集刊》第七十本第四分,1999 年,第 883—903 頁。

李學勤:《睡虎地秦簡〈日書〉與秦、漢社會》,《江漢考古》1985 年第 4 期,第 60—64 頁。

劉彬徽:《馬王堆漢墓帛書〈五星占〉研究》,《馬王堆漢墓研究文集》,長沙: 湖南出版社,1994 年,第 69—79 頁。

劉建民:《帛書〈五星占〉校讀札記》,《中國典籍與文化》2011 年第 3 期,第 134—138 頁。

劉嬌:《言公與剿説——從出土簡帛古籍看西漢以前古籍中相同或類似内容重複出現現象》,北京: 綫裝書局,2012 年。

劉樂賢:《睡虎地秦簡日書研究》,臺北: 台灣文津出版社,1994 年。

劉樂賢:《從馬王堆星占文獻看〈河圖帝覽嬉〉》,《華學》第 5 輯,第 162—167 頁;又收入氏著《簡帛數術文獻探論》,武漢: 湖北教育出版社,2003 年,第 243—250 頁;《緯書中的天文資料——以〈河圖帝覽嬉〉爲例》,《中國史研究》2007 年第 2 期,第 71—82 頁。

劉樂賢:《簡帛數術文獻探論》,武漢: 湖北教育出版社,2003 年。

劉樂賢：《馬王堆天文書考釋》，廣州：中山大學出版社，2004 年。

劉乃和：《帛書所記“張楚”國號與西漢法家政治》，《文物》1975 年第 5 期，第 35—37 頁。

劉釗：《馬王堆漢墓簡帛文字考釋》，《語言學論叢》第 28 輯，北京：商務印書館，2003 年，第 84—92 頁；後收入氏著《古文字考釋叢稿》，長沙：嶽麓書社，2005 年，第 331—345 頁。

劉釗：《〈馬王堆天文書考釋〉注釋商兑》，《簡帛》第 2 輯，上海：上海古籍出版社，2007 年，第 501—508 頁；後收入氏著《書馨集——出土文獻與古文字論叢》，上海：上海古籍出版社，2013 年，第 128—137 頁。

劉釗、劉建民：《馬王堆帛書〈五星占〉釋文校讀札記（七則）》，《古籍整理研究學刊》2011 年第 4 期，第 32—34 頁。

劉建民：《馬王堆漢墓帛書〈五星占〉整理劄記》，《文史》2012 年第 2 輯，第 103—119 頁。

盧央：《中國古代星占學》，北京：中國科學技術出版社，2007 年。

M

M. 馬林諾斯基（馬克）：《馬王堆帛書〈刑德〉試探》（方玲譯），《華學》第 1 輯，廣州：中山大學出版社，1995 年，第 82—110 頁。

馬王堆漢墓帛書整理小組：《〈五星占〉附表釋文》，《文物》1974 年第 11 期，第 37—39 頁。

馬王堆漢墓帛書整理小組：《馬王堆漢墓帛書〈五星占〉釋文》，《中國天文學史文集》第 1 集，北京：科學出版社，1978 年，第 1—13 頁。

莫紹揆：《從〈五星占〉看我國的干支紀年的演變》，《自然科學史研究》1998 年第 17 卷第 1 期，第 31—37 頁。

［美］墨子涵：《從周家臺〈日書〉與馬王堆〈五星占〉談日書與秦漢天文學的互相影響》，《簡帛》第 6 輯，上海：上海古籍出版社，2011 年，第 113—138 頁。

N

紐衛星：《張子信之水星“應見不見”術及其可能來源》，載江曉原、紐衛星《天文西學東漸集》，上海：上海書店出版社，2001 年，第 187—203 頁。

Q

清華大學出土文獻保護與研究中心編、李學勤主編：《清華大學藏戰國竹簡（壹）》，上海：中西書局，2010 年，第 127 頁。

邱靖嘉：《“十三國”與“十二州”——釋傳統天文分野説之地理系統》，《文史》2014 年第 1 輯，第 5—24 頁。

裘錫圭主編:《長沙馬王堆漢墓簡帛集成(壹)》,北京:中華書局,2014 年,第 171—185 頁。

裘錫圭主編:《長沙馬王堆漢墓簡帛集成(肆)》,北京:中華書局,2014 年。

裘錫圭主編:《長沙馬王堆漢墓簡帛集成(伍)》,北京:中華書局,2014 年。

裘錫圭主編:《長沙馬王堆漢墓簡帛集成(柒)》,北京:中華書局,2014 年,第 85—100 頁。

S

沈建華:《清華楚簡〈尹至〉釋文試解》,《中國史研究》2011 年第 1 期,第 67—72 頁。

宋會群、苗雪蘭:《論二十八宿古距度在先秦時期的應用及其意義》,《自然科學史研究》1995 年第 2 期,第 146—151 頁。

[日] 藪内清:《關於馬王堆三號墓出土的五星占》,《科學史譯叢》1984 年第 1 期,第 54—55 頁。

T

陶磊:《〈淮南子·天文〉研究——從數術史的角度》,濟南:齊魯書社,2003 年,第 73—97 頁。

W

王健:《秦末農民起義政權的國號問題》,《徐州師範學院學報》(哲學社會科學版)1989 年第 4 期,第 7—8 頁。

王建民、劉金沂:《西漢汝陰侯墓出土圓盤上二十八宿古距度的研究》,《中國古代天文文物論集》,北京:文物出版社,1989 年,第 59—68 頁。

王寧:《清華簡〈尹至〉釋證四例》,簡帛網,2011 年 2 月 21 日。

王寧:《清華簡〈尹至〉"勞"字臆解》,簡帛網,2012 年 7 月 31 日。

王强:《香港中文大學藏漢簡日書"帝篇"補釋》,《湖南省博物館館刊》第 14 輯,長沙:嶽麓書社,2018 年,第 353—357 頁。

王勝利:《星歲紀年管見》,《中國天文學史文集》第 5 集,北京:科學出版社,1989 年,第 90 頁。

王樹金:《馬王堆漢墓帛書〈五星占〉研究評述》,《湖南省博物館館刊》第 7 輯,長沙:嶽麓書社,2011 年,第 16—34 頁。

王挺斌:《説馬王堆帛書〈五星占〉的"地盼動"》,《簡帛》第 11 輯,上海:上海古籍出版社,2015 年,第 185—190 頁。

温濤、鄧可卉:《〈五星占〉"相與營室晨出東方"再考釋——以金星爲例》,《廣西民族大學學報》(自然科學版)2018 年第 1 期,第 20—22 頁。

鄔可晶:《"咸有一德"探微》,復旦大學出土文獻與古文字研究中心編《出土文獻與中國古典學》,上海：中西書局,2018 年,第 162 頁。

X

席澤宗:《中國天文史上的一個重要發現——馬王堆漢墓帛書中的〈五星占〉》,《文物》1974 年第 11 期,第 28—36 頁;又載於《中國天文學史文集》第 1 集,北京：科學出版社,1978 年,第 14—33 頁;又以《馬王堆漢墓帛書中的〈五星占〉》,載於《中國古代天文文物論集》,北京：文物出版社,1989 年,第 46—58 頁;後收入氏著《古新星新表與科學史探索》,西安：陝西師範大學出版社,2002 年,第 166—176 頁。

席澤宗:《〈五星占〉釋文和注釋》,收入氏著《古新星新表與科學史探索》,西安：陝西師範大學出版社,2002 年,第 177—196 頁。

徐振韜:《從帛書〈五星占〉看"先秦渾儀"的創制》,《考古》1976 年第 2 期,第 89—94 轉 84 頁。

Y

殷滌非:《西漢汝陰侯墓出土的占盤和天文儀器》,《考古》1978 年第 5 期,第 338—343 頁。

Z

張世超、孫凌安、金國泰、馬如森:《金文形義通解》,日本：中文出版社,1996 年,第 2446—2449 頁。

張政烺:《關於"張楚"問題的一封信》,《文史哲》1979 年第 6 期,第 76 頁。

鄭慧生:《古代天文曆法研究》,鄭州：河南大學出版社,1995 年,第 181—287 頁。

鄭健飛:《馬王堆帛書殘字釋讀及殘片綴合研究》,復旦大學碩士學位論文,指導教師：劉釗教授,2015 年 6 月。

中國社會科學院考古研究所:《中國古代天文文物圖集》,北京：文物出版社,1980 年,第 24—25 頁圖版二二和圖版二三。

中國社會科學院考古研究所:《中國古代天文文物論集》,北京：文物出版社,1989 年,第 483—484 頁圖版四至圖版五。

子居:《清華簡〈尹至〉解析》,《學燈》第 21 期,2011 年 12 月 19 日。

主要詞彙拼音索引

一、本索引收録馬王堆帛書《五星占》釋文的重要天文、星占術語，不含據上下文和傳世文獻類似文句所擬補的詞彙。

二、以詞彙讀爲字首字的漢語拼音爲序。同音字按筆畫、筆順排列。

圖書在版編目(CIP)數據

仰緝緯象：馬王堆帛書《五星占》研究 / 任達著
. 一上海：中西書局，2023.12(2025.1 重印)
ISBN 978-7-5475-2151-9

Ⅰ.①仰… Ⅱ.①任… Ⅲ.①天象-天文觀測-研究
-中國-古代 Ⅳ.①P1-092

中國國家版本館 CIP 數據核字(2023)第 141851 號

仰緝緯象：馬王堆帛書《五星占》研究

任　達　著

責任編輯　姜　慧
裝幀設計　梁業禮
責任印製　朱人傑

出版發行　上海世紀出版集團
中西書局(www.zxpress.com.cn)
地　　址　上海市閔行區號景路 159 弄 B 座(郵政編碼：201101)
印　　刷　常熟市人民印刷有限公司
開　　本　720 毫米×1000 毫米　1/16
印　　張　22.25
字　　數　341 000
版　　次　2023 年 12 月第 1 版　2025 年 1 月第 2 次印刷
書　　號　ISBN 978-7-5475-2151-9/P・011
定　　價　128.00 元